# 微信小程序案例开发

倪红军 主编

清華大學出版社
北京

## 内 容 简 介

本书采用“案例诠释理论，项目推动实践”的理念编写。内容包括小程序开发环境、小程序结构分析、界面设计、基本组件、数据存储与访问、多媒体应用开发、硬件设备应用开发、网络应用与云开发等重要内容。全书在章节编排上选取了“易学、易用、易扩展”的技术范例和“有趣、经典、综合性”的项目案例。书中技术范例的实现过程引导读者使用微信小程序开发技术的方法，并以层次性的技术解析讲解技术原理，使读者了解实际开发中的各种问题和解决方案；书中项目案例的设计思路帮助读者开阔视野，并以图文并茂的操作步骤呈现。读者既可以体会“教、学、做”深度融合的乐趣，又可以提高解决实际问题的能力。

全书内容新颖，结构清晰，文字流畅，配套资源丰富，既适合作为微信小程序零基础初学者的入门级教材，也适合作为具有一定编程基础开发者的参考书。



图书在版编目（CIP）数据

微信小程序案例开发/倪红军主编. —北京：清华大学出版社，2020.2（2024.8重印）
ISBN 978-7-302-54739-6

Ⅰ. ①微…　Ⅱ. ①倪…　Ⅲ. ①移动终端-应用程序-程序设计　Ⅳ. ①TN929.53

中国版本图书馆 CIP 数据核字（2020）第 001305 号

责任编辑：张　玥
封面设计：常雪影
责任校对：时翠兰
责任印制：曹婉颖

出版发行：清华大学出版社
　网　　址：https://www.tup.com.cn，https://www.wqxuetang.com
　地　　址：北京清华大学学研大厦 A 座　　邮　　编：100084
　社 总 机：010-83470000　　邮　　购：010-62786544
　投稿与读者服务：010-62776969，c-service@tup.tsinghua.edu.cn
　质 量 反 馈：010-62772015，zhiliang@tup.tsinghua.edu.cn
　课 件 下 载：https://www.tup.com.cn，010-83470236
印 装 者：三河市铭诚印务有限公司
经　　销：全国新华书店
开　　本：185mm×260mm　　印　张：21.25　　字　数：556 千字
版　　次：2020 年 5 月第 1 版　　印　次：2024 年 8 月第 7 次印刷
定　　价：69.50 元

产品编号：085351-02

# 前言 FOREWORD

微信小程序（Mini Program）是一种不用下载就能使用的应用程序。自 2017 年 1 月 9 日正式上线到现在，微信小程序已经构造了新的小程序开发环境和开发者生态环境。小程序也是多年来中国 IT 行业里一个真正能够影响到普通程序员的创新成果。由于其具有“极度轻量化、无处不在、用完即走”的更好用户体验和“一次开发、跨平台运行”的低开发成本，使其既可以服务于各行各业，也吸引了大量的开发者。小程序发展带来了更多的就业机会，社会效应不断提升。

编写本书的目的就是帮助读者学到微信小程序的开发技术，掌握解决实际问题的能力，提高项目开发水平，快速成为一名合格的微信小程序开发工程师。本书摒弃孤立介绍知识点的编排模式，而采用“案例诠释理论、项目推动实践”的编写思路，既讲解项目的实现过程和步骤，又讲解项目实现时所需的理论知识和技术，让读者在掌握理论知识后会灵活运用，并在新项目开发中不断拓展知识，真正实现“教、学、做”的有机融合，提升从案例模仿到应用创新的递进式项目化软件开发能力。

本书作者长期从事高校软件开发类课程的教学与应用开发，有丰富的教材编写经验。本书采用了作者主持研究的 2018 年教育部产学合作协同育人项目（腾讯微信事业部资助）中取得的成果作为部分内容。

全书共分 8 章，内容安排如下：

第 1 章　小程序开发环境。介绍微信小程序的基础知识，包括小程序的基本架构与特性、开发环境的搭建过程和创建小程序的步骤等。

第 2 章　小程序结构分析。介绍微信小程序的目录结构及作用，阐述小程序的整体描述文件和页面描述文件的功能及编写的语法规则，并通过技术实例演示了 WXML、小程序页面生命周期的工作机制、全局页面配置文件和页面配置文件的编写方法。

第 3 章　界面设计。介绍微信小程序的常用样式、flex 页面布局（弹性布局）的概念及它们在小程序界面设计中的使用方法。结合多个技术实例和仿“猜画小歌”界面、商品展示界面等项目案例，阐述微信小程序开发框架提供的 view、text、input、button、swiper、image 和 scroll-view 等基本组件在小程序开发中的应用场景和使用方法。

第 4 章　基本组件。介绍组件在小程序页面的定义和属性设置方法，介绍事件的定义、绑定和使用方法；结合多个技术实例和“小学生算术题”“猜扑克游戏”“信息登记页面”“毕业生调查表”和“购物车小程序”等项目案例，阐述微信小程序开发框架提供的基本组件的使用方法和应用场景。

第 5 章　数据存储与访问。介绍数据缓存 API、图片 API、位置 API 和文件 API 的用法，并结合多个技术实例和“随手拍”“文本阅读器”等项目案例阐述其应用场景和方法。

第 6 章　多媒体应用开发。介绍普通音频 API、背景音频 API、动画 API 和录音管理器的使用方法，并结合多个技术实例和“影音盒子”项目案例的“音乐播放器”“音视频录制器”的子模块阐述微信小程序中多媒体应用开发的流程、相关技术和应用场景。

第 7 章　硬件设备应用开发。介绍监测设备状态、跟踪用户行为和获取传感器数据等 API 的使用方法，并结合“指南针”“个性化闹钟”等项目案例介绍罗盘 API、设备方向 API、加速计 API 及振动 API 的应用开发过程和实现方法。

第 8 章　网络应用与云开发。介绍微信小程序开发框架访问第三方云数据库平台、小程序云开发、网络请求 API、向服务器上传文件 API 以及从服务器下载文件 API 的使用方法，并结合多个技术实例和“实验室安全知识学习平台”“竞赛打分系统”“天气预报系统”等项目全面详细阐述用小程序实现网络访问的工作机制、基本原理和小程序网络应用开发的流程。

与同类图书相比，本书内容有以下特点：

（1）读者覆盖面广。由浅入深的知识点体系重构和开发技术介绍，既可以让零基础的初学者快速入门，掌握小程序的开发技术，也可以让具有一定编程基础的开发者找到合适的起点，进一步提升解决问题能力和项目开发能力。

（2）内容系统全面。系统全面地介绍微信小程序开发包含的 180 个知识点和应用场景，使读者既可以系统性地掌握理论知识，也可以获得通俗易懂的实例化技术文档。

（3）案例典型实用。直接选取面向行业企业需求的项目案例进行设计和实现，使读者既可以提高学习兴趣、巩固理论知识和强化工程实践能力，也可以将案例的解决方案应用到其他项目中。

（4）资料翔实丰富。本书配套 62 个开发技术范例和 16 个精彩项目案例的 140 个微课视频。读者不仅可以随时随地扫码观看重点、难点内容，还可以下载教学课件、教学大纲、习题和程序源代码等教学资源，更好地学习和掌握小程序开发技术，提高实际开发水平。

在本书的编写过程中得到了清华大学出版社的帮助和指导，周巧扣、李霞、叶苗等在资料收集和原稿校对等方面做了一些工作，在此一并表示感谢。

由于作者理论水平和实践经验有限，书中疏漏和不足之处在所难免，恳请广大读者提出宝贵的意见和建议。

倪红军

2019 年 10 月

# 目录 CONTENTS

# 第1章 Chapter 1

# 小程序开发环境

微信小程序是运行在微信环境中的应用，它只能在微信中运行，不能运行在浏览器等其他环境。微信团队提供了专门的开发工具，用于微信小程序的开发，提供了丰富的 API，让微信小程序既能够与移动终端设备实现获取摄像头拍照、访问文件系统等交互，也能够与微信实现获取登录用户信息、微信支付及使用模板消息向微信发送通知消息等交互。

**本章学习目标**

- 了解小程序的发展及应用现状；
- 掌握小程序的基本架构与特性；
- 掌握小程序开发环境的搭建过程及常用工具的使用方法；
- 掌握小程序的基本创建步骤。

## 1.1 小程序的发展与现状

2017 年 1 月 9 日小程序正式上线，当时只要将微信更新到最新版本（V6.5.3），就可以通过线下扫码、微信搜索、公众号关联、好友分享、历史记录等方式体验小程序。所谓小程序，是指微信公众平台小程序，它是不需要下载安装就可以直接使用的应用程序，与订阅号、服务号、企业微信（原企业号）是并行体系，但是它们有着不一样的使用场景。下面逐一介绍。

### 1 订阅号

订阅号为媒体和个人提供一种新的信息传播方式，主要偏向为用户传达资讯（类似报纸杂志），适用于个人、媒体、企业、政府或其他组织，每天（24 小时内）可群发 1 条消息。其展现效果如图 1.1 所示。如果想用公众平台简单发消息，做宣传推广服务，建议选择订阅号。

1.1

### 2 服务号

服务号主要为企业和组织提供更强大的业务服务与用户管理能力，偏向服务类交互（功能类似 12315、114 等电话服务，提供服务查询），适用于媒体、企业、政府或其他组织，每个月内都可以发送 4 条消息。其展现效果如图 1.2 所示。如果想用公众平台进行商品销售，建议选择服务号，后续可认证再申请微信支付商户。

### 3 企业微信

企业微信是一个全平台企业办公工具，它提供与微信一致的沟通体验，为企业员工提供最基础和最实用的办公服务，并加入贴合办公场景的特色功能、轻 OA 工具，合理化区分工作与生活，提升工作效率。2018 年 6 月 29 日，企业微信 2.0 版本发布，正式与企业号合并。

其展现效果如图 1.3 所示。

图 1.1 订阅号展现效果

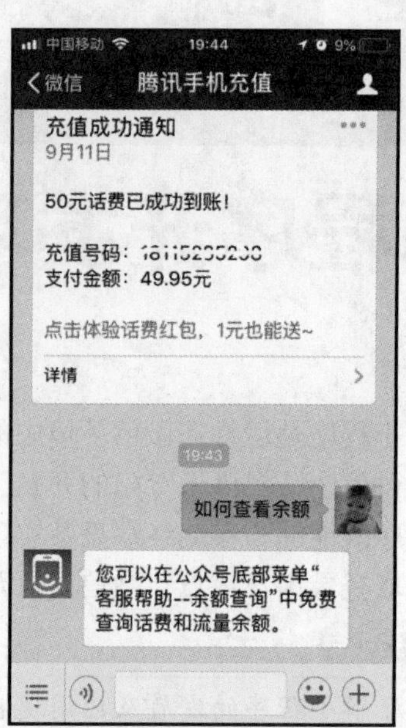


图 1.2 服务号展现效果

## 4 小程序

小程序是一种不需要下载安装即可运行在微信环境中的应用程序，它实现了应用“触手可及”的梦想，用户扫一扫或者搜一下即可使用。简单地说，就是把手机上的 App 搬到微信里面，不需要下载安装就可以直接使用。用户可以在微信的“发现”栏找到“小程序”的入口，从该入口可以打开需要的小程序，如图 1.4 所示。

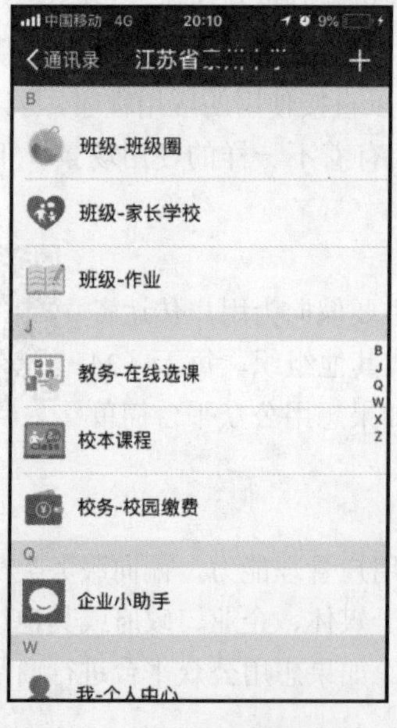


图 1.3 企业微信展现效果

图 1.4 小程序入口

2016 年 1 月 9 日，微信团队内部提出“应用号”设想；2016 年 1 月 11 日，张小龙在微信公开课上阐述微信的四大价值观：一切以用户价值为依归、让创造发挥价值、好的产品是用完即走以及让商业化存在于无形之中，并首次提出“以服务为主”开发一个新的形态——

应用号；2016 年 9 月 22 日，微信公众平台对外发送“小程序”内测邀请，首批内测名额 200 个；2016 年 11 月 3 日，微信小程序对外开放公测，开发者可以登录微信公众平台申请，开发完成后可以提交审核，但公测期间不能发布；2016 年 12 月 28 日，张小龙在微信公开课上第一次完整阐述了小程序，并明确小程序在微信没有入口、没有小程序商店、没有订阅关系、不能推送消息、可以分享到聊天和群等；2016 年 12 月 30 日，微信公众平台对外公告，上线的微信小程序最多可以生成 10000 个带参数的二维码；2017 年 1 月 9 日，微信小程序正式上线。

## 1.2　小程序的基本架构与特性

### 1.2.1　小程序的基本架构

微信小程序的架构主要包括视图层（View）、逻辑层（App Service）。视图层用来实现渲染页面结构，逻辑层用来实现逻辑处理、数据请求、接口调用，它们在两个进程里执行。视图层和逻辑层通过系统层的 JSBridge 进行通信，逻辑层把数据变化通知视图层，并触发视图层进行页面更新，视图层把触发事件通知逻辑层进行业务处理。具体架构如图 1.5 所示。

1.2

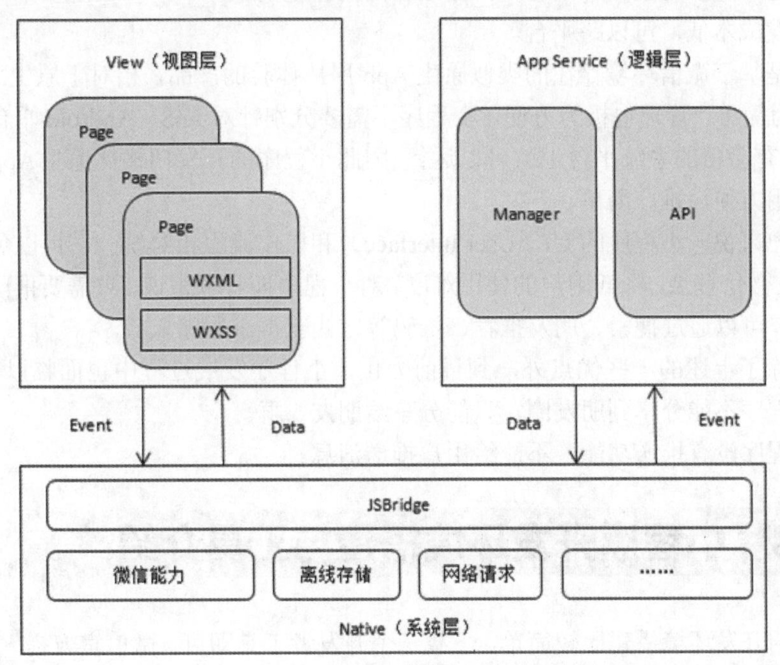


图 1.5　小程序基本架构

#### 1　视图层（View）

视图层由 WXML（WeiXin Markup Language）和 WXSS（WeiXin Style Sheets）编写，用组件进行展示。WXML 是一套标签语言，结合基础组件、事件系统可以构建出页面的结构，它支持数据绑定、逻辑(算术)运算、模板引用和添加事件；WXSS 是一套样式语言，用于描述页面的样式，也就是用来决定 WXML 的组件应该怎么显示，它支持大部分 CSS 特性，添加了可根据屏幕宽度自适应的尺寸单位 rpx，可导入外联样式表等。

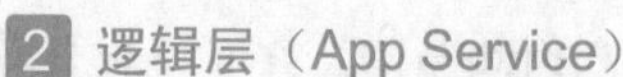

### 2 逻辑层（App Service）

逻辑层由 JavaScript 编写，它将数据进行处理后发送给视图层，同时接受视图层的事件反馈。为了方便地开发小程序，小程序开发框架在 JavaScript 的基础上做了一些修改。

（1）增加 App( )和 Page( )方法，进行程序和页面的注册。

（2）提供丰富的 API，如扫一扫、支付等微信特有功能。

（3）每个页面有独立的作用域，并提供模块化能力。

（4）由于框架并非运行在浏览器中，所以 JavaScript 在 Web 中的一些功能无法使用，如 document、window 等。

（5）开发者写的所有代码最终将会打包成一份 JavaScript，并在小程序启动时运行，直到小程序销毁。

## 1.2.2 小程序的特性

微信小程序是一种全新的连接用户与服务的方式，它可以在微信内方便地获取和传播，同时具有出色的使用体验。

（1）不用安装，用完即走。

小程序是一种不需要下载安装即可使用的应用程序，用户扫一扫或者搜一下就可以打开应用，不需要关心设备是否安装太多应用、内存是否够用等问题。因为当打开小程序，用完了相应的功能，直接退出即可，它不占据设备的内存空间。

（2）开发成本低，可以跨平台。

小程序是基于微信环境存在的类似原生 App 用户体验的产品，相对于原生 App、网站来说，开发更为简单，管理也极为方便。小程序不需要分别针对 iOS、Android 平台编写两套代码，只要在装有微信的系统平台上就可以运行，因此小程序的开发门槛比原生 App 开发要低。

（3）使用方便，推广简单。

对于用户来说，小程序的 UI（User Interface）和操作流程相对统一，可以免除烦琐的流程，直接通过微信登录，降低用户的使用难度。对小程序拥有者来说，只需要推广小程序码，有微信的用户可以通过搜索、朋友推荐、扫码等方式获得小程序入口。

当然，除了上述的一些优点外，到目前为止，小程序发展过程中也面临以下一些问题。

（1）小程序不能分享到朋友圈，只能分享给朋友、群。

（2）小程序没有推送功能，不能给用户推送消息。

# 1.3 小程序开发环境搭建与工具介绍

小程序的开发环境搭建比较简单，下载一个开发者工具即可。微信官方提供了一个名为微信 Web 开发者工具的 IDE，开发者只要登录官网就可以直接下载。

1.3

## 1.3.1 开发环境搭建

### 1 下载微信 Web 开发者工具

登录 https://developers.weixin.qq.com/miniprogram/dev/devtools/download.html 网站下载安装包，下载页面如图 1.6 所示。开发者可以根据不同的操作系统选择相应版本的安装包。

图 1.6　开发者工具下载页面

### 2 安装微信 Web 开发者工具

下载完成后，双击运行安装包，出现图 1.7 所示的页面。一般情况下，按照安装向导提示保持默认设置，单击“下一步”按钮，一直到安装完成即可。

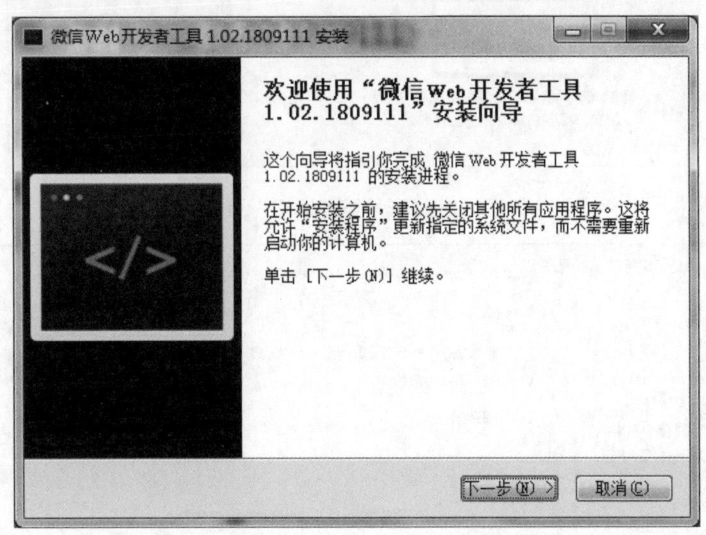


图 1.7　安装开发工具页面

## 1.3.2　新建第一个小程序

### 1 申请 AppID

登录 https://mp.weixin.qq.com，打开图 1.8 所示的“微信公众平台”页面，单击“立即注册”按钮，弹出图 1.9 所示的“账号类型选择”页面，单击“小程序”选项后填入相关信息，就可以完成注册。

注册成功后，单击图 1.10 左侧的“开发”选项，右侧显示“开发”选项的内容，然后在右侧单击“开发设置”标签，就可以显示小程序的 AppID，如图 1.10 所示。

图 1.8 微信公众平台

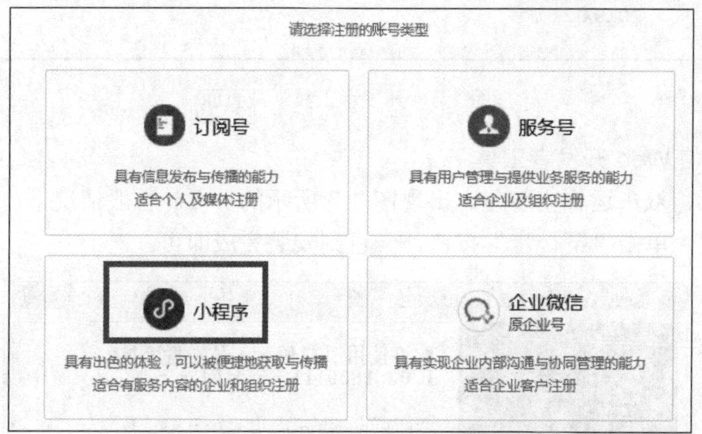


图 1.9 “账号类型选择”页面

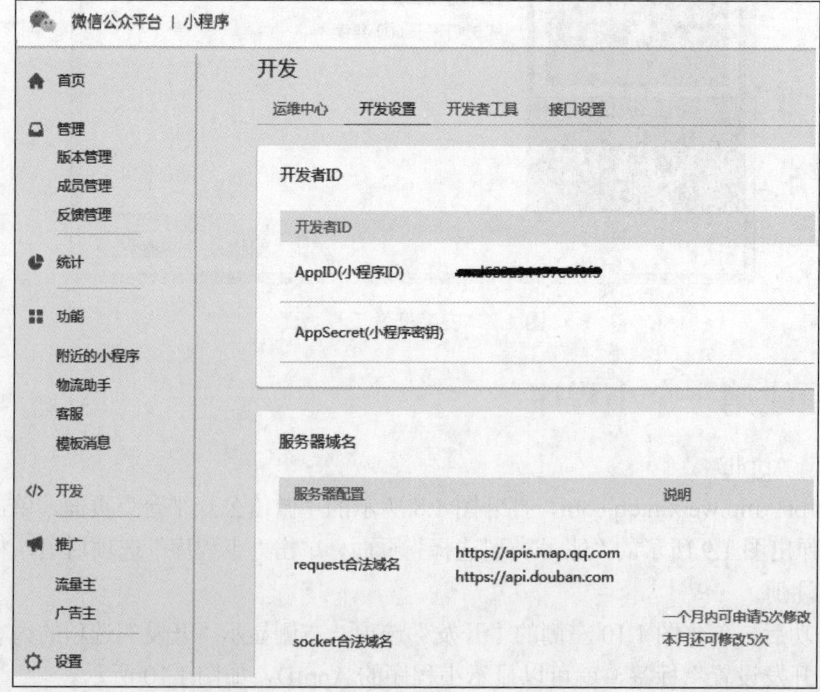


图 1.10 小程序的 AppID

## 2 新建小程序

安装完开发工具，AppID 申请成功后，打开微信 Web 开发者工具，弹出图 1.11 所示的微信开发者工具二维码，需要使用移动终端设备的微信扫码登录，扫码后需要在图 1.12 所示的微信扫描端（移动终端设备）单击“确认登录”按钮，确认登录后弹出图 1.13 所示的开发者工具选择页面。

图 1.11　开发者工具二维码页面

图 1.12　微信扫描端确认

图 1.13 左侧的“小程序项目”工具用来编辑、调试和发布微信小程序，“公众号网页项目”工具用来开发和调试微信公众号、订阅号的应用，本书只介绍“小程序项目”工具。单击图 1.13 右侧的“+”后弹出图 1.14 所示的小程序项目管理页面。在该页面中需要填入“项

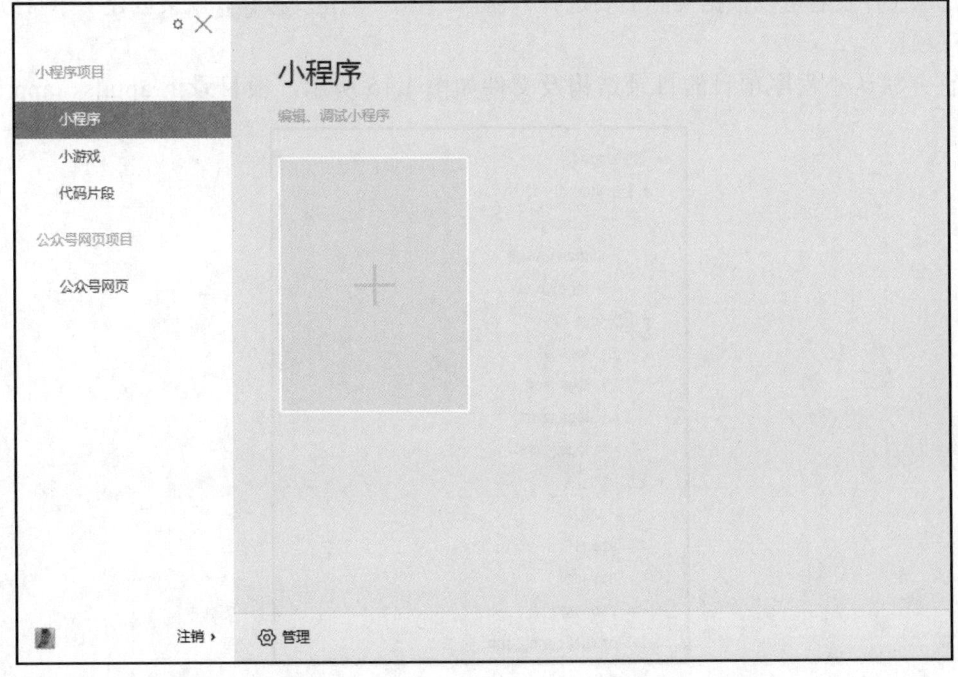


图 1.13　开发者工具选择页面

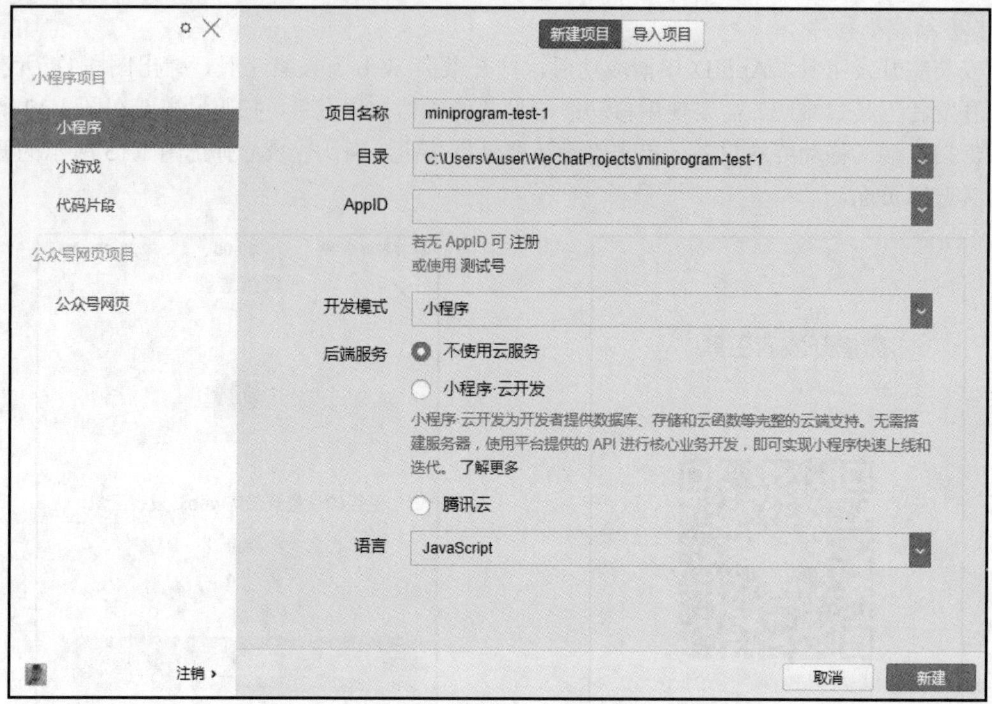


图 1.14 小程序项目管理页面

目名称”“项目目录”和“AppID”这 3 个必填项。“项目名称”为创建的小程序名称；“项目目录”可以直接选择用于存放创建的小程序项目的本地文件夹；AppID 代表小程序的 ID 号，必须拥有微信小程序账号才可以申请这个 ID 号，读者可以到微信公众平台官网注册申请微信小程序账号，注册地址为 https://mp.weixin.qq.com。如果没有申请 ID 号，也可以单击“测试号”，同时在图 1.14 下方的开发模式和语言下拉列表框中选择“小程序”和“JavaScript”两个选项（开发者可以根据实际需要选择），然后单击“确定”按钮，就会创建一个官方默认小程序项目。

官方默认小程序项目的目录结构及文件如图 1.15 所示，根目录下 app.js、app.json、

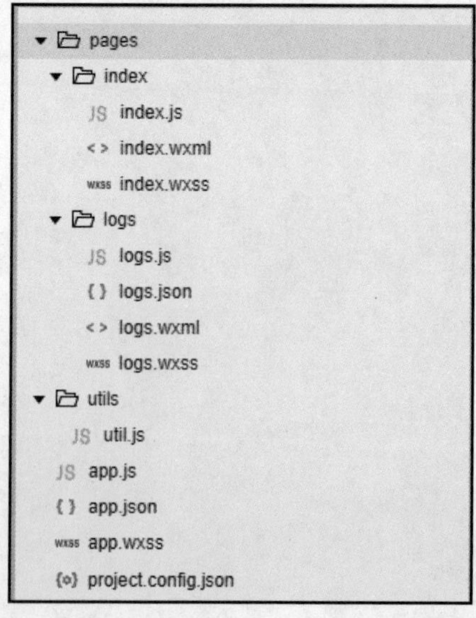


图 1.15 官方默认小程的目录及文件结构

app.wxss 和 project.config.json 四个文件分别用于处理小程序的业务逻辑、对小程序的页面路径等相关属性进行全局配置、定义小程序页面的全局样式和保存小程序项目的配置信息。

### 1.3.3　微信开发者工具界面功能介绍

创建小程序项目成功后，进入图 1.16 所示的微信开发者工具主界面。开发者工具主界面包含菜单栏、工具栏、模拟器窗口、编辑器窗口（含目录结构窗口和代码窗口）和调试器窗口。

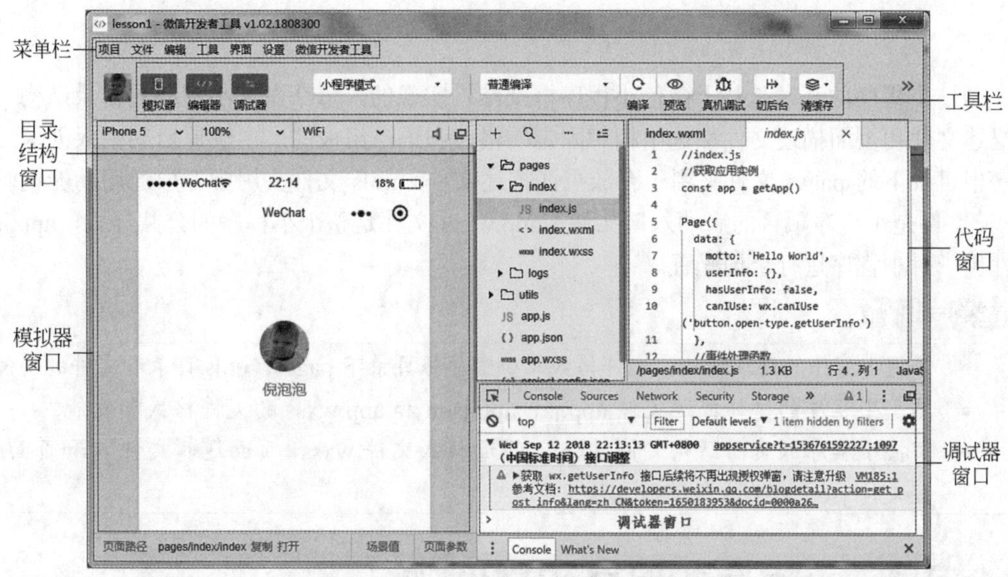


图 1.16　微信开发者工具主界面

菜单栏列出了开发小程序时的常用命令。工具栏包含了开发小程序时的工具。模拟器窗口可以模拟小程序在微信客户端的表现，小程序的代码通过编译后可以在模拟器上直接运行。目录结构窗口用于对项目的文件、目录结构进行管理。代码窗口用于编辑小程序项目相关的代码。调试器窗口分为 7 大功能模块：Wxml panel 用于帮助开发者开发 wxml 转换后的界面，Sources panel 用于显示当前项目的脚本文件，AppData panel 用于显示当前项目运行时小程序的具体数据，Storage panel 用于显示当前项目使用 wx.setStorage( )或 wx.setStorageSync( )方法后的数据存储情况，Network Panel 用于观察和显示 request 和 socket 的请求情况，Console panel 用于开发者在此输入、调试代码或显示小程序的错误输出，Sensor panel 用于开发者在这里选择模拟地理位置、模拟移动设备表现、调试重力感应 API 等。

## 本章小结

本章介绍了微信平台的订阅号、服务号、企业微信和小程序的应用场景，详细阐述了小程序的基本架构和特性，介绍了小程序开发工具的安装使用方法和创建小程序的步骤，为后续的微信小程序开发打下了基础。

# 第2章 Chapter 2

# 小程序结构分析

微信小程序的开发是基于微信小程序框架结构实现的，每个微信小程序的目录结构、整体描述文件和页面描述文件都是由相对固定的格式和语法组成的。由快速启动模板创建的小程序根目录下的 pages 文件夹用于存放页面描述文件，utils 文件夹用于存放通用功能代码，app.js 文件是小程序项目的启动入口文件，app.wxss 文件是整个小程序的公共样式，app.json 文件用于对小程序进行全局配置。

**本章学习目标**

- 掌握小程序的目录结构、文件格式及小程序根目录下 pages、utils 目录和文件的功能；
- 熟悉小程序的整体描述文件 app.js、app.json 和 app.wxss 的文件格式和功能；
- 掌握小程序的页面结构文件 wxml、页面样式文件 wxss、页面逻辑文件 js 和页面配置文件 json 的功能和使用方法。

## 2.1 小程序的目录和文件

### 2.1.1 小程序的目录结构

2.1

使用图 2.1 所示的小程序项目管理工具创建小程序时，默认创建的小程目

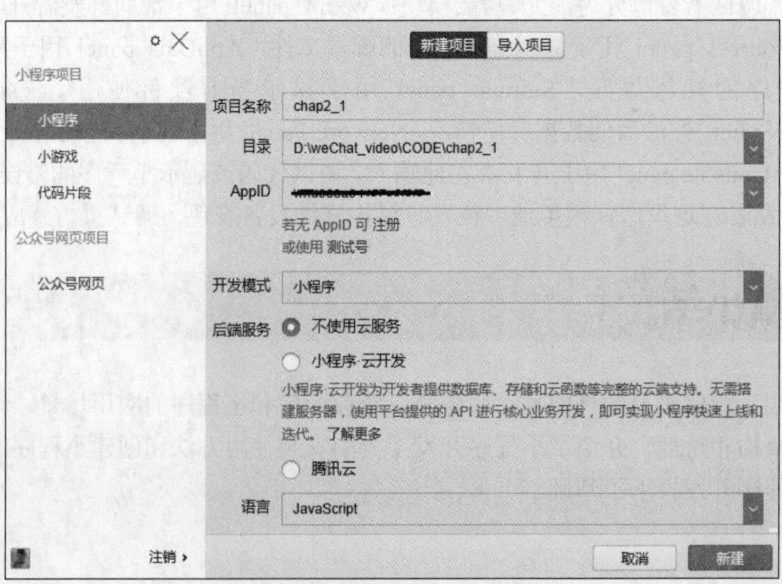


图 2.1　小程序项目管理工具

录结构如图 2.2 所示。其中，pages 目录是页面根目录，用于存放小程序的页面文件和页面文件所在的子目录；index 目录和 logs 目录就是这个小程序分别用于存放 index 页面和 logs 页面的子目录。

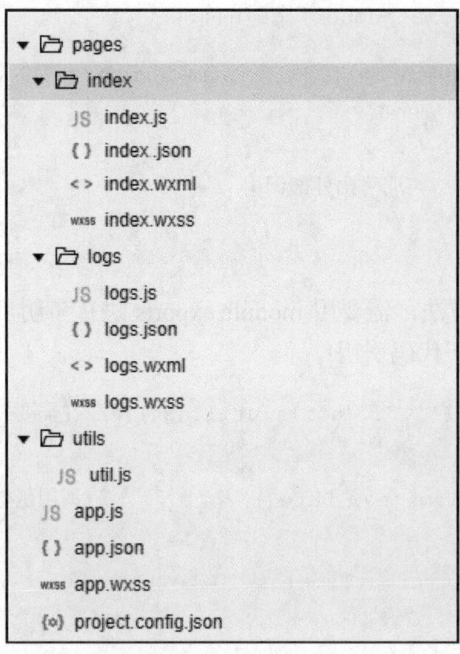


图 2.2　小程序目录结构

## 2.1.2　小程序的文件格式

小程序项目中主要包含 4 种文件类型：

- js 后缀的文件为页面脚本文件，用于实现页面的业务逻辑；
- json 后缀的文件为配置文件，用于设置小程序的配置效果，主要以 json 数据格式存放；
- wxss 后缀的文件为样式表文件，用于对小程序用户界面的美化设计；
- wxml 后缀的文件为页面结构文件，用于在页面上增加视图、组件等来构建页面。

## 2.1.3　pages 目录

pages 目录主要用于存放小程序的页面文件，其中每个文件夹对应一个页面，该文件夹中通常包含 wxml 文件、wxss 文件、js 文件和 json 文件，其中 wxml 文件和 js 文件是必需的。为了方便开发者减少配置项，文件名称必须与页面的文件夹名称相同，如图 2.2 所示的 index 文件夹，该文件夹下的文件名称只能是 index.js、index.json、index.wxml 和 index.wxss。

## 2.1.4　utils 目录

utils 目录主要用于存放共用程序逻辑库，即存放一些全局的 js 文件，目录名可以由开发者根据需要自定义，如图 2.2 所示的 util.js 文件。将公共的 js 函数文件保存在此目录中，可供开发者全局调用。例如，创建小程序时默认生成的 util.js 文件代码如下：

```
const formatTime = date => {//定义 formatTime 函数，返回时间格式
  const year = date.getFullYear()
  const month = date.getMonth() + 1
```

```
4    const day = date.getDate()
5    const hour = date.getHours()
6    const minute = date.getMinutes()
7    const second = date.getSeconds()
8    return [year, month, day].map(formatNumber).join('/') + ' ' + [hour,
minute, second].map(formatNumber).join(':')
9  }
10 const formatNumber = n => {//定义 formatNumber 函数，返回字符串格式
11   n = n.toString()
12   return n[1] ? n : '0' + n
13 }
14 module.exports = {//声明可由外部调用
15   formatTime: formatTime
16 }
```

对于允许外部调用的方法，需要用 module.exports 进行声明后（上述代码第 14 行），才能在其他 js 文件中通过以下代码引用：

```
var util = require('../../utils/util.js'); //在需要使用的 js 文件中导入 js
Page({
  data: {
  time:util.formatTime(new Date())          //调用函数时，传入 new Date()参数
  },
  onLoad: function () {
    var time = util.formatTime(new Date());
    this.setData({
      time: time
    });
  }
})
```

## 2.1.5 小程序根目录下的文件

一个小程序的主体部分由 3 个文件组成，必须存放在项目的根目录下，每个文件的名称和功能都是特定的，具体如下：

（1）app.js：该文件是小程序项目的启动入口文件，处理小程序生命周期中的一些方法。文件内容不能为空。

（2）app.json：该文件是小程序的全局配置文件，用于设置导航条的颜色、字体大小、tabBar 等。文件内容不能为空。

（3）app.wxss：该文件是小程序的公共样式文件，用于全局美化设计界面。文件内容可以为空。

项目根目录下还有一个 project.config.json 文件，该文件是项目 IDE 配置文件，开发者在“微信开发者工具”上做的任何配置都会保存到这个文件中。使用开发 IDE 工具时，开发者通常习惯对 IDE 工具做一些界面颜色、编译设置等个性化的配置，保证启动 IDE 工具时能够启用这些配置。但是，如果开发者在另外一台计算机上重新安装 IDE 工具，往往需要对这些个性化配置进行重新设置。而 project.config.json 文件就可以简化这个配置过程，开发者只需要在另外一台计算机的 IDE 工具中载入原先的项目代码包，IDE 工具就自动将原来的个性化配置信息恢复到当前的 IDE 工具。

# 2.2　小程序的整体描述文件

## 2.2.1　app.js

2.2.1

app.js 文件是小程序项目的启动入口文件，文件中的 App({object})函数用于注册一个小程序，object 参数及功能说明如表 2-1 所示。

表 2-1　object 参数及功能说明

| 参数名 | 类型 | 功　能 |
| --- | --- | --- |
| onLaunch | Function | 生命周期函数——监听小程序初始化，打开小程序时调用，仅一次 |
| onShow | Function | 生命周期函数——监听小程序显示，在小程序启动或从后台进入前台显示时调用 |
| onHide | Function | 生命周期函数——监听小程序隐藏，在小程序从前台进入后台时调用 |
| onError | Function | 错误监听函数，在小程序 js 脚本错误或 API 调用失败时调用 |
| onPageNotFound | Function | 页面不存在监听函数，在小程序要打开的页面不存在时调用 |
| 其他 | Any | 可以是自定义的函数或数据，用 this 可以访问 |

当用户首次打开小程序，触发 onLaunch( )方法，该方法全局只触发一次；当小程序初始化完成后，触发 onShow( )方法，该方法用于监听小程序显示；当小程序从前台进入后台（如按 Home 键），触发 onHide( )方法，该方法用于监听小程隐藏；当小程序从后台进入前台（如再次打开小程序），触发 onShow( )方法；当小程序在后台运行一定时间，或者系统资源占用过高，才会被真正销毁。小程序的生命周期如图 2.3 所示。

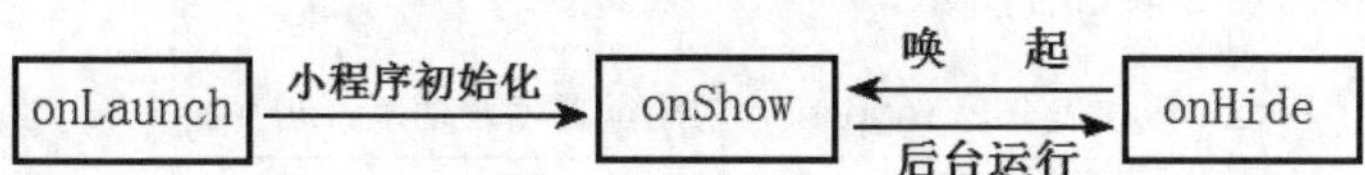


图 2.3　小程序生命周期图

app.js 文件常用代码格式如下：

```
App({
  onLaunch: function(options) {
    //当小程序启动时做一些初始化操作
  },
  onShow: function(options) {
    //当小程序页面启动显示或从后台进入前台时执行某些操作
  },
  onHide: function() {
    //当小程序从前台进入后台时执行某些操作
  },
  onError: function(msg) {
    //当小程序出错或 api 调用出错时执行某些操作
    console.log(msg) //当出错时在控制台打印 msg 信息
  },
  //自定义小程序全局函数执行某些操作
  helloWorld: function(){
    console.log('print helloworld in app.js')
  }
```

```
    //自定义小程序全局数据
  userInfo: {//定义一个全局变量 userInfo
     userName:'张三'
  }
})
```

下面以在 index.js 和 index.wxml 页面中调用上述代码中自定义的全局函数和数据为例介绍自定义全局函数和数据的使用步骤。

（1）在 index.js 逻辑文件中获取应用实例并调用自定义全局函数和数据，代码如下。

```
const app = getApp()//获取应用实例
Page({
  data: {
    fuserName: app.userInfo.userName //调用自定义全局数据
  },
  onLoad: function () {
    app.helloWorld()                    //调用自定义全局函数
  }
})
```

（2）在 index.html 页面文件中引用全局数据，代码如下。

```
<text>{{fuserName}}</text>
```

## 2.2.2 app.json

2.2.2

app.json 文件用于对小程序进行全局配置。例如，配置小程序的页面文件路径、窗口显示特性、顶部导航条、多 tab 标签及网络超时时间等。app.json 常用配置项及功能说明如表 2-2 所示。

表 2-2 app.json 常用配置项及功能说明

| 配置项 | 类型 | 必填 | 功能 |
|---|---|---|---|
| pages | String Array | 是 | 设置页面文件路径 |
| window | Object | 否 | 设置默认页面窗口显示特性 |
| tabBar | Object | 否 | 设置多 tab 标签样式 |
| networkTimeout | Object | 否 | 设置网络超时时间 |
| debug | Boolean | 否 | 设置是否开启 debug 模式 |

### 1 pages 配置项

pages 配置项的类型是 String Array(字符串数组)，它的每一项都是字符串(用路径名/文件名格式表示，文件名不需要后缀)，用来指定小程序由哪些页面组成。图 2.2 所示目录结构的小程序，其 app.json 文件中 pages 配置项的代码如下所示：

```
{
  "pages":[
    "pages/index/index",
    "pages/logs/logs"
  ]
}
```

pages 配置项的第一项指定的页面是小程序的初始页面（首页），在小程序中新增页面或减少页面，都需要在 pages 配置项中进行相应的编辑修改。如果 pages 配置项中添加的页面在当前开发的小程序中不存在，经过编译或保存后，集成开发环境会自动生成页面存放目录和相应的 js、wxml、json 和 wxss 文件。例如，在上述代码的第 3 行和第 4 行之间添加如下代码，经编译或保存后，小程序的目录结构中会自动生成 news 和 help 页面对应的文件，如图 2.4 所示。

```
{
  "pages":[
    "pages/index/index",
    "pages/news/news",
    "pages/help/help ",
    "pages/logs/logs"
  ]
}
```

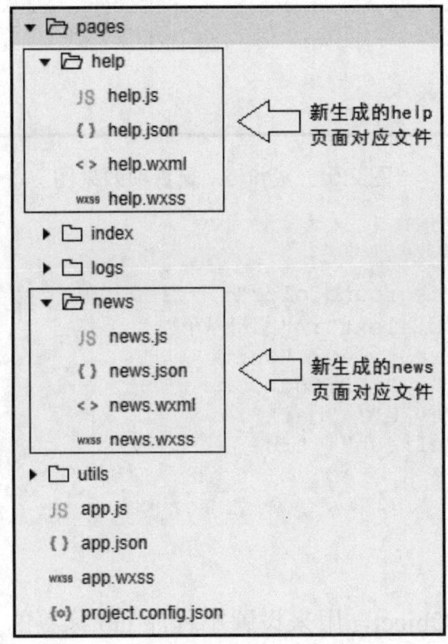


图 2.4　新生成的小程序目录结构

### 2 window 配置项

window 配置项的类型是 Object，用来设置小程序顶部导航条（背景色、标题文字等），窗体标题和背景色等。window 配置项的常用属性和功能说明如表 2-3 所示。

表 2-3　window 配置项的常用属性及功能说明

| 配置项 | 类型 | 功　能 |
| --- | --- | --- |
| navigationBarBackgroundColor | HexColor | 设置导航条背景颜色，默认值为#000000(十六进制颜色类型) |
| navigationBarTextStyle | String | 设置导航条标题颜色，仅支持 white/black，默认值为 white |
| navigationBarTitleText | Object | 设置导航条标题文字内容 |
| backgroundColor | HexColor | 设置窗体下拉刷新或上拉加载时露出的背景色，默认值为#ffffff，需要将 enablePullDownRefresh 属性值设置为 true |
| enablePullDownRefresh | Boolean | 设置是否开启当前页面的下拉刷新，默认值为 false |
| backgroundTextStyle | String | 设置窗体下拉 loading 的样式，仅支持 dark/light，默认值为 dark，需要将 enablePullDownRefresh 属性值设置为 true |

例如，要实现图 2.5 所示的显示效果，可以在 app.json 文件中使用如下代码：

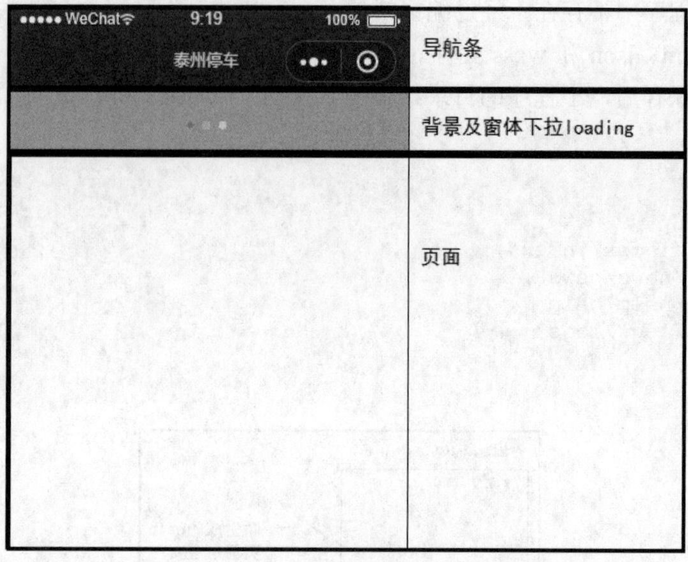


图 2.5　window 配置项效果图

```
{
  "window": {
    "navigationBarBackgroundColor": "#ff0000",
    "navigationBarTitleText": "泰州停车",
    "navigationBarTextStyle": "white",
    "backgroundColor": "#00ff00",
    "backgroundTextStyle": "dark",
    "enablePullDownRefresh": true
  }
}
```

### 3 tabBar 配置项

tabBar 配置项的类型是 Object，用来设置小程序 tab 标签的显示样式、tab 切换时的对应页面。tabBar 配置项的常用属性和功能说明如表 2-4 所示。

表 2-4　tabBar 配置项的常用属性及功能说明

| 配置项 | 类型 | 功　能 |
|---|---|---|
| color | HexColor | 设置 tab 上文字的颜色 |
| selectedColor | HexColor | 设置 tab 上文字选中时的颜色 |
| backgroundColor | HexColor | 设置 tab 的背景色 |
| borderStyle | String | 设置 tabBar 上边框的颜色，仅支持 black/white，默认值为 black |
| list | Array | 设置 tabBar 上 tab 的列表数组，该数组元素最少 2 个、最多 5 个，详细使用说明如表 2-5 所示 |
| position | String | 设置 tabBar 的位置，仅支持 bottom(底部)/top(顶部)，默认值为 bottom |

表 2-5　list 的常用属性及功能说明

| 属性名 | 类型 | 功　能 |
|---|---|---|
| pagePath | String | 设置 tab 对应的页面路径，该页面路径必须在 pages 中先定义 |
| text | String | 设置 tab 上的文字 |

续表

| 属性名 | 类型 | 功　能 |
|---|---|---|
| iconPath | String | 设置 tab 上的图片路径，不支持网络图片，当 position 为 top 时，tab 上不显示图片，图片大小≤40KB，尺寸建议为 81px×81px |
| selectedIconPath | String | 设置 tab 选中时显示的图片路径，其他同 iconPath |

例如，要实现图 2.6 所示的显示效果，可以在 app.json 文件中使用如下代码：

图 2.6　tabBar 配置项效果图

```
{
  "pages": [                                              //配置小程序的页面信息
    "pages/wx/wx",                                        //小程序的第一个页面文件
    "pages/txl/txl",
    "pages/find/find",
    "pages/me/me"
  ],
  "window": {                                             //配置小程序顶部导航条
    "navigationBarBackgroundColor": "#000000",            //导航条背景颜色
    "navigationBarTitleText": "微信",                     //导航条上文字内容
    "navigationBarTextStyle": "white",                    //导航条文字颜色
    "backgroundColor": "#eeeeee",                         //窗体下拉时露出区域的背景色
    "backgroundTextStyle": "dark",                        //窗体下拉时露出的 loading
    "enablePullDownRefresh": true                         //开启页面的下拉刷新
  },
  "tabBar": {                                             //配置小程序底部 tabBar 样式
    "color":"#000000",                          //未选择 tabBar 上 tab 时文字的颜色
    "selectedColor":"#11cd6e",                  //选择了 tabBar 上 tab 时文字的颜色
    "list": [{                                  //底部 tabBar 上 tab 的配置数组
      "pagePath": "pages/wx/wx",                //单击 tab 后默认打开的小程序页面
      "text": "微信",                           //tab 上显示的内容
      "iconPath": "images/wxall.png",                     //未选择 tab 时的默认图标
      "selectedIconPath": "images/bwxall.png"             //选择 tab 时的图标
    },{
      "pagePath": "pages/txl/txl",
      "text": "通讯录",
      "iconPath": "images/wxmsg.png",
```

```
          "selectedIconPath": "images/bwxmsg.png"
        },
        {
          "pagePath": "pages/find/find",
          "text": "发现",
          "iconPath": "images/wxfind.png",
          "selectedIconPath": "images/bwxfind.png"
        },
        {
          "pagePath": "pages/me/me",
          "text": "我",
          "iconPath": "images/wxset.png",
          "selectedIconPath": "images/bwxset.png"
        }]
    }
  }
```

需要注意的是：编写 app.json 文件时不可以在文件中添加任何注释，上述代码添加的注释是为了方便读者理解相关配置属性的功能。

#### 4 networkTimeout 配置项

networkTimeout 配置项的类型是 Object，用来设置小程序网络请求的超时时间，单位为 ms，需要配合各个网络请求使用。networkTimeout 配置项的常用属性及功能说明如表 2-6 所示。

表 2-6 networkTimeout 配置项的常用属性及功能说明

| 配置项 | 类型 | 功能 |
| --- | --- | --- |
| request | Number | 设置普通 https 请求(wx.request)的超时时间，默认值为 60000 |
| connectSocket | Number | 设置 WebSocket 通信(wx.connectSocket)的超时时间，默认值为 60000 |
| uploadFile | Number | 设置上传文件(wx.uploadFile)的超时时间，默认值为 60000 |
| downloadFile | Number | 设置下载文件(wx.downloadFile)的超时时间，默认值为 60000 |

例如，要设置 https 和下载文件超时请求时间为 10s，可以在 app.json 文件中使用如下代码：

```
{
"networkTimeout": {
   "request": 10000,
   "downloadFile": 10000
  }
}
```

#### 5 debug 配置项

debug 配置项的类型是 Boolean，用来在开发者工具中开启 debug 模式（默认值为 false，表示不开启）。在开发者工具的控制台面板，调试信息以 info 的形式列出，信息包含 Page 的注册、页面路由、数据更新及事件触发等，这些信息可以帮助开发者快速定位一些常见的问题。调试信息的显示效果如图 2.7 所示。

### 2.2.3 app.wxss

2.2.3

app.wxss 文件是整个小程序的公共样式，在该文件中定义的样式可以在这个小程序的所有页面使用。在实际应用开发时，用于定义小程序页面的样式文件有以下两种：

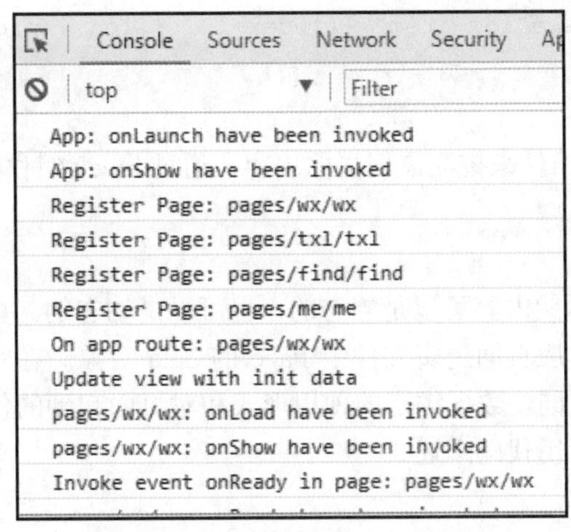


图 2.7　debug 显示效果

（1）全局样式：定义在 app.wxss 中的样式为全局样式，可以作用于小程序的每一个页面；

（2）局部样式：在 pages 文件夹中的 wxss 文件中定义的样式为局部样式，只作用于对应页面。在局部样式文件中定义的样式选择器，如果与 app.wxss 文件中定义的样式选择器同名，则会覆盖 app.wxss 文件中定义的样式选择器。

## 2.3　小程序的页面描述文件

接触过 Web 前端网页开发的读者都知道，网页编程大多采用 HTML+CSS+JavaScript 组合，其中 HTML（Hyper Text Markup Language，超文本链接标示语言）用来描述 Web 前端网页的结构、CSS（Cascading Style Sheet，层叠样式表）用来描述网页的呈现样式、JavaScript 用来实现页面和用户的交互逻辑。同样，小程序的页面描述结构与 Web 前端页面类似，WXML 类似 HTML 的角色，WXSS 类似 CSS 的角色，与 JavaScript 的角色一样。所以小程序的每个页面描述文件通常由页面结构文件（文件后缀名为 wxml）、页面样式文件（文件后缀名为 wxss）、页面逻辑文件（文件后缀名为 js）和页面配置文件（文件后缀名为 json）等四个文件组成。页面结构文件（wxml）和页面样式文件（wxss）构成了小程序框架的视图层，小程序在逻辑层处理数据后发送给视图层展现出来，同时逻辑层也接收视图层的事件反馈。

### 2.3.1　页面结构文件（WXML）

WXML 是小程序框架设计的一套类似 HTML 的标签语言，它可以结合基础组件、事件系统构建出页面的结构，即页面结构文件（wxml 文件）。图 2.3 所示小程序目录结构图中的 help.wxml 和 news.wxml 文件就是该小程序的页面结构文件。页面结构文件的编写方式与 HTML 类似，可以由视图容器类组件、基础内容类组件、表单类组件、导航类组件、多媒体类组件、地图类组件、画布类组件的标签和属性构成。

WXML 具有数据绑定、列表渲染、条件渲染、模板及事件绑定等功能。例如，默认创建的小程序项目中的 logs 页面结构文件（logs.wxml）的代码如下：

```
<view class="container log-list">
  <block wx:for="{{logs}}" wx:for-item="log">
```

```
            <text class="log-item">{{index+1}}.{{log}}</text>
        </block>
    </view>
```

上述代码使用 view 组件来控制展现页面内容，通过 block 组件、text 组件实现页面数据的绑定和列表渲染。

### 1 数据绑定

2.3.1.1

页面结构文件中显示的内容可以是静态的，也可以是动态的。页面结构文件中的动态数据均来自对应页面逻辑文件中 Page 的 data 对象。在实际应用开发中，因为应用场景的不同，数据绑定的使用形式和对页面起到的作用也是不一样的，下面用具体的应用代码阐述。

（1）作用于页面内容。

例如，下列代码第 3 行用 text 组件控制“李开复”在页面上呈现，而在实际应用中，类似这样的姓名应该是根据登录用户姓名的改变而改变，也就是 text 组件中控制显示的姓名内容应该是可以动态改变的，所以就需要使用数据绑定来实现。下列代码第 6 行的{{name}}格式用“双大括号”将 name 变量包起来，就是实现了数据绑定功能，直接将页面逻辑文件中定义的 data 对象中的 name 变量作用于页面结构文件，当 name 变量的值发生改变，页面上显示的内容也会跟着改变。

```
1  <!-- wx.wxml -->
2  <view>
3    欢迎  <text>李开复</text>  登录本系统!
4  </view>
5  <view>
6    欢迎  <text>{{name}}</text>  登录本系统!
7  </view>
```

与上述页面结构文件对应的页面逻辑文件代码如下：

```
//wx.js
Page({
  data: {//页面的初始数据
      name:"李开复"
  }
})
```

（2）作用于组件属性。

在页面结构文件中定义组件时，往往需要通过设定组件属性来定义组件在页面上呈现的效果。例如，下列代码第 2 行用 style 属性定义 view 组件的背景色，第 3 行用 class 属性定义 view 组件的背景色。第 2 行代码的{{color}}和第 3 行代码的{{id}}都是在组件属性中使用了数据绑定。

```
1  <!-- wx.wxml -->
2  <view style='background:{{color}}'>直接用 style 定义背景色 </view>
3  <view class='bcolor{{id}}'>用样式定义背景色</view>
```

与上述页面结构文件对应的页面逻辑文件代码如下：

```
//wx.js
Page({
  data: {
```

```
        color: "yellow",
        id:1
    }
  })
```

与上述页面结构文件对应的页面样式文件代码如下：

```
/*wx.wxss */
.bcolor1{
  background: red;
}
.bcolor2{
  background: yellow;
}
```

当 wx.js 文件中的 id 修改为 1 时，wx.wxml 页面对应位置的背景色为 red；当 wx.js 文件中的 id 修改为 2 时，wx.wxml 页面对应位置的背景色为 yellow。

（3）作用于控制组件。

在页面显示时，通常会出现满足某个条件时，页面结构文件中定义的组件才会呈现出来，否则会隐藏该组件的情况。例如，下列代码使用了 wx:if 进行条件渲染，当页面逻辑文件中定义的 flag 为 true 时，view 组件会显示在页面上，否则不会显示。

```
<!-- wx.wxml -->
<view wx:if='{{flag}}'>flag 为 true 显示，否则隐藏。{{flag}}</view>
```

与上述页面结构文件对应的页面逻辑文件代码如下：

```
//wx.js
Page({
  data: {
      flag: true
   }
})
```

（4）进行简单的运算。

在页面结构文件中使用数据绑定进行运算主要包括以下几种方式：

① 三元运算。

前面介绍了使用 wx:if 条件渲染实现控制组件的显示或隐藏，在 WXML 中还可以使用 hidden 属性控制组件的显示或隐藏，下列代码第 2 行表示当 flag 值为 true 时，hidden 属性值为 true，则 view 组件就会隐藏。

```
1  <!-- wx.wxml -->
2  <view hidden="{{flag ? true : false}}">Hidden</view>
```

与上述页面结构文件对应的页面逻辑文件代码与前面相似，限于篇幅不再赘述。

② 逻辑运算。

除了应用三元运算符外，数据绑定也可以进行普通的逻辑运算。例如，页面结构文件代码如下：

```
<!-- wx.wxml -->
<view wx:if="{{length > 5}}">length 大于 5！ </view>
```

与上述页面结构文件对应的页面逻辑文件代码如下：

```
//wx.js
Page({
  data: {
     length: 6
  }
})
```

上述代码表示当 length 的值大于 5 时， view 组件显示“length 大于 5！”。

③ 算术运算和字符串运算。

在组件中使用数据绑定形式也可以进行简单的算术运算和字符串运算。例如，页面结构文件代码如下：

```
<!-- wx.wxml -->
<view>{{a - b}} + {{c}} + d </view>
<view>{{"hello, " + name}}</view>
```

与上述页面结构文件对应的页面逻辑文件代码如下：

```
//wx.js
Page({
  data: {//页面的初始数据
     a:1,
     b:2,
     c:3,
     d:4,
     name:'张蔚蓝'
  }
})
```

上述代码运算后的输出结果如图 2.8 所示。

④ 数据路径运算。

为了实现对复杂类型数据的引用，数据绑定形式可以进行数据路径运算。例如，页面结构代码如下：

```
<!-- wx.wxml -->
<view>{{person.id}}，{{person.name}}，{{dept[0]}}系</view>
```

与上述页面结构文件对应的页面逻辑文件代码如下：

```
//wx.js
Page({
  data: {//页面的初始数据
     person:{
       id : '0909001',
       name: '张三丰'
     },
     dept:['计算机','数学']
  }
})
```

上述代码运算后的输出结果如图 2.9 所示。

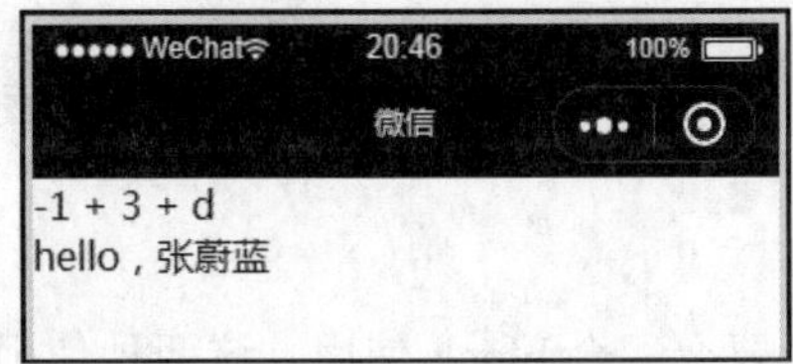


图 2.8 算术运算和字符串运算显示效果

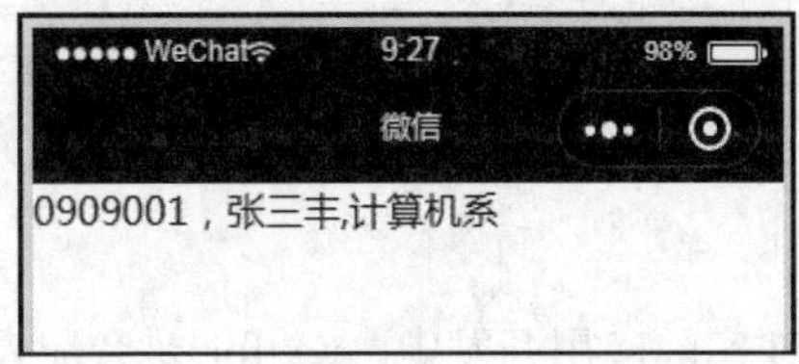


图 2.9 数据路径运算显示效果

### 2 列表渲染

页面结构文件中显示的内容可以是在页面逻辑文件中定义的普通变量，也可以是数组。不管是普通变量，还是数组，都可以通过前面介绍的简单数据绑定实现数据内容在页面上的显示。但是，如果页面上显示的数据内容来源于数组，用简单数据绑定方法实现，不仅会出现很多冗余代码，而且比较烦琐。小程序中提供的列表渲染功能可以将数组列表中各项数据内容进行重复渲染，大大提高了开发效率。

2.3.1.2

列表渲染的使用场景大多为商品展现、购物车和内容收藏等需要重复显示数据内容的页面。这类需要重复显示的数据往往保存在小程序的数组列表中，这种数组列表的展示其实就是用 for 循环来循环生成相对应的列表项布局，即用 wx:for 重复渲染组件实现此项功能。例如，要在页面上显示图 2.10 所示的商品列表显示效果，可以在页面结构文件中用如下代码：

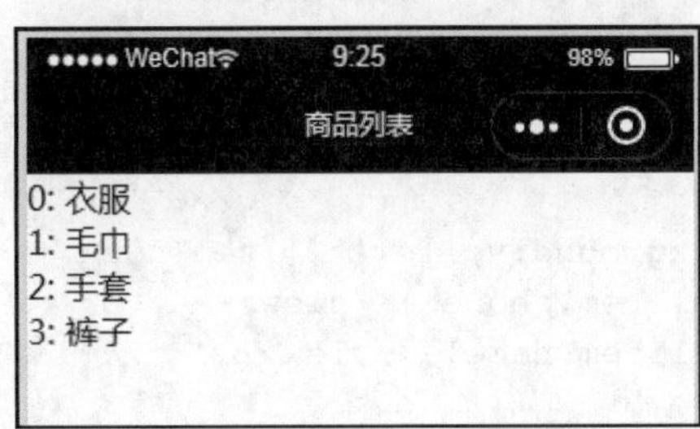


图 2.10 列表渲染应用(1)

```
1  <!-- txl.wxml -->
2  <view wx:for="{{shopName}}">
3    {{index}}: {{item}}
4  </view>
```

上述代码第 2 行用 wx:for 控制属性绑定了 shopName 数组，该数组的当前元素下标变量名默认为 index、当前元素变量名默认为 item。第 3 行代码用{{index}}绑定当前元素下标，用{{item}}绑定当前元素在 view 组件中显示。与上述页面结构文件对应的页面逻辑文件代码如下：

```
//txl.js
Page({
  data: {
      shopName:['衣服','毛巾','手套','裤子']
  }
})
```

另外，使用 wx:for-item 可以指定数组当前元素的变量名，使用 wx:for-index 可以指定数组当前元素下标的变量名。前面商品列表页面的结构文件可以修改为如下代码：

```
<!-- txl.wxml -->
<view wx:for="{{shopName}}" wx:for-index="itemIndex" wx:for-item="itemName">
  {{itemIndex}}: {{itemName}}
</view>
```

在实际应用开发中，wx:for 要么配合 view 使用，要么配合 block 使用。这两种使用方式的区别在于配合 block 使用时 block 不会被渲染，而配合 view 使用时则会多渲染一次，但是最终呈现效果是一样的。例如，在页面上显示图 2.11 所示的电话列表显示效果，可以在页面结构文件中使用如下代码：

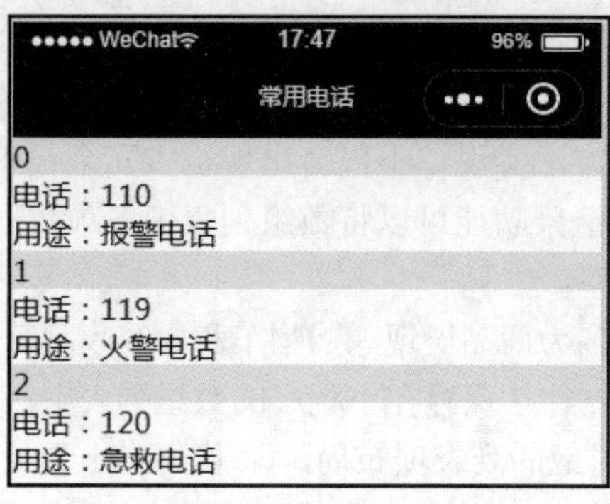


图 2.11　列表渲染应用(2)

```
1  <!-- txl.wxml -->
2  <block wx:for="{{infoList}}" wx:for-index="telIndex" wx:for-item="telItem" wx:key="phone">
3    <view>
4      <view style='background:yellow'>{{ telIndex }}</view>
5      <view>电话：{{ telItem.phone}}</view>
6      <view>用途：{{ telItem.name}}</view>
7    </view>
8  </block>
```

上述代码第 2 行增加了 wx:key 控制属性，官方文档的解释是：如果数组列表中项目的位置会动态改变或者有新的项目添加到列表中，并希望列表中的项目保持自身的特征和状态，就需要使用 wx:key 来指定列表中项目的唯一标识符。与上述代码对应的页面逻辑文件代码如下：

```
//pages/txl/txl.js
Page({
  data: {
    infoList: [{
      phone: 110,
      name: "报警电话"
    }, {
      phone: 119,
      name: "火警电话"
    }, {
      phone: 120,
      name: "急救电话"
    }]
  }
})
```

### 3 条件渲染

2.3.1.3

wx:if 在小程序中用来进行条件渲染，即控制是否需要渲染代码指定的组件，它的功能与 Java、C 等高级语言中 if 的条件判断一样，还可以与 wx:elif、wx:else 等配合使用。例如，下列页面结构代码表示根据 week 的值判断吃什么。

```
<!-- eat.wxml-->
<view>今天吃什么？</view>
<view wx:if="{{week == 1}}">
  星期{{week}}：饺子
</view>
<view wx:elif="{{week == 2}}">
  星期{{week}}：米饭
</view>
<view wx:elif="{{week == 3}}">
  星期{{week}}：馒头
</view>
<view wx:elif="{{week == 4}}">
  星期{{week}}：面条
</view>
<view wx:elif="{{week == 5}}">
  星期{{week}}：稀饭
</view>
<view wx:else>
  星期{{week}}：西餐
</view>
```

与上述页面结构文件对应的页面逻辑文件代码如下：

```
//pages/find/find.js
Page({
  data: {
    week: Math.floor(Math.random() * 7 + 1)
  }
})
```

因为 wx:if 是一个控制属性，所以在页面结构文件代码中需要将它添加到一个如上例所示的 view 组件标签上。如果需要一次性控制多个组件标签，就需要使用 block 标签，将多个组件标签包装起来，并使用 wx:if 控制属性。例如，如果上例中随机产生的 week 值≥5，则分别用 view 组件显示“面条”和“西餐”；如果 week 值≥3，则分别用 view 组件显示“馒头”和“稀饭”，否则显示“饺子”和“米饭”。

```
<!-- eat.wxml-->
<block wx:if="{{week>=5}}">
  <view> 面条 </view>
  <view> 西餐 </view>
</block>
<block wx:elif="{{week>=3}}">
  <view> 馒头 </view>
  <view>稀饭</view>
</block>
<block wx:else>
  <view> 饺子 </view>
  <view> 米饭 </view>
</block>
```

## 2.3.2 页面样式文件（WXSS）

2.3.2

WXSS 是一套样式语言，用于描述 WXML 的组件样式，即页面样式文件(.wxss)。也就是通过页面样式文件决定页面结构文件中的组件应该怎么显示。WXSS 基本沿用了 CSS 的大部分特性，也新增了尺寸单位和样式导入两个方面的内容，这些内容将在本教程第 3 章中详细介绍。WXSS 支持的选择器及功能说明如表 2-7 所示。

表 2-7 WXSS 样式选择器及功能说明

| 选择器 | 样　例 | 功能描述 |
|---|---|---|
| .class | .intro | 样式作用于所有拥有 class="intro" 的组件 |
| #id | #firstname | 样式作用于所有拥有 id="firstname" 的组件 |
| element | view | 样式作用于所有 view 组件 |
| element, element | view, checkbox | 样式作用于 view 组件和 checkbox 组件 |
| ::after | view::after | 在 view 组件后面插入内容 |
| ::before | view::before | 在 view 组件前面插入内容 |

### 1 .class 选择器

页面结构文件 selector.wxml 中的代码如下：

```
<!-- selector.wxml -->
<button class="but_class1">确定</button>
<button class="but_class1">取消</button>
```

与上述页面结构文件对应的页面样式文件代码如下：

```
/* selector.wxss */
.but_class1{
 margin: 10px;
 background: #22fbee;
}
```

上述代码中的“确定”和“取消”按钮都使用 class 属性引用.but_class1 选择器来定义按钮的样式。

### 2 #id 选择器

页面结构文件 selector.wxml 中的代码如下：

```
<!-- selector.wxml -->
<button class="button_class2">确定</button>
<button id="button_class3" class="button_class2">取消</button>
```

与上述页面结构文件对应的页面样式文件代码如下：

```
/* selector.wxss */
.button_class2 {
  margin-top: 10px;
  margin-left: 10px;
  margin-right: 10px;
  background: #e2f;
}
#button_class3 {
```

```
  background: greenyellow;
}
```

上述代码中的“确定”按钮使用了 class 属性引用.button_class2 选择器来定义按钮的样式，“取消”按钮既使用了 class 属性引用.button_class2 选择器，也使用了 id 属性引用#button_class3 选择器来定义按钮的样式。

### 3 element 选择器

页面结构文件 selector.wxml 中的代码如下：

```
<!-- selector.wxml -->
<button>确定</button>
<button>取消</button>
<button>退出</button>
```

与上述页面结构文件对应的页面样式文件代码如下：

```
/* selector.wxss */
button {
  background: greenyellow;
  margin-left: 10px;
  margin-right: 10px;
  margin-top: 10px;
}
```

上述代码中的“确定”“取消”和“退出”按钮均使用了 button 选择器来定义按钮的样式。

### 4 “,”选择器

页面结构文件 selector.wxml 中的代码如下：

```
<!-- selector.wxml -->
<view>欢迎登录本系统！</view>
<button>确定</button>
<button>取消</button>
<button>退出</button>
```

与上述页面结构文件对应的页面样式文件代码如下：

```
/* selector.wxss */
button, view {
  background: greenyellow;
  height: 50px;
  margin-left: 10px;
  margin-right: 10px;
  margin-top: 10px;
  display: flex;
  align-items: center;
  justify-content: center;
}
```

上述代码中的 button 和 view 选择器共用一组相同的样式，所以页面显示时 view 组件和 button 组件的样式完全一样。显示效果如图 2.12 所示。

### 5 ::after 和::before 选择器

在前面示例的页面样式文件（selector.wxss）中添加如下代码：

图 2.12　选择器应用（1）

```
1   view::after{
2   color: red;
3   content: "马云！"
4   }
5   button::before{
6   color: red;
7   content: "马云，"
8   }
```

第 1 行代码表示在 view 组件后面插入“红色字体的马云”，第 2 行代码表示在 button 组件前面插入“红色字体的马云”，显示效果如图 2.13 所示。

图 2.13　选择器应用（2）

## 2.3.3　页面逻辑文件（JavaScript）

微信小程序的逻辑层通常由 App( )注册、Page( )注册、JavaScript 和框架 API 组成。逻辑层的实现就是用 JavaScript 语言编写各个页面的 js 文件。由于 JavaScript 逻辑文件是运行在纯 JavaScript 引擎中，而并非运行在浏览器中，因此一些浏览器提供的特有对象，如 document、window 等在小程序中都无法使用；同理，一些基于 document、window 的框架，如 jQuery 和 Zepto 也不能在小程序中使用。开发者编写的微信小程序的所有代码最终会打包成一份 JavaScript 文件，并在小程序启动的时候运行，直到小程序销毁。

2.3.3

### 1 用 App( )函数注册小程序

微信小程序项目根文件夹下的 app.js 文件中有一个 App( )方法，该方法有且仅有一个，用来注册小程序。App()方法接受一个 object 参数，用于指定小程序的生命周期函数等。这部分内容已经在本章第 2 节介绍过，不再赘述。

### 2 用 Page( )函数注册页面

微信小程序中使用 Page( )函数进行页面注册，与 App( )函数类似，Page( )函数接受一个 object 类型参数，可以用于指定页面的初始化数据、生命周期回调函数和事件处理函数等。object 参数及功能说明如表 2-8 所示。

表 2-8　object 参数及功能说明

| 参数名 | 类型 | 功　能 |
| --- | --- | --- |
| data | Object | 页面的初始化数据 |
| onLoad | Function | 生命周期函数，用于监听页面加载 |
| onShow | Function | 生命周期函数，用于监听页面显示 |
| onReady | Function | 生命周期函数，用于监听页面初次渲染完成 |
| onHide | Function | 生命周期函数，用于监听页面隐藏 |
| onUnload | Function | 生命周期函数，用于监听页面卸载 |
| onPullDownRefresh | Function | 监听用户下拉动作 |
| onReachBottom | Function | 页面上拉触底事件的处理函数 |
| onShareAppMessage | Function | 用户单击右上角转发 |
| onPageScroll | Function | 页面滚动触发事件的处理函数 |
| onResize | Function | 页面尺寸改变时触发 |
| onTabItemTap | Function | 当前是 tab 页时，单击 tab 时触发 |
| 其他 | Any | 可以是自定义的函数或数据，用 this 可以访问 |

（1）初始化页面数据。

初始化页面数据位于 Page( )函数的 data 中，它是页面第一次渲染时使用的初始数据。页面加载时，data 会以 Json 字符串的格式由逻辑层传到视图层，视图层可以通过 WXML 对数据进行绑定，获得 data。因此，data 中的数据必须是字符串、数值、布尔值、对象和数组等可以转换成 Json 格式的数据类型。例如，下列代码在 data 中定义了某职工的相关信息：

```
//workinfo.js
Page({
  data: {
    id:[0,1,2,3,4,5,6,7,8,9],           //数组类型
    name: '李小明',                      //字符串类型
    birthday: new Date("1992-12-12"),  //日期类型
    flag: true,                         //布尔类型
    salary: 3452.34,                    //数值类型
    office: {                           //对象类型
      workNo: '09090001',
      workTel: '0523-543033333',
      workAddress: '教育技术楼'
    }
  }
})
```

为了小程序页面上显示图 2.14 所示效果，可以在对应的页面结构文件中使用如下代码：

```
<!-- workinfo.wxml -->
<view>编号：{{id[2]}}</view>
<view>姓名：{{name}}</view>
<view>出生日期：{{birthday}}</view>
<view wx:if='{{flag}}'>婚否：已婚</view>
<view wx:else>婚否：未婚</view>
<view>工号：{{office.workNo}}</view>
<view>电话：{{office.workTel} </view>
<view>地址：{{office.workAddress}}</view>
```

图 2.14　data 应用示例

（2）页面生命周期。

当小程序注册完成后加载页面，并触发 onLoad( )方法；当页面载入后触发 onShow( )方法，并显示页面；初次显示页面会触发 onReady( )方法，渲染页面元素和样式，一个页面只会调用一次该方法；当小程序从前台进入后台（如按 Home 键）运行或跳转到其他页面时，触发 onHide( )方法；当小程序从后台进入前台运行或重新进入页面时，触发 onShow( )方法；当使用重定向方法 wx.redirectTo( )或关闭当前页返回上一页方法 wx.navigateBack( )时，触发 onUnload( )方法。页面的生命周期如图 2.15 所示。

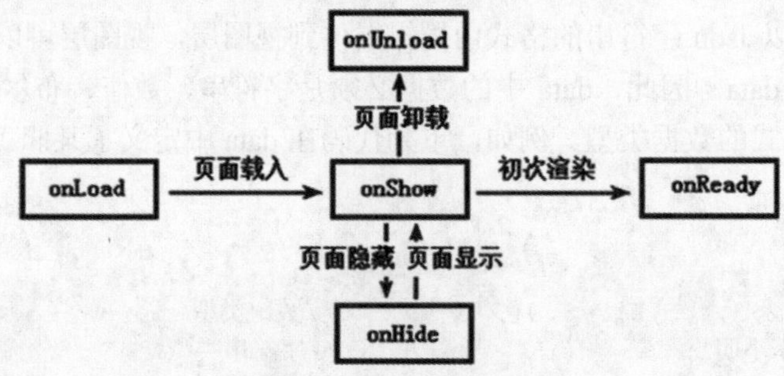


图 2.15　页面生命周期

（3）页面事件处理函数。

① onPullDownRefresh( )函数用于监听用户下拉刷新事件。用户下拉页面时触发该事件。在 app.json 文件中的 window 选项进行全局配置，可以让小程序所有页面下拉时触发该事件；对某个页面对应的 json 文件中的 window 选项进行配置，可以在小程序当前页面下拉时触发该事件。配置代码如下：

```
"enablePullDownRefresh": true
```

② onReachBottom( )函数用于监听用户上拉触底事件。用户上拉页面到底部时触发该事件。可以在 app.json 或页面对应的 json 文件中的 window 选项中配置触发距离 onReachBottomDistance。但在触发距离内滑动页面，该事件只会被触发一次。

③ onShareAppMessage( )函数用于监听用户单击页面内转发按钮（<button> 组件 open-type="share"）或右上角转发按钮的行为，并自定义转发内容。注意：只有定义了此事件处理函数，单击右上角菜单转发按钮，页面底部才会列出“转发”菜单。显示效果如图 2.16 所示。

④ onPageScroll( )函数用于监听用户滑动页面事件。用户滑动页面时触发该事件，该方法可以使用 scrollTop 属性返回页面在垂直方向已滚动的距离（单位 px）。

⑤ onResize( )函数用于监听页面尺寸改变事件。页面显示区域尺寸改变或屏幕旋转时触发。

⑥ onTabItemTap( )函数监听单击 tab 事件。当用户单击页面 tab 时触发该事件。但是实际开发中，对于在小程序模拟器上运行小程序，进行 tab 切换并不会触发该事件，如果单击该方法所在页面对应的 tab，会触发该方法，并且单击几次触发几次；对于在真机上运行小程序，进行 tab 切换正常触发该事件。

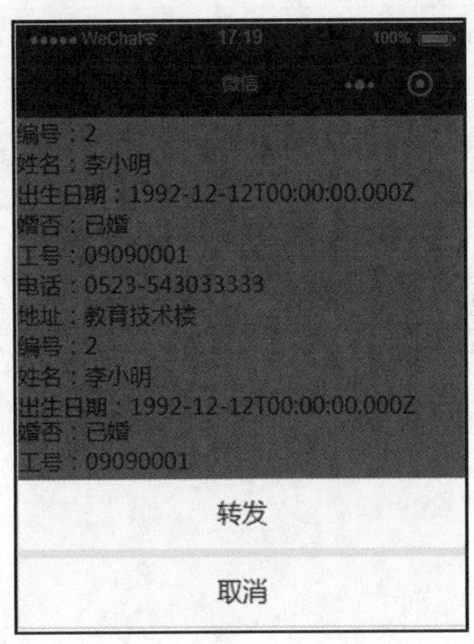


图 2.16　转发菜单

## 2.3.4　页面配置文件（json）

除了全局的 app.json 配置外，每个页面也可以使用其对应的.json 文件进行配置。页面对应的.json 文件中的配置值会覆盖 app.json 中的 window 配置值。

2.3.4

页面的配置文件比 app.json 全局配置简单得多，页面对应的.json 文件只能设置 window 相关的配置项来决定本页面显示形式，所以在页面配置文件中可以不使用 window 键。

例如，在实际应用开发中有这样的需求：某小程序共有 10 个页面，但其中有 1 个页面不需要启用下拉刷新，而其余 9 个页面需要启用这个功能，则可以在 app.json 中配置启用上下拉刷新，然后在不需要该功能的页面对应配置文件.json 中进行重写禁用。

app.json 配置文件代码如下：

```
{
  "pages": [
    "pages/news/news",
    "pages/me/me"
  ],
  "window": {
    "enablePullDownRefresh": true
  }
}
```

页面对应配置文件代码如下：

```
{
    "enablePullDownRefresh": false
}
```

所有 app.json 中的 window 配置项在页面文件.json 中都是可以覆盖重写的，但页面配置文件也有自己特殊的属性，如表 2-9 所示。

表 2-9 object 参数及功能说明

| 属性名 | 类型 | 功 能 |
| --- | --- | --- |
| disableScroll | Boolean | 设置为 true，则页面整体不能上下滚动，默认值为 false |

## 本章小结

本章详细介绍了微信小程序的目录结构及每个目录的作用，阐述了小程序的整体描述文件和页面描述文件的功能及编写的语法规则。通过本章的学习，读者可以掌握小程序页面结构文件编写语言——WXML、小程序页面生命周期的概念、小程序全局页面配置文件和页面配置文件的编写方法。

# 第3章 Chapter 3

# 界面设计

前面讲到小程序的用户界面是由 WXML（页面布局文件）和 WXSS（布局样式文件）决定的。为了让开发者能够以最快的速度设计出美观而具有动态效果的小程序界面，本章结合实际案例的开发过程介绍微信小程序页面的常用样式和 flex 页面布局（弹性布局）。

本章学习目标

- 理解 CSS 标准规定的页面布局模型；
- 掌握样式在小程序界面设计中的使用方法；
- 掌握 flex 布局在小程序界面设计中的使用方法；
- 掌握 background-color、background-image、background-size、background-position 和 background-repeat 等样式属性在小程界面设计中的使用方法；
- 掌握 view、text、input、button、swiper、image 和 scroll-view 等组件在小程序界面设计中的使用方法。

## 3.1 概述

早期的 Web 页面排版主要使用 HTML 中的 table（表格）元素实现，同时在 table 的单元格中通过 align、valign 属性来指定水平方向、垂直方向的对齐，但是这种方式很难直接传达页面的实际含义，使页面文档的可读性不高，且不容易维护。于是，1996 年 12 月，W3C（World Wide Web Consortium，万维网联盟）推出了用以解决结构与样式混杂问题的 CSS 规范的第一个版本，即 CSS1.0。1998 年，W3C 发布了 CSS 的第二个版本，即 CSS2.0。2001 年 5 月，W3C 完成了 CSS3 草案规范。CSS 是一种用来表现 HTML 或 XML 等文本样式的计算机语言，它不仅可以静态地修饰网页，配合各种脚本语言动态地对网页各元素进行格式化，还能够对网页中元素位置的排版进行像素级精确控制。CSS 标准规定的页面布局模型有以下 3 种：

3.1

（1）流动模型：流动模型是浏览器默认的一种网页布局模式，块级元素自上向下排列，行级元素自左向右排列。如表格布局就是采用流动模型实现页面元素的布局，它是 CSS 页面布局最简单的方式，页面元素排版布局时以默认的 html 元素在表格中的结构顺序显示。

（2）浮动模型：浮动模型提出的初衷是为了实现文字环绕效果，采用浮动布局的页面，浮动元素可以左右移动，直到它的边缘碰到父元素的边缘或另一个浮动元素的边缘。如浮动布局就是采用浮动模型实现页面元素的布局，它是目前 Web 页面设计采用最多的一种布局方式。

（3）层模型：层模型是根据页面元素的 position 属性值的不同来控制页面元素的显示位

置，position 的属性值有 static（静态）、absolute（绝对）、relative（相对）和 fixed（固定）四种定位布局。

这几种布局模型的搭配使用虽然可以比较轻松地完成页面设计的常见需求，但也存在缺少语义、不够灵活、浏览器兼容性差等缺陷。随着 Web 页面的语义化越来越流行，为了与搜索引擎建立良好的沟通、有助于爬虫和机器很好地解析网页内容，方便屏幕阅读器、盲人阅读器、移动终端设备等解析后渲染网页，W3C 从 CSS 的第三版本（CSS3.0）开始提出了弹性盒子模型（flex），该模型的 flex 布局方式可以更简便、完整、响应式地实现各种页面布局，目前也已经得到了几乎所有浏览器的支持。小程序的开发框架也使用了 flex 排版布局，它有助于开发者快速、灵活地构建小程序的 UI。

## 3.2 样式

微信小程序开发框架为开发人员提供了视图容器（View Container）、基础内容（Basic Content）、表单（Form）、导航（Navigation）、媒体（Media）、地图（Map）和画布（Canvas）、开放能力(Open Ability)等 8 大类组件，用于小程序的界面设计。但是，要达到用户想要的界面效果，还需要使用 WXSS 样式。WXSS 样式决定了组件应该如何显示，并在 CSS 样式的基础上做了一些功能扩展和修改。

3.2

### 3.2.1 长度单位

实现 CSS 样式时，开发者为了保证不同移动终端设备显示效果的适配性，需要考虑设备屏幕的不同宽度和像素比，采用一些技巧来换算像素单位。小程序的 WXSS 样式文件除了支持 CSS 的常用长度单位（表 3-1）外，还新增了一个新的长度单位——rpx（responsive pixel）。rpx 可以自动适配不同的屏幕宽度（规定屏幕宽度为 750rpx），开发者设计小程序的用户界面，如果使用 rpx 单位，换算工作就由小程序底层来完成，提高了开发效率。

表 3-1 CSS 常用长度单位

| 单位 | 说　明 |
|---|---|
| pt | 绝对长度单位，points（1pt 等于 1/72 英寸） |
| pc | 绝对长度单位，picas（1pc 等于 12pt） |
| in | 绝对长度单位，英寸 |
| cm | 绝对长度单位，厘米 |
| mm | 绝对长度单位，毫米 |
| % | 相对长度单位，百分比 |
| px | 相对长度单位，pixels 像素 |
| em | 相对长度单位，基于当前字体大写字母 M 的尺寸，当改变 font-size 的大小时，该长度单位将发生改变，默认 1em=16px |
| ex | 相对长度单位，基于当前字体小写字母 x 的高度值 |

### 3.2.2 样式导入

小程序的 WXSS 支持样式的导入，这个功能在实际应用开发时非常有用，尤其是使用一些其他库的时候可以直接导入第三方的 WXSS 文件。用法步骤如下：

（1）新建要导入的 WXSS 样式文件，此处以新建的 common.wxss 样式文件为例，代码如下：

```
/** common.wxss **/
.top-p{
  padding:15px;
}
```

（2）使用@import 语句导入 WXSS 样式文件，此处以在 app.wxss 样式文件导入 common.wxss 样式文件为例，代码如下：

```
/** app.wxss **/
@import "common.wxss"; /** @import 语句后使用需要导入的样式文件的相对路径**/
.bottom-p {
  padding:10px;
}
```

### 3.2.3 内联样式与类样式

与 CSS 样式一样，WXSS 样式支持使用 style、class 属性控制组件的样式，但是实际使用时有区别：在小程序的样式使用时，对于静态样式，应统一定义到 WXSS 样式文件中，然后在 WXML 页面文件中由 class 属性设定；对于动态样式，需要直接在 WXML 页面文件中由 style 属性设定，这样有助于运行时动态解析，以便根据后台数据更新页面内容。如果将过多的样式直接使用 style 属性设定，会导致小程序在页面渲染时还要解析对应的样式布局，影响小程序渲染页面的速度。

style 接受动态样式，运行时会进行解析，尽量避免将静态的样式写入 style 中，以免影响渲染速度。代码格式如下所示：

```
<!-- style 属性控制样式 -->
<view style = "color:{{color}};"></view> <!-- color 需要在 js 文件中操作 -->
```

class 用于指定样式规则，通常用于统一样式类型的多个元素或重复使用的元素，减少重复代码的数量。其属性值是样式规则中类选择器名（样式类名）的集合。代码格式如下所示：

```
<!-- class 类控制样式 -->
<view class = "view_style” ></view>  <! -- view_style 需要在 wxss 文件中定义 -->
```

## 3.3 flex 布局

flex 是 flexible box（弹性盒子布局）的缩写，为页面使用盒状模型设计提供了最大的灵活性。开发设计微信小程序时，它既能符合小程序的文档开发要求，又能减少 CSS 的相关样式声明。

采用 flex 布局的元素称为 flex 容器（flex container），flex 容器中可以包含一个或多个 flex 容器项（flex item），一个容器项只能属于一个直接的容器，容器里面的多个容器项有排列方向。如图 3.1 所示，其中有一个 flex 容器（flex container）和三个容器项（flex item），这三个容器项从左到右排列，和容器项排列方向一致

3.3

的这条线称作主轴（main axis），图中的主轴为水平方向，与主轴垂直的一条线称作交叉轴（cross axis），图中的交叉轴为垂直方向。主轴的开始位置（与边框的交叉点，图 3.1 中左边框处）称为 main start，主轴的结束位置（与边框的交叉点，图 3.1 中右边框处）称为 main end；交叉轴的开始位置（与边框的交叉点，图 3.1 中上边框处）称为 cross start，交叉轴的结束位置（与边框的交叉点，图 3.1 中下边框处）称为 cross end。

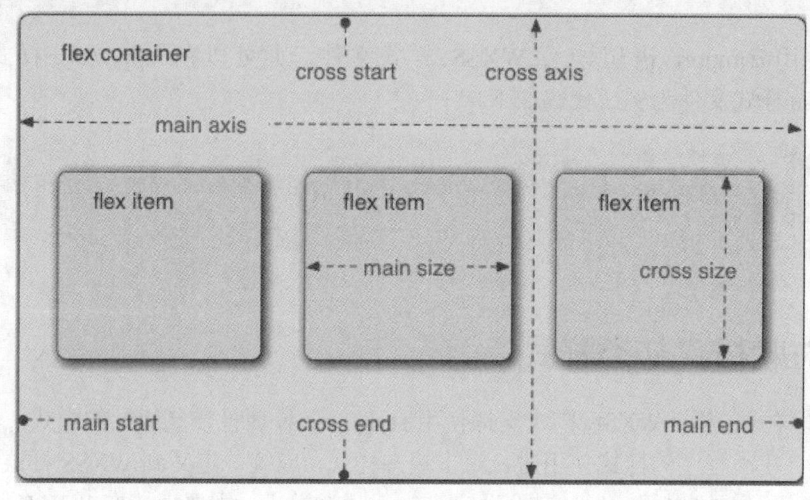


图 3.1　flex 布局结构

在小程序页面设计中，设有 display:flex 或 display:block 的元素就是一个 flex container，flex container 中的任何一个 flex item 也可以使用 block 或 flex 进行布局。

（1）display: block，指定为块内容器模式，总是从新行开始显示容器项（flex item），小程序的视图容器（view、scroll-view、swiper、movable-view 和 cover-view 等）的样式属性 display 默认设置为 block。

（2）display: flex，指定为行内容器模式，默认在一行内显示容器项（flex item），也可以使用 flex-wrap 、flex-direction 等属性设置特定的显示效果。

例如，页面样式文件和页面结构文件分别如下列代码，其显示效果如图 3.2 所示。

（1）页面样式文件。

```
/** 页面样式文件——index.wxss **/
page {
  height: 100%;
  width: 100%;
  background-color: bisque;
}
.container {
  width: 100%;
  height: 100%;
  display: block;
}
.item {
  height: 80rpx;
  width: 80rpx;
  background-color: yellow;
  margin: 10rpx;
}
```

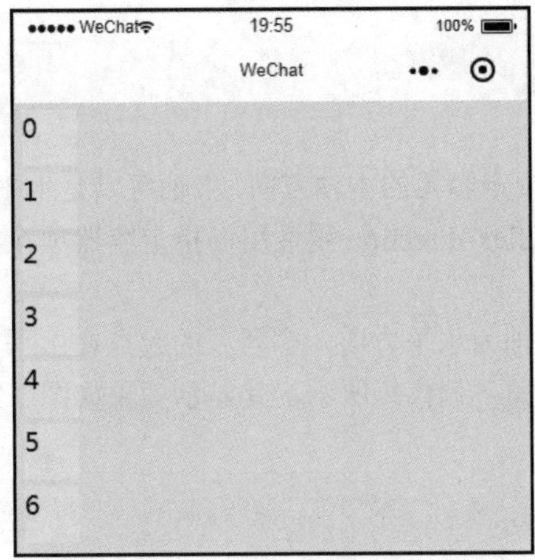


图 3.2 block 显示效果

用 CSS 设置样式时，width:100%会自动填满整个屏幕的宽度，而 height:100%只会自动适应子元素的高度。在正常的 HTML 代码中，要让子元素自动填充整个屏幕的高度，就必须给它的父元素也设置 height:100%，所以通常给网页的 HTML 或 body 属性增加 height:100%就可以了。由于在小程序页面结构文件（wxml 文件）中并没有 HTML 和 body 元素，所以不可能这样设置，但是小程序有一个 Page( )注册页面的方法，因此可以使用上述第 2~6 行的代码来设置 flex container 父容器（本示例的页面容器 page 即为父容器）的 height 属性，读者在开发小程序时务必要注意这一细节。

（2）页面结构文件。

```
<!-- 页面结构文件——index.wxml  -->
<view class="container">
  <view class='item'>0</view>
  <view class='item'>1</view>
  <view class='item'>2</view>
  <view class='item'>3</view>
  <view class='item'>4</view>
  <view class='item'>5</view>
  <view class='item'>6</view>
</view>
```

如果将页面样式文件中第 10 行的 block 改为 flex，显示效果如图 3.3 所示。

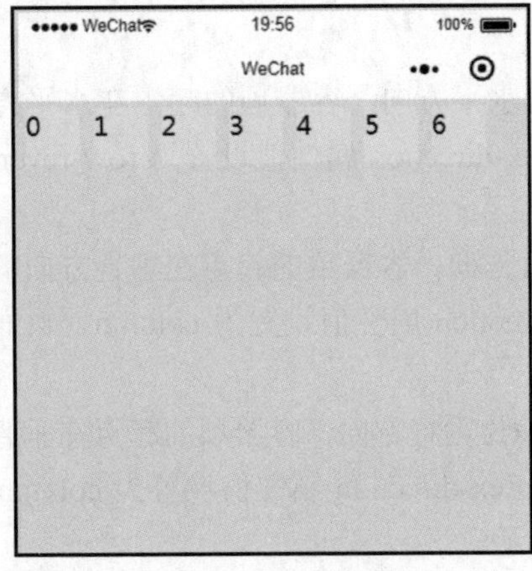


图 3.3 flex 显示效果

## 3.3.1 容器的属性

### 1 flex-direction

flex-direction 属性用来规定容器的主轴方向，主轴可以是水平方向，也可以是垂直方向，交叉轴垂直于主轴方向。即 flex-direction 属性用以指定容器项在容器中如何摆布，它有 4 个属性值。

（1）row（默认值）：主轴为水平方向，容器项的起点在水平方向的左端。例如，页面样式文件和页面结构文件分别如下列代码所示，其显示效果如图 3.3 所示。

① 页面样式文件。

```
1   /** 页面样式文件——flexdirection.wxss **/
2   page {
3     height: 100%;
4     width: 100%;
5     background-color: bisque;
6   }
7   .container {
8     width: 100%;
9     height: 100%;
10    display: flex;
11    flex-direction: row;
12  }
13  .item {
14    height: 80rpx;
15    width: 80rpx;
16    background-color: yellow;
17    margin: 10rpx;
18  }
```

② 页面结构文件。

```
<!-- 页面结构文件——flexdirection.wxml  -->
<view class="container">
  <view class='item'>0</view>
  <view class='item'>1</view>
  <view class='item'>2</view>
  <view class='item'>3</view>
  <view class='item'>4</view>
  <view class='item'>5</view>
  <view class='item'>6</view>
</view>
```

（2）row-reverse：主轴为水平方向，容器项的起点在水平方向的右端。例如，将上述页面样式文件第 11 行代码的 flex-direction 属性值设置为 row-reverse，页面结构文件代码相同，其显示效果如图 3.4 所示。

（3）column：主轴为垂直方向，容器项的起点在垂直方向的上沿。例如，将上述页面样式文件第 11 行代码的 flex-direction 属性值设置为 column，页面结构文件代码相同，其显示效果如图 3.2 所示。

（4）column-reverse：主轴为垂直方向，容器项的起点在垂直方向的下沿。例如，将上述页面样式文件第 11 行代码的 flex-direction 属性值设置为 column-reverse，页面结构文件代码相同，其显示效果如图 3.5 所示。

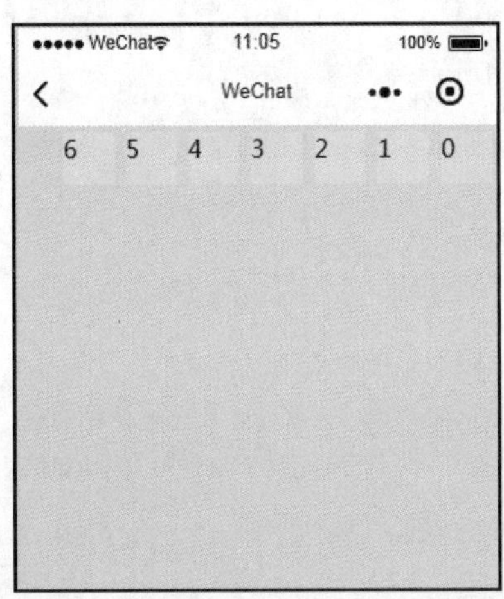


图 3.4　row-reverse 显示效果

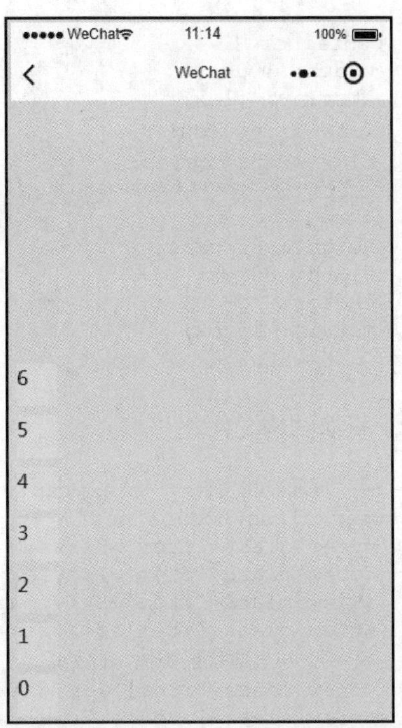


图 3.5　column-reverse 显示效果

### 2 flex-wrap

默认情况下，容器项都只能在一条主轴线上排列，超过界面宽度的容器项一般不显示。flex-wrap 属性用于指定容器项在一条主轴线上排列不下时如何换行（本部分介绍内容以主轴线在水平方向为例），它有如下 3 个属性值：

（1）nowrap（默认值）：容器项不换行，如果容器项超过容器的宽度和高度，会自动在主轴方向压缩；如果压缩后仍然超过容器的宽度和高度，超过的部分不会显示。例如，页面样式文件和页面结构文件代码如下，其显示效果如图 3.6 所示。

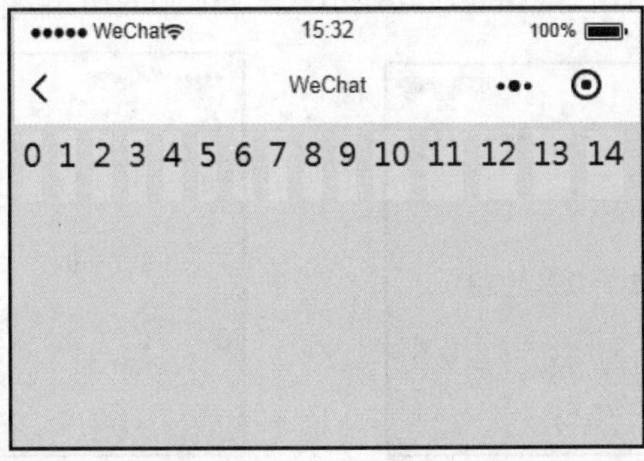


图 3.6　nowrap 显示效果

① 页面样式文件。

```
/** 页面样式文件——flexwrap.wxss **/
page {
  height: 100%;
  width: 100%;
  background-color: bisque;
```

```
6  }
7  .container {
8    width: 100%;
9    display: flex;
10   flex-direction: row;
11   flex-wrap: nowrap;
12 }
13 .item {
14   height: 80rpx;
15   width: 80rpx;
16   background-color: yellow;
17   margin: 10rpx;
18 }
```

② 页面结构文件。

```
<!-- 页面结构文件——flexwrap.wxml  -->
<view class="container">
  <view class='item'>0</view>
  <view class='item'>1</view>
  <view class='item'>2</view>
  <view class='item'>3</view>
  <!--  与上面代码类似，此处略   -->
  <view class='item'>16</view>
  <view class='item'>17</view>
</view>
```

从图 3.6 可以看出，主轴是水平方向的，容器项没有换行，但每个容器项目的宽度已经在水平方向压缩，压缩后还有 14、15、16、17 等内容没有显示。

（2）wrap：容器项换行，从左到右排列，第二行在第一行的下面，第三行在第二行的下面，以此类推。例如，将上述页面样式文件第 11 行代码的 flex-wrap 属性值设置为 wrap，页面结构文件代码相同，其显示效果如图 3.7 所示。

（3）wrap-reverse：容器项换行，从左到右排列，第二行在第一行的上面，第三行在第二行的上面，以此类推。例如，将上述页面样式文件第 11 行代码的 flex-wrap 属性值设置为 wrap-reverse，页面结构文件代码相同，其显示效果如图 3.8 所示。

图 3.7　wrap 显示效果

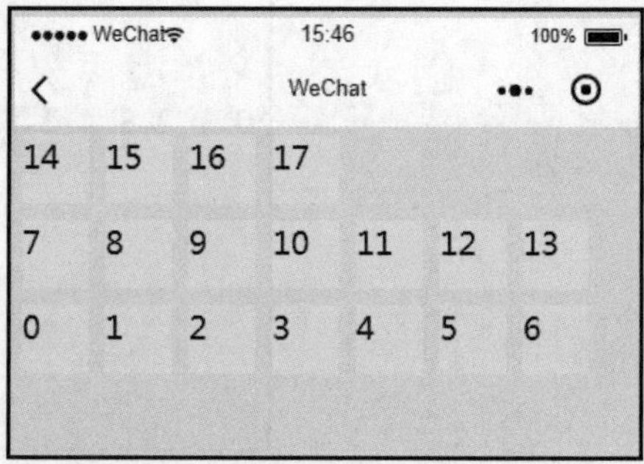


图 3.8　flex-flow 显示效果

## 3 flex-flow

flex-flow 属性是 flex-direction 和 flex-wrap 属性的简写形式，它的默认值是 row　nowrap，即主轴为水平方向、不换行。flex-flow 属性值的设置可以使用下列形式：

```
flex-flow:flex-direction  flex-wrap ;
```

例如，要实现图 3.8 所示的显示效果，可以将前面 flexwrap.wxss 样式文件的第 10 行、第 11 行代码替换为下列代码：

```
flex-flow: row  wrap-reverse;
```

### 4 justify-content

justify-content 属性用于指定容器项在主轴方向的对齐方式，它有如下 5 个属性值：

（1）flex-start（默认值）：容器项与主轴的起始端对齐。如果主轴为从左向右的水平方向，即容器项左对齐；如果主轴为从上向下的垂直方向，即容器项顶端对齐。

（2）flex-end：容器项与主轴的末尾端对齐。如果主轴为从左向右的水平方向，即容器项右对齐；如果主轴为从上向下的垂直方向，即容器项底端对齐。例如，页面样式文件和页面结构文件代码如下，其显示效果如图 3.9 所示。读者需要注意图 3.5 与图 3.9 显示效果的区别，图 3.5 显示效果对应的主轴是从下向上的垂直方向，justify-content 的值默认为 flex-start，所以容器项与主轴的起始端对齐排列（从下向上的垂直方向排列）；而图 3.9 显示效果对应的主轴是从上向下的垂直方向，justify-content 的值设置为 flex-end，所以容器项与主轴的末尾端对齐排列。

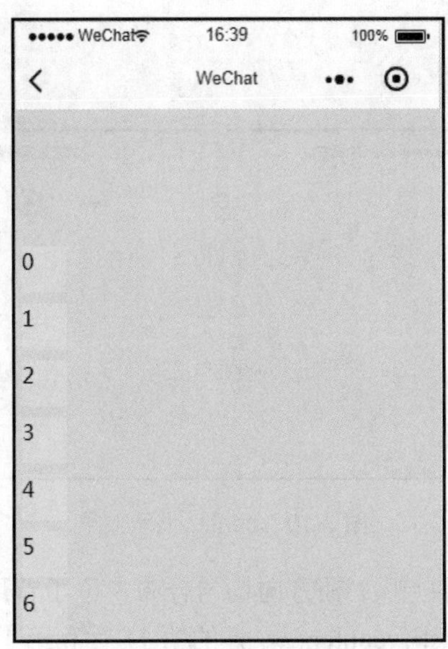


图 3.9　flex-end 显示效果

① 页面样式文件

```
/** 页面样式文件——justifycontent.wxss **/
page {
  height: 100%;
  width: 100%;
  background-color: bisque;
}
.container {
  width: 100%;
  height: 100%;
  display: flex;
  flex-direction: column;
  justify-content: flex-end;
}
```

```
14 .item {
15   height: 80rpx;
16   width: 80rpx;
17   background-color: yellow;
18   margin: 10rpx;
19 }
```

② 页面结构文件

```
<!-- 页面结构文件——justifycontent.wxml  -->
<view class="container">
  <view class='item'>0</view>
  <view class='item'>1</view>
  <view class='item'>2</view>
  <view class='item'>3</view>
  <!--  与上面代码类似，此处略   -->
  <view class='item'>6</view>
</view>
```

（3）center：容器项在主轴方向排列时居中对齐。例如，将页面样式文件 justifycontent.wxss 的第 11 行和第 12 行修改为如下代码后，其显示效果如图 3.10 所示。

```
flex-direction: row;
justify-content: center;
```

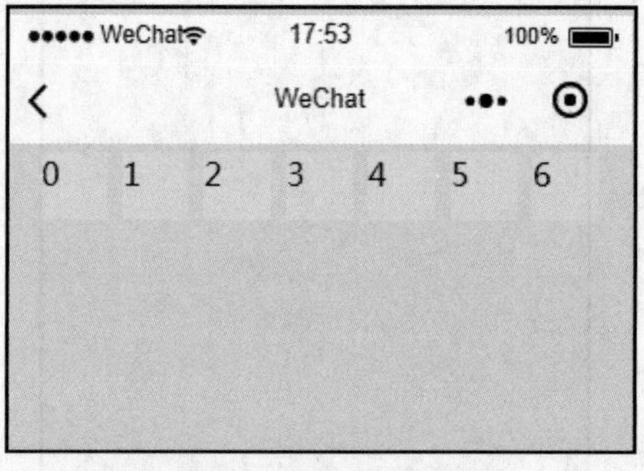


图 3.10　center 显示效果

（4）space-between：容器项沿主轴方向均匀分布，位于首尾两端的容器项与容器两端对齐。例如，将页面样式文件 justifycontent.wxss 的第 11 行和第 12 行修改为如下代码后，其显示效果如图 3.11 所示。

```
flex-direction: row;
justify-content: space-between;
```

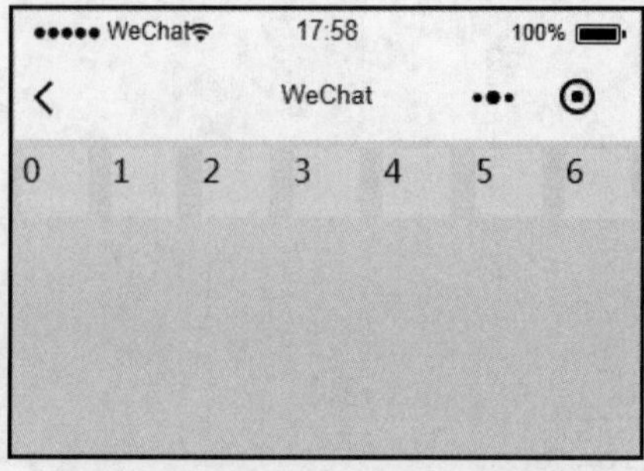


图 3.11　space-between 显示效果

（5）space-around：容器项沿主轴方向均匀分布，位于首尾两端的容器项到容器边缘的距离是容器项与容器项之间间距的一半。

### 5 align-items

align-items 属性用于指定容器项在交叉轴方向的对齐方式，它有如下 5 个属性值：

（1）stretch（默认值）：容器项沿交叉轴方向的尺寸拉伸至与容器一致。当主轴方向是水平方向时，如果容器项没有设置高度属性（height）或者高度属性值为 auto，容器项将会填满整个容器的高度。例如，页面样式文件和页面结构文件代码如下，其显示效果如图 3.12 所示。当主轴方向是垂直方向时，如果容器项没有设置宽度属性（width）或者宽度属性值为 auto，容器项将会填满整个容器的宽度。

① 页面样式文件。

```
/** 页面样式文件——alignitems.wxss **/
page {
  height: 100%;
  width: 100%;
  background-color: bisque;
}
.container {
  width: 100%;
  height: 100%;
  display: flex;
  flex-direction: row;
}
.item {
  width: 80rpx;
  background-color: yellow;
  margin: 10rpx;
}
```

② 页面结构文件。

```
<!-- 页面结构文件——alignitems.wxml  -->
<view class="container">
  <view class='item'>0</view>
  <view class='item'>1</view>
  <view class='item'>2</view>
  <view class='item'>3</view>
  <!--  与上面代码类似，此处略   -->
  <view class='item'>6</view>
</view>
```

（2）flex-start：容器项与交叉轴方向的起始端对齐。

（3）flex-end：容器项与交叉轴方向的末尾端对齐。

（4）center：容器项与交叉轴中点对齐。

（5）baseline：容器项与基线对齐。

### 6 align-content

align-content 属性用于指定多根轴线的对齐方式。如果容器项目只有一根轴线，该属性不起作用。它共有 flex-start、flex-end、center、space-between、space-around 和 stretch（默认值）等 6 个属性值，其功能含义与前面介绍的一样，这里不再赘述。

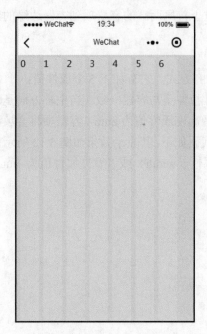

图 3.12 stretch 显示效果

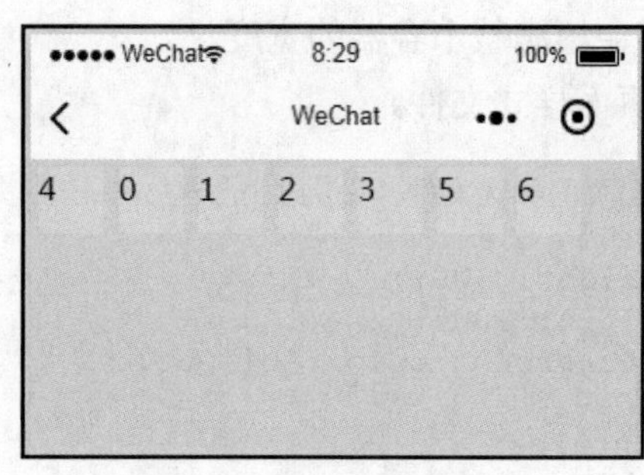


图 3.13 order 显示效果

## 3.3.2 容器项的属性

### 1 order

容器项排列的位置默认是按照页面结构文件代码中的先后顺序排列的，也就是哪个容器项写在前面，默认就排列在前面。而 order 属性可以改变容器项的排列顺序，数值越小，排列越靠前，默认值为 0。例如，页面样式文件和页面结构文件代码如下，其显示效果如图 3.13 所示。

① 页面样式文件。

```
/** 页面样式文件——order.wxss **/
page {
  height: 100%;
  width: 100%;
  background-color: bisque;
}
.container {
  width: 100%;
  height: 100%;
  height: 100%;
  display: flex;
  flex-direction: row;
}
.item {
  width: 80rpx;
  height: 80rpx;
  background-color: yellow;
  margin: 10rpx;
}
.item:nth-child(5) {
  order: -1;
}
```

② 页面结构文件。

```
<!-- 页面结构文件——order.wxml  -->
<view class="container">
  <view class='item'>0</view>
  <view class='item'>1</view>
  <view class='item'>2</view>
  <view class='item'>3</view>
  <!--  与上面代码类似，此处略   -->
  <view class='item'>6</view>
</view>
```

上述代码的第 20 行使用了 nth-child(n)选择器，表示匹配属于其父元素的第 n 个子元素，此处 item：nth-child(5)规定属于容器的第 5 个容器项的 order 属性值为−1。从图 3.12 的显示效果可以看出，第 5 个容器项就是用 view 组件显示的“4”元素，其 order 属性值被设置为−1，其余元素的 order 属性值仍然是默认值 0，所以 4 元素通过这样设置后，排在其他元素的最前面。

#### 2 flex-grow

flex-grow 属性用于定义容器项的放大比例，默认值为 0，即如果存在剩余空间，该容器项也不会放大显示。如果所有容器项的 flex-grow 属性值设为 1，则它们将等分剩余空间；如果其中一个容器项的 flex-grow 属性值设为 n，其他容器项目都设为 1，则前者占据的剩余空间将比其他容器项多 n 倍。当有放大空间时，值越大，放大的比例越大。

#### 3 flex-shrink

flex-shrink 属性用于定义容器项的缩小比例，默认值为 1，即如果空间不足，该容器项目将缩小，值越大，缩小的比例越小。如果所有容器项目的 flex-shrink 属性值设为 1，当空间不足时，都将等比例缩小；如果一个容器项的 flex-shrink 属性值设为 0，其他容器项都设为 1，当空间不足时，前者不缩小。负值对该属性无效。

#### 4 flex-basis

flex-basis 属性用于定义分配多余空间之前容器项占据的主轴空间。小程序根据这个属性计算主轴是否有多余空间，默认值为 auto，即容器项的本来大小。例如，如果容器项目有多余的空间，flex-basis 属性设置为 200rpx，那么容器项会放大到 200rpx 的宽度。

#### 5 flex

flex 属性是 flex-grow、flex-shrink 和 flex-basis 属性的简写，默认值为 0、1、auto，后两个属性可选。该属性有两个快捷值：auto(1 1 auto)和 none(0 0 auto)。建议使用时优先使用这个属性，而不是单独写 3 个分开的属性值，这样有助于提高小程序的效率。

#### 6 align-self

align-self 属性用于设置单个容器项独特的对齐方式，默认值为 auto（表示继承父容器的 align-items 属性）；该属性可以取 6 个值，除了 auto 值外，其他都与 align-items 属性完全一致。

## 3.4 仿“猜画小歌”界面设计

“猜画小歌”是 Google 于 2018 年 7 月 18 日发布的首款微信小程序。该小程序可以让每个人都有机会体验人工智能技术驱动下的人机交互。本节将模仿“猜画小歌”小程序首个界面（见图 3.14）的实现过程介绍 view 组件、text 组件和背景、颜色、边框等样式在小程序界面设计中的使用方法。

3.4.1

图 3.14 “猜画小歌”界面

## 3.4.1 预备知识

### 1 view

view（视图组件）是一个容器组件，是微信小程序界面设计中最常用、最基础的组件。它里面不仅可以放置其他组件，还可以直接显示文本信息。本章 3.3 节已经在 flex 布局中阐述了用 view 组件显示文本信息和小程序界面的布局方法。该组件与 HTML 中的 div 标签一样，可以实现页面结构的划分、页面布局的调整等，另外还有表 3-2 中所示的单击态属性和功能。

表 3-2 view 组件的属性及功能说明

| 属性名 | 类型 | 说　明 |
| --- | --- | --- |
| hover-class | String | 指定当单击 view 组件时调用的样式类。默认值为 none，即没有单击效果 |
| hover-stop-propagation | Boolean | 指定是否阻止本节点的祖先节点出现单击态，即当单击本节点时，是否调用祖先节点 hover-class 指定的样式类。特别说明，只要在代码中定义了该属性，不管属性值是 true 还是 false，都是阻止的 |
| hover-start-time | Number | 指定按住后多久出现调用 hover-class 指定的样式类。默认值为 50，单位为 ms |
| hover-stay-time | Number | 指定松开后调用 hover-class 指定的样式类状态保留时间。默认值为 400，单位为 ms |

以下面一段代码为例，介绍表 3-2 中 4 个属性的用法。

页面结构代码如下：

```
1  <view hover-class="red"  class="view">单击 view 才会调用.red 样式类</view>
2  <view hover-class="blue">
3    <view>其他内容</view>
4    <view hover-stop-propagation="true" hover-class="yellow">单击此 view 阻止调用.blue 样式类</view>
5  </view>
6  <view hover-start-time="1000" hover-class="red">单击 view 1 秒后调用.red 样式类</view>
7  <view hover-stay-time="3000"  hover-class="red">单击 view 能让.red 样式持续 3 秒</view>
```

页面样式代码如下：

```
.red{
  color: red;
}
.blue{
  color: blue;
}
.yellow{
  color: yellow;
}
```

页面结构代码第 1 行指定了 view 组件的 hover-class 属性，当单击 view 时，会调用.red 样式类，即此时 view 组件上显示的文本为红色；第 2~5 行使用了 view 嵌套来显示文本，第 4 行中使用了 hover-stop-propagation 属性，此时若单击第 4 行定义的 view，会调用.yellow 样式类，但不会调用其祖先节点（第 2 行定义的 view）定义的.blue 样式类，若没有使用 hover-stop-propagation 属性，则不仅调用.yellow 样式类，还调用其祖先节点定义的.blue 样式类。

### 2 text

text（文本组件）是小程序中最基础的组件之一，常用于在页面中展示文字，它除了包含诸如颜色、背景等基础组件的属性外，还包括表 3-3 所示的小程序特有属性。

表 3-3　text 组件属性及功能说明

| 属性名 | 类型 | 说　明 |
| --- | --- | --- |
| selectable | Boolean | 文本是否可选，默认值为 false（文本不可选） |
| space | String | 显示连续空格，默认不显示连续空格 |
| decode | Boolean | 是否解码，默认值为 false（不解码） |

text 支持\n 换行；selectable 属性用于指定 text 显示的文本在页面上是否可选，即当 selectable 为 true 时，可以长按文本选中，也可以复制。这两个特性是 text 与 view 组件在显示文本内容时的区别。

space 属性用于设置文本中的空格在页面上显示时的间距，它有 ensp（空格显示时为中文字符空格一半大小）、emsp（空格显示时为中文字符空格大小）和 nbsp（空格显示时根据字体设置空格大小）三个属性值。例如，space 的属性值为 emsp，表示 text 中的文本若有多个空格，则在页面上以连续多个中文字符空格显示。

decode 属性用于设置是否可以在页面上渲染一些特殊的标签，例如小于号<（<）、大于号>（>）、与符号&（&）、撇号'（&apos）及空格号（ 、 、 ）。默认状态下，decode 的属性值为 false，即这些符号在小程序中默认不能被直接渲染显示，如果要渲染显示，就需要将 decode 属性值设为 true。例如，以下代码表示 text 中的文本不可选，文本中的空格根据字体设置间距大小，可以在页面上显示<和>等特殊符号。

```
<view>
  <text selectable='false' space='nbsp' decode='true'>
   This is the first line.\n&lt;&gt;
  </text>
</view>
```

下面使用 view 和 text 组件及样式实现图 3.15 所示的界面，实现代码如下。

① 页面结构文件。

```
1  <view class="bcontainer">
2    <view class="view_name">
3      <text>人的一生至少要有两次冲动</text>
4      <text>一次为奋不顾身的爱情</text>
5      <text>一次为奋不顾身的爱情</text>
6      <text>一次为说走就走的旅行</text>
7      <text class="text_line">——</text>
8      <text>Andy Andrews</text>
9    </view>
10 </view>
```

在以上代码中，最外层使用 view 组件作为容器，控制图 3.15 界面的全部背景效果，并设置了 class 的属性，即使用了类选择器.bcontainer，.bcontainer 样式需要在页面样式文件中定义；然后在内层使用 view 组件放置具体的文本显示内容，由于文本显示内容需要指定样式，所以本案例的文本显示内容使用了 text 组件，也使用了类选择器.view_name，用于控制整个文本显示区域的背景。代码的第 3~8 行中分别定义了 text 组件上显示的内容，从图 3.15 可以看出只有第 7 行内容格式与其他行的显示效果有差别，所以使用了类选择器.text_line。

② 页面样式文件。

```
page {
  width: 100%;
  height: 100%;
}
.bcontainer {
  height: 100%;
  background: #d0dbec;
  display: flex;
  flex-direction: column;
  align-items: center;
  justify-content: space-around;
}
.view_name {
  width: 100%;
  background-color: #a6d1ca;
  display: flex;
  flex-direction: column;
  justify-content: center;
}
text {
  font-size: 25rpx;
  align-self: center;
}
.text_line {
```

```
25   padding: 25rpx;
26 }
```

以上代码的第 5~12 行定义了外层 view 的布局，其中第 8~9 行设置布局使用主轴为垂直方向（从上至下）的 flex 布局、第 10 行设置布局中的内容在交叉轴方向（水平方向）居中、第 11 行设置布局中内容沿主轴方向（垂直方向）均匀分布；第 13~19 行定义了内层 view 的布局，其中第 16~17 行设置布局使用主轴为垂直方向（从上至下）的 flex 布局、第 18 行设置布局中内容（即 text 组件）沿主轴方向（垂直方向）居中对齐；第 20~23 行定义了一个控制 text 组件样式的元素选择器，用于设置 text 组件上显示的文字大小和对齐方式；第 24~26 行定义了图 3.15 中第 5 行文本的内边距。

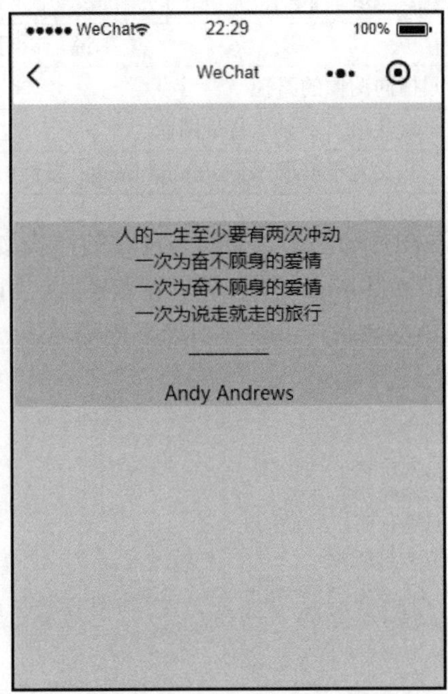


图 3.15 view 和 text 的显示效果

### 3 背景与颜色

CSS 允许应用颜色值作为背景，也允许使用背景图像创建复杂的效果。小程序的样式文件基本延续了 CSS 的相关属性，但是实际使用中还是有一些差异的。下面介绍小程序界面设计中常用的一些属性作用和使用方法。

（1）background-color。

background-color 属性用于为页面元素设置一种背景颜色，该颜色会填充元素的内容、内边距和内边框。background-color 的属性及功能如表 3-4 所示。

表 3-4 background-color 的属性及功能说明

| 值 | 说 明 |
|---|---|
| color_name | 规定颜色值为颜色名称的背景颜色（如 red） |
| hex_number | 规定颜色值为十六进制值的背景颜色（如#ff0000） |
| rgb_number | 规定颜色值为 rgb 代码的背景颜色（如 rgb（255,0,0）） |

续表

| 值 | 说　明 |
|---|---|
| transparent | 默认。背景颜色为透明 |
| inherit | 规定应该从父元素继承 background-color 属性的设置 |

（2）background-image

background- image 属性用于为页面元素设置一个背景图像，该图像占据元素的全部尺寸，包括内边距和内边框，默认背景图像位于元素的左上角，并在水平和垂直方向上重复显示。background-image 的属性及功能如表 3-5 所示。

表 3-5　background-image 的属性及功能说明

| 值 | 说　明 |
|---|---|
| url（'URL'） | 指向图像的路径 |
| none | 默认值。不显示背景图像 |
| inherit | 从父元素继承 background-image 属性的设置 |

需要说明的是：本地资源图片无法通过微信小程序的样式文件获取，所以在微信小程序设计时，如果需要使用 background-image 属性设置背景图片，可以在样式文件中使用网络图片。例如，要实现图 3.16 的显示效果，可以使用如下代码。

① 页面结构文件。

```
1  <view class="container">
2    <view class="view_img"></view>
3    <view class="view_name">
4      <text >人的一生至少要有两次冲动</text>
5      <!--  与上面代码类似，此处略   -->
6      <text class="text_line">———————</text>
7      <text >Andy Andrews</text>
8    </view>
9  </view>
```

从上述代码可以看出，实现图 3.16 的效果是在图 3.15 的基础上增加了第 2 行代码，即使用 1 个 view 组件和定义了 1 个 view_img 样式选择器显示图片。

② 页面样式文件。

```
<!--  与上面代码类似，此处略   -->
.bcontainer {
  height: 100%;
  background: #d0dbec;
  display: flex;
  flex-direction: column;
  align-items: center;
  justify-content: space-around;
}
<!--  与上面代码类似，此处略 以下为新增样式定义  -->
.view_img{
  width: 230rpx;
  height: 230rpx;
  background-image: url('https://zsc.nnutc.edu.cn/__local/B/BC/58/
BE88E69F69A86F324E5122302B9_8E7373D8_48D3D.jpg');
  background-size: cover;
}
```

上述代码的第 11~16 行定义了.view_img 类选择器设置页面样式，width、height 属性分别指定 view 组件的宽度、高度，background-image 属性指定了 view 组件的背景图片，background-size 属性值为 cover，表示让图片等比例缩放，铺满整个 view。如果要实现图 3.17 所示的图片效果，可以在上述代码.view_img 类选择器代码中添加“border-radius: 50%;”，border-radius 属性用于给 view 设置圆角边框。

图 3.16　background-image 显示效果

图 3.17　border-radius 的显示效果

但是，如果 view 组件中显示的是本地图片资源，且不在样式文件中设置，则只可以在定义组件时使用内联样式，即用下面代码替换上述页面结构的第 2 行代码，并删除上述页面样式代码的第 14 行。

```
<view class="view_img" style='background-image:url(../../images/lvxin.jpg);'></view>
```

（3）background-size。

background-size 属性用于设定背景图像的尺寸，它的属性及功能如表 3-6 所示。

表 3-6　background-size 的属性及功能说明

| 值 | 说　明 |
|---|---|
| auto | 背景图的实际大小，默认值 |
| length | 设置背景图像的高度和宽度。第一个值设置宽度，第二个值设置高度。如果只设置一个值，则第二个值会被设置为 auto。如 background-size:100px 100px; |
| percentage | 以父元素的百分比来设置背景图像的宽度和高度，第一个值设置宽度，第二个值设置高度。如果只设置一个值，则第二个值会被设置为 auto。如 background-size:100% 100%; |
| cover | 等比例缩放背景图像以完全覆盖背景区域，有可能超出背景区域 |

续表

| 值 | 说　明 |
|---|---|
| contain | 将背景图片等比例缩放到宽度或高度与背景区域的宽度或高度相等，背景图片始终在背景区域内 |

（4）background-position。

background-position 属性用于设定背景图像的起始位置，它的属性及功能如表 3-7 所示。

表 3-7　background-position 的属性及功能说明

| 值 | 说　明 |
|---|---|
| xpos、ypos | 水平方向可选 left、center、right，垂直方向可选 top、center、bottom；xpos 为 left 表示图像的左边与对象的左边对齐，为 right 表示图像的右边和对象的右边对齐；ypos 为 top 表示图像的顶部和对象的顶部对齐，为 bottom 表示图像的底部和对象的底部对齐；xpos、ypos 为 center 表示图像在水平和垂直方向的中心和对象在水平和垂直方向的中心对齐；如果仅指定一个值，则另一个值是 center |
| x%、y% | 第一个值是水平位置，第二个值是垂直位置。左上角是 0、0。右下角是 100%、100%。如果仅指定了一个值，其他值将是 50%。 默认值为 0、0 |
| x、y | 第一个值是水平位置，第二个值是垂直位置。左上角是 0、0。单位可以是像素（0px，0px）或任何其他单位。如果仅指定了一个值，其他值将是 50%。默认值为 0、0 |
| inherit | 从父元素继承 background-position 属性的设置 |

（5）background-repeat。

background-repeat 属性用于设定背景图像是否重复或如何重复，它的属性值及功能如表 3-8 所示。

表 3-8　background-repeat 的属性及功能说明

| 值 | 说　明 |
|---|---|
| repeat | 背景图像向垂直和水平方向重复。默认值 |
| repeat-x | 只有水平位置会重复背景图像 |
| repeat-y | 只有垂直位置会重复背景图像 |
| no-repeat | 背景图像不会重复 |
| inherit | 从父元素继承 background-repeat 属性的设置 |

## 3.4.2　仿“猜画小歌”界面的实现

### 1 素材准备

根据图 3.14 的显示效果，需要准备界面背景图片 bground.jpg、头像图片 touimg.jpg、操作按钮图片 btn1.jpg、btn2.jpg、btn3.jpg 和 btn4.jpg，并将这些图片保存到项目的 images/guess 文件夹下。

3.4.2

### 2 界面实现

本案例实现时，将图 3.14 整个界面的设计过程分为背景、头像、用户信息和操作按钮四个部分，如图 3.18 所示。

（1）背景。

① 页面布局代码。

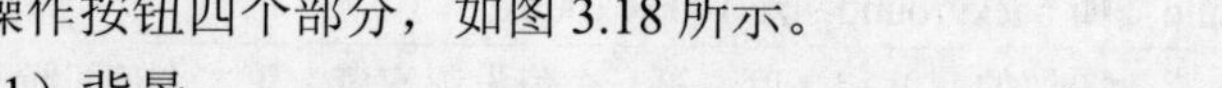

```
<view class="container" style="background-image: url('../../images/guess/
```

```
bground.jpg');">
  <!--  头像代码  -->
  <!--  用户信息代码  -->
  <!--  操作按钮代码  -->
</view>
```

图 3.18　“猜画小歌”界面设计图

② 页面样式代码。

```
page{
   height: 100%;
   width: 100%;
}
.container {
   height: 100%;
   width: 100%;
   display: flex;
   flex-direction: column;
   align-items: center;
   background-size: cover;
   background-repeat: no-repeat;
}
```

页面布局代码使用 view 组件显示背景图片，并应用自定义的 container 样式，将页面设置为列方向摆布的 flex 布局、页内内容居中显示、背景覆盖父容器并且不重复显示。

（2）头像。

① 页面布局代码。

```
 <view class='touclass' style="background-image: url('../../images/guess/touimg.jpg');"></view>
```

② 页面样式代码。

```
.touclass {
  margin-top: 280rpx;
  height: 150rpx;
  width: 150rpx;
  background-size: cover;
  background-repeat: no-repeat;
  border-radius: 50%;
}
```

头像部分用 margin-top 设置距父容器顶部的距离，用 width 和 height 设置头像的显示尺寸，用 border-radius 设置边框弧度。

（3）用户信息。

① 页面布局代码。

```
<view class="userclass">
  <text>泡泡</text>
  <text class='level'>Lv.1 画室学徒</text>
</view>
```

② 页面样式代码。

```
.userclass{
  display: flex;
  flex-direction: column;
  align-items: center;
}
text {
  font-size: 32rpx;
  font-weight: bold;
  color: rgb (55, 65, 214) ;
}
.level {
  font-weight: normal;
  font-size: 25rpx;
}
```

用户信息包含用户名和用户等级两行信息，页面布局代码中使用类选择器 userclass 定义用户信息布局的格式，使用标签选择器 text 定义用户名的显示样式，使用类选择器 level 定义用户等级的显示样式。

（4）操作按钮。

① 页面布局代码。

```
  <view class='btnview'>
    <view class="btn" style="background-image: url('../../images/guess/btn1.png');"></view>
    <view class="btn" style="background-image: url('../../images/guess/btn2.png');"></view>
    <view class="btn" style="background-image: url('../../images/guess/btn3.png');"></view>
    <view class="btn" style="background-image: url('../../images/guess/btn4.png');"></view>
  </view>
```

② 页面样式代码。

```
.btnview {
  margin-top: 60rpx;
  height: 480rpx;
  display: flex;
  flex-direction: column;
  justify-content: space-between;
}
.btn{
  height: 110rpx;
  width: 300rpx;
  background-size: cover;
}
```

上述页面布局代码中直接使用 4 个 view 分别加载不同的图片，实现 4 个操作按钮的显示，并在样式代码中通过自定义的.btnview 类选择器控制 4 个按钮在该区域的垂直平均位置摆布，使用.btn 类选择器定义 4 个操作按钮的显示样式。本案例的详细代码，读者可以参阅代码包 lesson_layout/pages/guess 文件夹下的内容。

## 3.5　商品展示界面设计

移动互联网的迅猛发展改变着人们的生活方式，传统的线下实体店交易模式已经不能满足当今商品交易市场的需求。线上线下相结合的交易模式已经成为主流，而使用移动终端购物越来越受到人们的喜爱。所以，拥有一款方便、快捷、个性化的购物小程序已成为商家的内在需求。本节将以购物小程序的商品展示页面（图 3.19）设计为例，介绍 input、button、swiper、image 和 scroll-view 组件在小程序界面设计中的使用方法。

图 3.19　商品展示界面

### 3.5.1 预备知识

3.5.1

#### 1 input

input（输入框组件）用于接收用户输入的组件，它是一个原生组件，字体是系统字体，所以无法设置 font-family 属性，在 input 聚焦期间，避免使用 CSS 动画。除了公共属性外，它的特定属性比较多，限于篇幅，本教程仅介绍表 3-9 所示的属性及功能。

表 3-9 input 组件的属性及功能说明

| 属性名 | 类型 | 说 明 |
|---|---|---|
| value | String | 输入框的初始值 |
| type | String | 输入数据的类型，默认值为 text，可选 text（文本）、number（数字）、idcard（身份证）或 digit（带小数点的数字） |
| password | Boolean | 是否为密码类型，默认值为 false（不是密码类型） |
| disabled | Boolean | 是否禁用，默认值为 false（不禁用） |
| placeholder | String | 输入框为空时显示的内容 |
| placeholder-style | String | 设置 placeholder 的样式 |
| placeholder-class | String | 设置 placeholder 的样式类，默认值为 input-placeholder |
| maxlength | Number | 最大输入长度，默认值为 140，设置为-1 时不限制最大长度 |
| focus | Boolean | 是否获取焦点，默认值为 false（不能自动获得焦点） |
| adjust-position | Boolean | 键盘弹起时，是否自动上推页面，默认值为 false（不上推） |
| confirm-type | String | 设置键盘右下角按钮的文字，可选的是 send、search、next、go 或 done，默认值为 done |
| confirm-hold | Boolean | 单击键盘右下角按钮时是否保持键盘不收起，默认值为 false（键盘收起） |
| selection-start | Number | 光标起始位置，focus 为 true 时有效，需与 selection-end 搭配使用，即可以默认选中一部分文字 |
| selection-end | Number | 光标结束位置，focus 为 true 时有效，需与 selection-start 搭配使用 |

#### 2 button

button（命令按钮组件）用于在小程序的界面上显示一个命令按钮，并根据 form-type 和 open-type 属性执行不同的操作。除了公共属性外，它的单击态属性与 view 组件一样，限于篇幅，本教程仅介绍表 3-10 所示的属性及功能。

表 3-10 button 组件的属性及功能说明

| 属性名 | 类型 | 说 明 |
|---|---|---|
| size | String | 设置按钮的大小，默认值为 default，可选为 default 和 mini |
| type | String | 设置按钮样式的类型，默认值为 default，可选为 primary、default 或 mini |
| plain | Boolean | 按钮是否镂空，背景色透明，默认值为 false |
| disabled | Boolean | 是否禁用，默认值为 false（不禁用） |
| loading | Boolean | 设置名称前是否带 loading 图标，默认值为 false（不显示） |
| form-type | String | 用于<form/>组件，单击分别会触发<form/>组件的 submit（提交表单数据）/reset（清空表单数据）事件 |
| open-type | String | 设置不同的 open-type，可以获得不同的微信开放数据 |

续表

| 属性名 | 类型 | 说　　明 |
|---|---|---|
| app-parameter | String | 指定在打开 APP 时需要向其传递的参数，　open-type="launchApp" |
| lang | String | 指定返回用户信息的语言，zh_CN 为简体中文，zh_TW 为繁体中文，en 为英文，open-type="getUserInfo" |
| session-from | String | 会话来源，open-type="contact" |
| send-message-title | String | 会话内消息卡片标题，默认为当前标题，open-type="contact" |
| send-message-path | String | 会话内消息卡片单击跳转小程序路径，默认为分享路径，open-type="contact" |
| send-message-img | String | 会话内消息卡片图片，默认为截图，open-type="contact" |
| send-message-card | Boolean | 是否显示会话内消息卡片，默认为 false，open-type="contact" |

下面使用 input 和 button 组件及样式实现图 3.20 所示的登录界面，其实现代码如下。

图 3.20　登录界面

从图 3.20 可以看出，整个界面可以分为图像显示区和用户信息输入区两个部分，所以页面布局代码如下：

```
1  <view class='container'>
2    <image class='touimg' src='../../images/login/toux.jpg'></image>
3    <view class='login'>
4      <input class='userinfo' placeholder='请输入账号' placeholder-style='color:red' type='number'></input>
5      <input class='userinfo' placeholder='请输入密码' placeholder-class='pwdclass' type='password'></input>
6      <button class='btn' type='primary'>登录</button>
7    </view>
8  </view>
```

上述代码的第 2 行用 image 组件显示头像，第 3~7 行用 input、button 组件供用户输入信息，并用 placeholder、placeholder-class 及 type 等属性控制组件的样式。对应的样式文件代码如下：

```
.container {    /*整个页面的样式类*/
  width: 100%;
  height: 100%;
```

```
  display: flex;
  flex-direction: column;
}
.touimg {        /*image 组件的样式类*/
  width: 150rpx;
  height: 150rpx;
  background-color: #e3e3e3;
  align-content: center;
  align-self: center;
  border-radius: 60%;   /*头像的边框弧度*/
}
.login {         /*用户信息输入区的样式类*/
  display: flex;
  flex-direction: column;
  margin-top: 100rpx;
}
.userinfo {      /*输入框的样式类*/
  margin-left: 15rpx;
  margin-right: 15rpx;
  margin-bottom: 15rpx;
  height: 45px;
  border: 1px solid green; /*边界：大小 1px，为固体，为绿色*/
  border-radius: 30px;     /*输入框的边框弧度*/
}
.pwdclass{       /*placeholder-class 属性的样式类*/
  color: red;
}
.btn {           /*登录按钮的样式类*/
  margin-left: 15rpx;
  margin-right: 15rpx;
  border-radius: 30px;
}
```

本案例详细代码，读者可以参阅代码包 lesson_layout/pages/login 文件夹中的内容。

3.5.2

### 3 swiper

swiper（滑块视图容器）用于轮播显示页面上的内容，即类似页面上的横幅广告。它可以通过手指对屏幕的滑动实现容器内内容的切换效果，也可以通过设置 autoplay 属性实现自动切换容器内内容的效果。作为一个容器类组件，它需要和 swiper-item 组件搭配使用，swiper-item 组件内可以放置要轮播显示的 image 组件、view 组件等，swiper-item 组件只有一个 item-id 属性，用于指定 swiper-item 的标识符。swiper 组件的常用属性和功能如表 3-11 所示。

表 3-11 swiper 组件的属性及功能说明

| 属性名 | 类型 | 说 明 |
|---|---|---|
| indicator-dots | Boolean | 设置是否在滑块视图上显示面板指示点，默认值为 false（不显示指示点） |
| indicator-color | Color | 设置指示点颜色，默认值为 rgba（0,0,0,0.3） |
| indicator-active-color | Color | 设置当前选中的指示点颜色，默认值为#000000 |
| autoplay | Boolean | 设置滑块视图内的内容是否自动切换，默认值为 false（不自动切换） |
| current | Number | 设置滑块视图内默认显示内容的 index（从 0 开始计数），默认值为 0 |
| interval | Number | 设置滑块视图内的内容自动切换时间间隔，单位为 ms，默认值为 5000（5s 切换 1 次） |

续表

| 属性名 | 类型 | 说 明 |
|---|---|---|
| duration | Number | 设置滑块视图内滑动动画的时长，单位为 ms，默认值为 500（滑动动画延时 0.5s） |
| vertical | Boolean | 设置滑动方向是否为纵向，默认值为 false（滑动方向为水平方向） |
| previous-margin | String | 设置前一个滑块内容露出的部分，默认值为 0px（不露出） |
| next-margin | String | 设置后一个滑块内容露出的部分，默认值为 0px（不露出） |

#### 4 scroll-view

scroll-view （滚动视图容器）用于在页面上实现一个可以滚动的视图区域展示信息，通常应用于页面内需要固定的内容和需要滚动的内容。它包括滚动方向、滚动边界和滚动状态等属性，其常用属性和功能如表 3-12 所示。

表 3-12 scroll-view 组件的属性及功能说明

| 属性名 | 类型 | 说 明 |
|---|---|---|
| scroll-x | Boolean | 设置是否允许横向滚动，默认值为 false（不允许） |
| scroll-y | Boolean | 设置是否允许纵向滚动，默认值为 false（不允许） |
| upper-threshold | Number | 设置距顶部（纵向）/左边（横向）多远时触发 scrolltoupper 事件，默认值为 50，单位为 px |
| lower-threshold | Number | 设置距底部（纵向）/右边（横向）多远时触发 scrolltolower 事件，默认值为 50，单位为 px |
| scroll-top | Number | 设置纵向滚动条位置 |
| scroll-left | Number | 设置横向滚动条位置 |
| scroll-with-animation | Boolean | 设置滚动条滚动时是否使用动画效果，默认值为 false（不使用） |
| scroll-into-view | String | 使用 scroll-view 中子元素的 id 控制滚动，设置该值可以让 scroll-view 直接跳转到对应子元素所在位置 |
| enable-back-to-top | Boolean | 设置用户单击顶部状态栏（IOS）或标题栏（Android）时滚动条是否直接返回顶部，默认值为 false（不返回） |

scroll-view 主要用于实现横向滚动卡片和页面顶部固定而下部列表可滚动的应用场景，具体使用时要注意以下 3 个要点：

- 使用竖直方向滚动时，需要使用 height 属性给 scroll-view 设置一个固定高度。
- 在 scroll-view 中不能使用 textarea、map、canvas 和 video 组件。
- 滚动 scroll-view 时会阻止页面回弹，即在 scroll-view 中使用滚动操作不会触发 onPullDownRefresh 事件。

## 3.5.2 商品展示界面的实现

3.5.3

#### 1 素材准备

根据图 3.19 的显示效果，需要准备轮播图片、商品图片，并将这些图片保存到项目的 images/shop 文件夹下。

#### 2 界面实现

本案例实现时，将图 3.19 的整个界面设计过程分为搜索输入区、横幅广告区和商品列表区三个部分。输入区为图 3.19 所示页面的搜索按钮所在行；横幅广告区为图 3.19 所示页面的照片显示区域；商品列表区为图 3.19 所示页面展示商品图片、商品名、加入购物车按钮等信息的区域。

（1）搜索输入区。

① 页面布局代码。

```
<view class="search">
  <input class="input-search" placeholder="请输入要搜索的商品名" />
  <button class="btn-search">搜索</button>
</view>
```

搜索输入区使用 input 组件实现输入效果，通过设置 placeholder 属性值控制输入框为空时显示的信息；使用 button 组件实现“搜索”按钮效果，给 button 组件绑定事件后就可以实现搜索功能。

② 页面样式代码。

```
1  .search {/*搜索输入区的样式类*/
2    width: 100%;
3    margin-top: 10rpx;
4    display: flex;
5    flex-direction: row;
6    align-items: center;
7    justify-content: stretch;
8  }
9  .input-search {/*输入框的样式类*/
10   flex-grow: 1;
11   border: lightgrey;
12   border-style: solid;
13   border-width: 1rpx;
14   font-size: 13px;
15   border-bottom-left-radius: 15rpx;
16   border-top-left-radius: 15rpx;
17 }
18 .btn-search {/*搜索按钮的样式类*/
19   border-radius: 0rpx;
20   border-bottom-right-radius: 15rpx;
21   border-top-right-radius: 15rpx;
22   font-size: 24rpx;
23   font-family: "微软雅黑";
24 }
```

上述代码的第 4~5 行定义了搜索输入区使用 flex 弹性布局，并且 input 组件和 button 组件是水平放置的，第 6 行代码表示搜索输入区中的内容垂直居中。第 10 行代码表示在 button 组件正常显示的状态下，用 input 组件填充满搜索输入区域，第 11~13 行代码设定了 input 组件的边框线样式，第 15~16 行分别设定了 input 组件的左上、左下边框角处的弧度。第 19 行设定了 button 组件左上、左下、右上、右下边框角处的弧度为 0，因为 button 组件默认的四个边框角处是有弧度的，而从图 3.19 可以看出 button 组件的左上、左下是没有弧度的，而右上、右下是有弧度的，所以第 20~21 行代码实现了这个效果。

（2）横幅广告区。

① 页面布局代码。

```
<swiper class='logo' indicator-dots autoplay interval="5000" duration=
"1000">
    <swiper-item>
      <image src="https://zsc.nnutc.edu.cn/__local/0/F3/12/1.jpg" style=
```

```
'width:100%;height:100%;' />
4      </swiper-item>
5      <swiper-item>
6        <image src="https://zsc.nnutc.edu.cn/__local/D/AB/4E/2.jpg" style=
'width:100%;height:100%;' />
7      </swiper-item>
8      <swiper-item>
9        <image src="https://zsc.nnutc.edu.cn/__local/B/BC/58/3.jpg" style=
'width:100%;height:100%;' />
10     </swiper-item>
11   </swiper>
```

上述代码第 1 行给 swiper 组件设置了显示面板指示点（indicator-dots）、自动轮播图片（autoplay）、每隔 5s 自动切换图片（interval）、每个图片切换需要 1s（duration）。第 2~10 行代码分别用 swiper-item 组件加载 3 张网络图片到 image 组件中。

② 页面样式代码。

```
.logo {
  margin-top: 10rpx;
  margin-bottom: 10rpx;
  display: flex;
  flex-direction: row;
  justify-content: center;
}
```

（3）商品列表区。

① 页面布局代码。

```
1  <scroll-view scroll-y class='container'>
2     <view class="demo">
3       <image class='.left' mode='aspectFit' src='../../images/shop/
mobile.jpg'></image>
4       <view class="right">
5         <view class='name'>[官方正品享 6 期免息]Huawei/华为 P2</view>
6         <view class='category'>4G 全网通 双卡</view>
7         <view class='price'>￥3888 2391 人付款 南京</view>
8         <view class='goshop'>进店></view>
9         <view class='btn'>
10          <button class="btn">加入购物车</button>
11          <button class="btn">立即购买</button>
12        </view>
13      </view>
14    </view>
15    <!-- 其他商品代码类似，限于篇幅不再赘述 -->
16  </scroll-view>
```

商品列表区用于显示多行不同类商品的商品图片、商品名、商品类别、商品价格及“加入购物车”和“立即购买”等按钮，为了达到图 3.19 的显示效果，一方面要保证商品信息上下滚动时搜索输入区的显示内容固定不动，另一方面需要将每一行的商品信息布局合理，以便将商品图片、商品名、商品类别等信息显示完整。实现上述代码时，第 1 行通过设置 scroll-view 组件的 scroll-y 属性实现该容器内内容的上下滚动，第 2~14 行代码将每一行的商品信息分为左、右两侧区域：左侧区域用 image 组件显示商品图片，右侧区域用 view、button 组件及样式代码控制其显示效果。

② 页面样式代码。

```
1   .container {/*scroll-view 的样式类*/
2     width: 100%;
3     height: 50%;
4     background-color: rgb（227, 240, 155）;
5   }
6   .demo {/*每一行商品信息的样式类*/
7     display: flex; /*设置为 flex 布局*/
8     flex-direction: row;
9     height: 200rpx;
10    padding-bottom: 10rpx;
11    border-bottom: 1rpx solid silver;
12  }
13  .left {/*每一行商品信息左侧图片显示的样式类*/
14    display: flex;
15    flex-direction: column;
16    margin: 16rpx;
17    width: 180rpx;
18    height: 180rpx;
19    background: white;
20    align-content: center;
21    align-self: center;
22  }
23  .right {/*每一行商品信息的右侧内容显示样式类*/
24    display: flex;
25    flex-direction: column;
26    flex: 1;
27    margin-left: 24rpx;
28    align-content: center;
29    align-self: center;
30  }
31  .name {/*每一行商品名的样式类*/
32    font-size: 30rpx;
33  }
34  .category {/*每一行商品类别的样式类*/
35    font-size: 20rpx;
36    color: rgba（179, 171, 171, 0.925）;
37  }
38  .price {/*每一行商品价格的样式类*/
39    font-size: 20rpx;
40    color: red;
41  }
42  .goshop {/*每一行商品“进店”文本的样式类*/
43    font-size: 25rpx;
44    color: rgba（105, 102, 102, 0.925）;
45  }
46  .btn {/*每一行商品操作按钮的样式类*/
47    display: flex;
48    flex-direction: row;
49    font-size: 20rpx;
50    height: 45rpx;
51  }
```

上述代码第 3 行用 height 属性设置 scroll-view 组件的高度，如果没有设置，滚动页面时，搜索输入区和横幅广告区的内容就不会固定在页面区域，而会随着商品列表的上下滚动而滚动。编写代码时，可以删除此行，尝试一下它的运行效果。第 7~8 行定义了每行商品的信息显示使用水平方向的 flex 弹性布局，第 47~48 行定义了每行商品的操作按钮也使用水平方向的 flex 弹性布局。

为了让整个页面的显示内容与移动设备的边界有一点间隙，在整个页面代码外面使用 view 组件，所以实现图 3.19 页面效果的页面布局代码如下：

```
<view class='alview'>
  <!-- 搜索输入区页面代码 -->
  <!-- 横幅广告区页面代码 -->
  <!-- 商品列表区页面代码 -->
</view >
```

实现图 3.19 页面效果的页面样式代码如下：

```
.alview {
  margin: 5rpx;
  height: 100%;
}
```

本案例详细代码，读者可以参阅代码包 lesson_layout/pages/shop 文件夹中的内容。

## 本章小结

本章首先详细介绍微信小程序的常用样式、flex 页面布局（弹性布局）概念和在小程序界面设计中的使用方法；然后结合 2 个典型案例的实现过程阐述微信小程序开发框架提供的 view、text、input、button、swiper、image 和 scroll-view 等基本组件在小程序开发中的应用场景和使用方法。通过这一章的学习，读者可以灵活运用页面样式、flex 页面布局，设计出符合要求的界面。

# 第4章 Chapter 4

# 基本组件

一个功能再强大的应用程序，如果没有美观、易用的界面 UI（User Interface），往往也很难吸引用户。微信小程序开发框架为开发人员提供了一系列基本组件，使用这些基本组件与样式布局相结合，可以快速开发出符合用户需求的用户界面。本章将结合具体案例介绍常用组件的样式布局、事件的使用方法。

**本章学习目标**

- 掌握组件和事件在小程序开发中的使用方法；
- 掌握 setData( )、setInterval( )等函数的使用方法和应用场景；
- 掌握数据绑定、条件渲染、列表渲染的使用方法；
- 掌握 progress、switch、radio-group 与 radio、checkbox、label、navigator 和 picker 组件在小程序开发中的使用方法和应用场景；
- 掌握 wx.previewImage( )、wx.reLaunch( )、wx.redirectTo( )、wx.navigateTo( )、wx.navigateBack( )等 API 在小程序开发中的使用方法和应用场景。

## 4.1 概述

### 4.1.1 组件

4.1.1

组件是微信小程序视图层的基本组成单元，微信小程序框架既提供了一系列基本组件，让开发者直接使用，也提供了自定义组件的方法，让开发者设计满足应用需求的自定义组件。通过这些组件的组合，可以快速设计出用户满意的交互界面。每个组件都自带一些功能及与微信风格一致的样式，开发者也可以根据需要定制一些功能和样式。其实，组件就是微信小程序框架对 HTML5 元素的封装，也就是说，只要微信小程序的页面结构文件中使用了这些组件，就表示引用了 HTML5 的相关元素。

目前，微信小程序框架提供的基础组件分为 8 大类，如表 4-1 所示。

**1 组件的定义**

在页面结构文件中，每个组件通常用“开始标签”表示组件定义开始，用“结束标签”表示组件定义结束，用“属性”来修饰组件，而组件的内容位于“开始标签”和“结束标签”之间。其定义形式如下：

```
<开始标签 属性="值">
    内容 …
```

```
</结束标签>
```

表 4-1 基础组件及功能说明

| 组件类别 | 组件名 | 功 能 |
| --- | --- | --- |
| 视图容器 | view | 视图容器 |
| | scroll-view | 可滚动视图容器 |
| | swiper | 滑块视图容器 |
| | movable-view<br>movable-area | 可移动的视图容器 |
| | cover-view | 覆盖在原生组件之上的文本视图 |
| | cover-image | 覆盖在原生组件之上的图片视图 |
| 表单 | button | 按钮 |
| | checkbox | 复选框 |
| | form | 表单 |
| | input | 输入框 |
| | label | 标签 |
| | picker | 列表选择器 |
| | picker-view | 内嵌列表选择器 |
| | radio | 单选按钮 |
| | slider | 滚动选择器 |
| | switch | 开关选择器 |
| | textarea | 多行输入框 |
| 画布 | canvas | 画布 |
| 基础内容 | icon | 图标 |
| | text | 文字 |
| | rich-text | 富文本 |
| | progress | 进度条 |
| 导航 | navigator | 页面链接 |
| | functional-page-navigator | 跳转到插件功能页 |
| 多媒体 | audio | 音频 |
| | image | 图片 |
| | video | 视频 |
| | camera | 系统相机 |
| | live-player | 实时音视频播放 |
| | live-pusher | 实时音视频录制 |
| 开放能力 | open-data | 展示微信开放的数据 |
| | web-view | 承载网页的容器 |
| | ad | 广告 |
| | official-account | 关注公众号 |
| 地图 | map | 地图 |

例如，在页面结构文件中定义一个 view 组件，其 class 属性值为 container，其代码如下：

```
<view class="container">
    页面内容
</view>
```

## 2 组件的属性

组件的属性通常用于指定组件的标识名称、显示样式、数据或事件等，所有基本组件的公共属性及功能说明如表 4-2 所示。当然，所有组件也可以有各自的自定义属性，用于对该组件的功能或样式进行修饰。所有组件属性的属性值类型主要包含以下 7 种：

① Boolean：布尔值。只要组件写上布尔值属性，该属性值都被视为 true；只有组件上没有该布尔值对应的属性时，该属性值才为 false。如果该属性值为变量，变量的值会被转换为 Boolean 类型。例如，页面结构文件代码如下：

```
<!--pages/component/component.wxml-->
<view hidden  class='container'>
```

```
3   页面内容
4 </view>
```

表 4-2 基本组件的公共属性及功能说明

| 属性名 | 属性值类型 | 功　能 |
|---|---|---|
| id | String | 组件的唯一标识，即组件的名称 |
| class | String | 组件的样式类，对应页面样式文件 WXSS 中定义的样式类 |
| style | String | 组件的内联样式 |
| hidden | Boolean | 组件是否显示 |
| data-* | Any | 自定义属性 |
| bind*/ catch* | Eventhandler | 组件的事件 |

因为上述代码的第 2 行中写上了 hidden 属性，默认该 hidden 的值为 true，即隐藏 view 组件，所以小程序页面上并不会显示 view 组件内容。如果在上述代码中没有写 hidden 属性，表示该属性的值为 false，即不隐藏 view 组件，所以小程序页面上会显示 view 组件内容。如果将上述代码的 hidden 属性值用变量表示，即页面结构文件代码如下：

```
<!--pages/component/component.wxml-->
<view hidden="{{flag}}"  class='container'>
  页面内容
</view>
```

对应的页面逻辑文件代码如下：

```
//pages/component/component.js
Page({
  data: {
    flag:false
  }
})
```

因为在页面逻辑文件中定义了 flag 变量，其值为 false，所以在页面结构文件代码中通过绑定数据的方式获得了 hidden 属性值为 false，即不隐藏 view 组件，所以小程序页面上会显示 view 组件内容。

② Number：数值类型。例如第 3 章介绍的 swiper 组件的 interval 属性，用于设定 swiper 组件中每隔多长时间切换图片。如果属性设置为 interval = "5000"，表示每隔 5s 切换一次图片。

③ String：字符串类型。例如第 3 章介绍的 button 组件的 size 属性，用于设定 button 按钮的大小。如果属性设置为 size= "mini" ，表示 button 按钮为小尺寸。

④ Array：数组类型。例如第 2 章介绍的列表渲染 wx:for 属性，用于循环生成相对应的列表项布局。页面结构文件代码如下：

```
<!--pages/component/component.wxml-->
<view  wx:for='{{name}}'  class='container'>
  你的姓名：{{item}}
</view>
```

对应的页面逻辑文件代码如下：

```
//pages/component/component.js
Page({
  data: {
    name: ['张三','李四','王五']
  }
})
```

因为在页面逻辑文件中定义了 name 数组，其中包含 3 个数组元素，所以在页面结构文件代码中使用 wx:for 属性，表示 view 组件在页面显示 3 次。

⑤ Object：Object 类型。例如表 4-1 中的 navigator 组件，该组件有 1 个 extra-data 属性，当 target="miniProgram"时有效，表示需要传递给目标小程序的数据，目标小程序可在 App.onLaunch( )和 App.onShow( )周期函数中获取该数据。

⑥ EventHandler：事件处理函数名。例如表 4-1 中的 radio 组件，该组件有 1 个 bindchange 属性，表示单选选项发生变化时会触发该属性绑定的 change 事件（该事件通常为用户自定义事件，change 事件名由开发者定义），change 事件通常为用户自定义事件，change 名称由开发者定义，该事件需要定义在对应页面逻辑文件的 Page( )函数中。

⑦ Any：属性值可以是任何类型。

## 4.1.2　事件

4.1.2

事件是微信小程序视图层到逻辑层的通信方式，它可以将用户的行为反馈到逻辑层处理。也就是当用户在视图层做了某个操作后执行逻辑层定义的事件处理函数。例如，用户长按某一张图片、单击某一个按钮等，就是用户执行的某个操作行为；用户长按图片或单击按钮是在视图层发生的，视图层接收到这个操作行为（即事件）后，要把一些信息发送给对应的逻辑代码，也就实现了从视图层到逻辑层的通信。

事件对象也可以携带额外信息，如 id、dataset 和 touches 等。

### 1 事件使用

下面以一个简单的示例介绍事件的使用步骤。例如，在页面上定义一个 button 组件，单击该组件后显示“单击成功！”消息提示框，显示效果如图 4.1 所示。

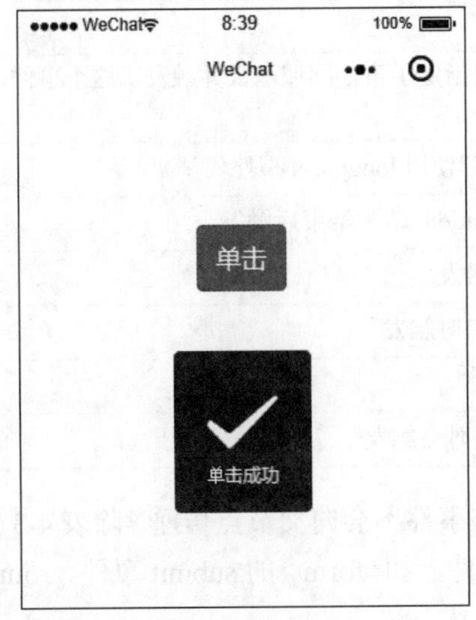


图 4.1　事件（1）

图 4.2　事件（2）

① 在组件中绑定事件处理函数。

在页面结构代码文件中创建 button 组件并绑定 showEvent( )函数，代码如下：

```
<!--pages/event/event.wxml-->
<view class='container'>
  <button type='primary' bindtap='showEvent'>单击</button>
</view>
```

② 在逻辑文件中定义事件处理函数。

在相应页面逻辑文件的 Page( )函数中写上相应的事件处理函数，代码如下：

```
1  //pages/event/event.js
2  Page({
3    showEvent: function(){
4      wx.showToast({
5        title: '点击成功',
6      })
7    }
8  })
```

上述代码第 4~6 行调用了 wx.showToast（object）函数，该函数在微信小程序中用于显示消息提示框，它的详细使用方法将在后面章节中介绍。

### 2 事件分类

① 冒泡事件：一个组件上的事件被触发后，该事件会向父节点传递。微信小程序视图层的冒泡事件如表 4-3 所示。

表 4-3　冒泡事件及触发条件

| 事件类型 | 功　能 |
| --- | --- |
| touchstart | 手指触摸动作开始 |
| touchmove | 手指触摸后移动 |
| touchcancel | 手指触摸动作被取消（打断），如来电提醒，弹出对话框 |
| touchend | 手指触摸动作结束 |
| tap | 手指触摸（单击）后马上离开 |
| longpress | 手指触摸后，超过 350ms 再离开，如果指定了事件回调函数并触发了这个事件，tap 事件将不被触发 |
| longtap | 手指触摸后，超过 350ms 再离开（推荐使用 longpress 事件代替） |
| transitionend | 在 WXSS transition 或 wx.createAnimation 动画结束后触发 |
| animationstart | 在一个 WXSS animation 动画开始时触发 |
| animationiteration | 在一个 WXSS animation 一次迭代结束时触发 |
| animationend | 在一个 WXSS animation 动画完成时触发 |
| touchforcechange | 在支持 3D Touch 的 iPhone 设备重按时会触发 |

② 非冒泡事件：一个组件上的事件被触发后，该事件不会向父节点传递。除表 4-3 之外的其他组件自定义事件，如无特殊声明都是非冒泡事件，如<form/>的 submit 事件、<input/>的 input 事件、<scroll-view/>的 scroll 事件等。

### 3 事件绑定

事件绑定的写法与组件的属性写法一样，即使用 key-value 形式。但 key 需要用 bind 或 catch 开头，然后加上表 4-3 中列出的事件类型，如 bindtap（绑定单击事件）、catchtouchstart（绑定触摸开始事件）。value 是一个字符串形式的自定义函数名，即在对应页面逻辑文件的 Page( )函数中定义的函数，该函数中定义了触发事件的动作，即触发该事件要实现的功能。

bind 事件绑定可以触发冒泡事件，即可以触发父节点的事件；而 catch 事件绑定可以阻止冒泡事件，即不会触发父节点的事件。

例如，要实现如图 4.2 所示的运行效果，可以在页面结构文件中使用如下代码：

```
<!--pages/bubble/bubble.wxml-->
<view class='view1' bindtap='clickView1'>
  最外层的 view
  <view class='view2' bindtap='clickView2'>
    中间层的 view
    <view class='view3' bindtap='clickView3'>
      最内层的 view
    </view>
  </view>
</view>
```

在页面样式文件中使用如下代码：

```
/* pages/bubble/bubble.wxss */
.view1{
  height: 500rpx;
  width: 100%;
  background-color: cyan
}
.view2{
  height: 300rpx;
  width: 80%;
  background-color: yellow
}
.view3{
  height: 100rpx;
  width:60%;
  background-color: red
}
```

在页面逻辑文件中用如下代码：

```
//pages/bubble/bubble.js
Page({
  clickView1:function( ){
    console.log('最外层事件')
  },
  clickView2: function ( ) {
    console.log('中间层事件')
  },
  clickView3: function ( ) {
    console.log('最内层事件')
  }
```

```
})
```

此时如果单击最内层的 view 组件，调试器窗口会按顺序输出最内层事件、中间层事件、最外层事件；如果单击中间层的 view 组件，调试器窗口会按顺序输出中间层事件、最外层事件。因为页面结构文件中用 bindtap 进行事件绑定，会触发冒泡事件，即单击 view 后会冒泡传递到最外层 view，并执行对应事件。

如果将页面结构文件中第 4 行代码的 bindtap 改为 catchtap，单击最内层的 view 组件，调试器窗口会按顺序输出最内层事件、中间层事件。因为在中间层的 view 组件用 catchtap 进行事件绑定，该事件不会触发冒泡事件，也就是执行事件执行到这一层会终止。

### 4 事件对象

当组件动作触发事件时，逻辑层绑定该事件的处理函数都会收到一个事件对象。例如，将前面的页面结构文件修改为如下代码：

```
<!--pages/bubble/bubble.wxml-->
<view id='v1' class='view1' data-a1="a1" bindtap='clickView1'>
  最外层的 view
  <view id='v2' class='view2' data-a2="a2" bindtap='clickView2'>
    中间层的 view
    <view id='v3' class='view3' data-a3="a3" bindtap='clickView3'>
      最内层的 view
    </view>
  </view>
</view>
```

上述代码给 view 组件增加了“id”和“data-*”属性，id 用于标识组件；data-*用于在组件中定义数据属性和对应的数据属性值。这些数据值可以通过事件传递给逻辑层处理。数据属性必须以 data-开头，如果数据属性名中包含大写字母，则在逻辑层引用该数据属性名时会自动转换为小写字母。如 data-TeacherId 引用时为 teacherid。如果数据属性名由多个单词组成，可以在单词之间使用连字符（-）连接，但在逻辑层引用该数据属性名时会去掉连字符，并使用驼峰格式标识属性名，如 data-element-type，最终在 event.currentTarget.dataset 中会将连字符转成驼峰格式标识符，即 elementType。

将前面的页面逻辑文件修改为如下代码：

```
//pages/bubble/bubble.js
Page ({
  clickView1: function (e) {
    console.log ('最外层事件', e)
  },
  clickView2: function (e) {
    console.log ('中间层事件', e)
  },
  clickView3: function (e) {
    console.log ('最内层事件', e)
  }
}
```

运行上述代码后，单击最内层的 view 组件，调试窗口显示图 4.3 所示输出结果。其中：

- type：表示事件的类型，本示例中的事件类型为 tap，即单击事件。
- timeStamp：表示事件生成时的时间戳，即页面打开到触发事件所经过的毫秒数，本示例中的时间戳为 6726ms。

- target：表示触发事件的源组件的一些属性值集合，由于本示例单击的是最内层的 view 组件，所以触发事件的源组件就是最内层的组件 v3，输出内容如图 4.4 所示。其中 dataset 表示 v3 组件上由 data-开头的自定义属性组成的集合，id 表示 v3 组件上由 id 定义的标识符。
- currentTarget：表示当前事件绑定组件的一些属性值集合，由于本示例单击的是最内层的 view 组件，使用 bindtap 绑定会触发冒泡事件，触发的冒泡事件分别绑定在最内层的 v3 组件、中间层的 v2 组件和最外层的 v1 组件，所以输出的 id 分别为 v3、v2 和 v1，dataset 也是对应组件绑定的数据集合，输出内容如图 4.5 所示。

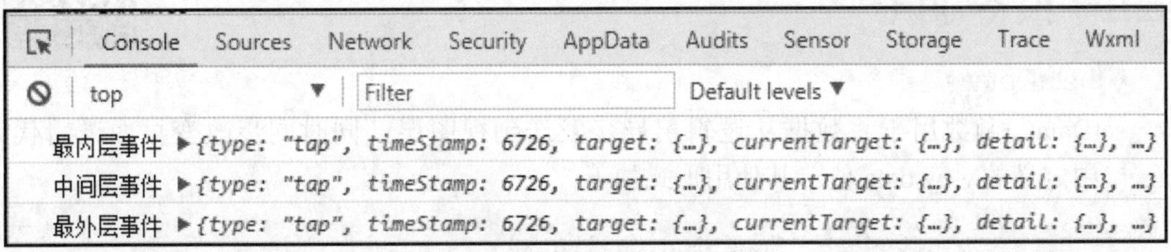

```
Console  Sources  Network  Security  AppData  Audits  Sensor  Storage  Trace  Wxml
top ▼  Filter  Default levels ▼
最内层事件 ▶{type: "tap", timeStamp: 6726, target: {…}, currentTarget: {…}, detail: {…}, …}
中间层事件 ▶{type: "tap", timeStamp: 6726, target: {…}, currentTarget: {…}, detail: {…}, …}
最外层事件 ▶{type: "tap", timeStamp: 6726, target: {…}, currentTarget: {…}, detail: {…}, …}
```

图 4.3　输出事件对象

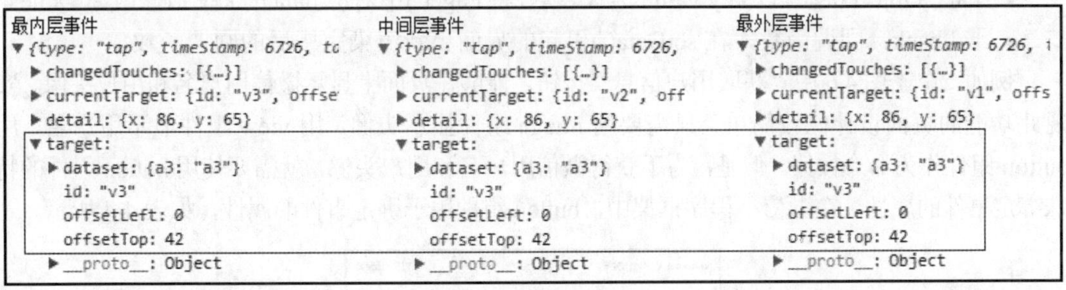

```
最内层事件
▼{type: "tap", timeStamp: 6726, tc
  ▶changedTouches: [{…}]
  ▶currentTarget: {id: "v3", offse
  ▶detail: {x: 86, y: 65}
  ▼target:
    ▶dataset: {a3: "a3"}
     id: "v3"
     offsetLeft: 0
     offsetTop: 42
  ▶__proto__: Object

中间层事件
▼{type: "tap", timeStamp: 6726,
  ▶changedTouches: [{…}]
  ▶currentTarget: {id: "v2", off
  ▶detail: {x: 86, y: 65}
  ▼target:
    ▶dataset: {a3: "a3"}
     id: "v3"
     offsetLeft: 0
     offsetTop: 42
  ▶__proto__: Object

最外层事件
▼{type: "tap", timeStamp: 6726, 1
  ▶changedTouches: [{…}]
  ▶currentTarget: {id: "v1", offs
  ▶detail: {x: 86, y: 65}
  ▼target:
    ▶dataset: {a3: "a3"}
     id: "v3"
     offsetLeft: 0
     offsetTop: 42
  ▶__proto__: Object
```

图 4.4　输出事件对象（target）

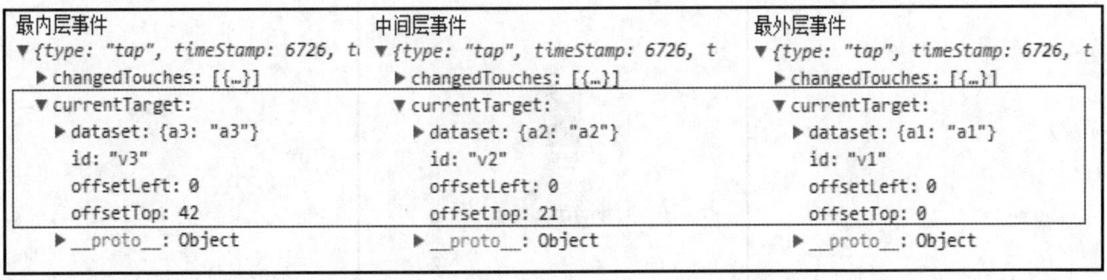

```
最内层事件
▼{type: "tap", timeStamp: 6726, tı
  ▶changedTouches: [{…}]
  ▼currentTarget:
    ▶dataset: {a3: "a3"}
     id: "v3"
     offsetLeft: 0
     offsetTop: 42
  ▶__proto__: Object

中间层事件
▼{type: "tap", timeStamp: 6726, t
  ▶changedTouches: [{…}]
  ▼currentTarget:
    ▶dataset: {a2: "a2"}
     id: "v2"
     offsetLeft: 0
     offsetTop: 21
  ▶__proto__: Object

最外层事件
▼{type: "tap", timeStamp: 6726, t
  ▶changedTouches: [{…}]
  ▼currentTarget:
    ▶dataset: {a1: "a1"}
     id: "v1"
     offsetLeft: 0
     offsetTop: 0
  ▶__proto__: Object
```

图 4.5　输出事件对象（currentTarget）

所以，在页面逻辑文件中可以引用 view 组件绑定的数据集合的内容。例如，要引用 v3 组件的 id 值和绑定的 data-a3 数据，可以使用如下代码：

```
clickView3: function(e) {
    console.log(e.currentTarget.dataset.a3),
    console.log(e.currentTarget.id)
}
```

- detail：自定义事件所携带的数据，如表单组件的提交事件会携带用户的输入、媒体的错误事件会携带错误信息等。单击事件的 detail 带有的 x、y 表示距离文档左上角的距离，文档的左上角为原点，横向为 x 轴，纵向为 y 轴。

# 4.2 小学生算术题的设计与实现

随着移动终端设备的普通应用，在移动终端设备上安装的各类具有学习、测试功能的 App 越来越多，但是它们通常都需要用户去相关平台下载安装，代价太大。而微信小程序出现后，可以在“用完即走”的理念下设计开发一款小学生算术题小程序，这样既可以比较容易打开和使用，也可以减少传统 App 使用的麻烦。

4.2.1

## 4.2.1 预备知识

### 1 setData( )函数

setData( )函数用于将数据从逻辑层异步发送到视图层，同时同步改变页面逻辑代码 Page( )中定义的对应 data 值。其使用形式如下：

```
setData (Object data, Function callback)
```

- data: Object 类型，以 key:value 形式表示，将 Page( )中对应 data 的 key 值修改为 value。
- callback：回调函数，在 setData( )引起的界面更新渲染完毕后的回调函数。

例如，单击图 4.6 中“获取用户信息”按钮，能够在页面上显示微信用户名和用户头像。实现此功能的页面设计比较简单，只需要用 image 组件显示头像，用 view 组件显示用户名，用 button 组件作为命令按钮。但是，为了获得微信用户名和用户头像，就需要使用 button 组件的特殊绑定事件的属性。在微信小程序框架中，button 组件用于绑定事件的属性，如表 4-4 所示。

图 4.6 获取用户信息

表 4-4 button 绑定事件属性

| 属性 | 功 能 |
|---|---|
| bindgetuserinfo | 用户单击该按钮时，会返回获取到的用户信息，回调的 detail 数据与 wx.getUserInfo 返回的一致。open-type="getUserInfo" |
| bindcontact | 客服消息回调。open-type="contact" |
| bindgetphonenumber | 获取用户手机号回调。open-type="getPhoneNumber" |

续表

| 属性 | 功　能 |
| --- | --- |
| binderror | 当使用开放能力时，发生错误的回调。open-type="launchApp" |
| bindopensetting | 打开授权设置页后回调。open-type="openSetting" |

① 页面结构文件代码。

```
<!--pages/button/button.wxml-->
<view class='container'>
  <image src='{{img}}'></image>
  <view style='height:80rpx;'>{{userName}}</view>
  <button open-type="getUserInfo" bindgetuserinfo="bGetUserInfo">获取用户信息</button>
</view>
```

② 页面逻辑文件代码。

```
1   //pages/button/button.js
2   Page({
3     data: {
4       userName: "",
5       img:""
6     },
7     bGetUserInfo: function(e) {
8       console.log(e.detail.userInfo);
9       this.data.userName = e.detail.userInfo.nickName
10      this.data.img = e.detail.userInfo.avatarUrl
11      this.setData({
12        userName: this.data.userName,
13        img: this.data.img
14      })
15    }
16  })
```

上述代码第 8 行的输出结果如图 4.7 所示。其中 avatarUrl 表示用户头像信息，city 表示用户所在城市，country 表示用户所在国家，gender 表示用户性别（1-男性，2-女性），language 表示语言，nickname 表示用户昵称，province 表示用户所在省份。所以上述代码的第 11~14 行用 setData( )方法更新页面结构文件对应的数据。

```
▼{nickName: "倪泡泡", gender: 1, language: "zh_CN", city: "Taizhou", province: "Jiangsu", …}
  avatarUrl: "https://wx.qlogo.cn/mmopen/vi_32/Q0j4TwGTfTIKlfPmNLNiaoJvTnJNebBXDPd9RwwxmSnNm
  city: "Taizhou"
  country: "China"
  gender: 1
  language: "zh_CN"
  nickName: "倪泡泡"
  province: "Jiangsu"
```

图 4.7　输出事件对象（target）

### 2 input 组件的数据绑定

为了能够让在页面结构文件的 input 组件上所做的操作（如键盘输入数据、输入框获得焦点、失去焦点等）传入页面逻辑文件处理，并将页面逻辑文件的处理结果反馈到页面结构文件中，微信小程序框架中提供了 input 组件的绑定事件属性，如表 4-5 所示。

表 4-5 input 绑定事件属性

| 属性 | 功能 |
| --- | --- |
| bindinput | 键盘输入时触发，event.detail = {value, cursor, keyCode}，keyCode 为键值 |
| bindfocus | 输入框获得焦点时触发，event.detail = { value, height }，height 为键盘高度 |
| bindblur | 输入框失去焦点时触发，event.detail = {value: value} |
| bindconfirm | 单击完成按钮时触发，event.detail = {value: value} |

下面以实现如图 4.8 所示简易四则运算器为例介绍 input 组件的数据绑定使用步骤。

图 4.8 简易四则运算器

（1）在页面结构文件中定义 input 组件，其代码如下。

```
1   <!--pages/input/input.wxml-->
2   <view class='line'>
3     <view class='info'>第一个数：</view>
4     <input class='lineborder' bindinput='bdInputA'  placeholder='请输入数 1'></input>
5   </view>
6   <view class='line'>
7     <view class='info'>第二个数：</view>
8     <input class='lineborder' bindinput='bdInputB'  placeholder='请输入数 2'></input>
9   </view>
10  <view class='line'>
11    <view class='info'>结  果：</view>
12    <input class='lineborder' value='{{result}}'></input>
13  </view>
14  <view class='line'>
15    <button bindtap='btnAdd'>+</button>
16    <button bindtap='btnDec'>－</button>
17    <button bindtap='btnMul'>×</button>
18    <button bindtap='btnDiv'>÷</button>
19  </view>
```

上述代码第 4 行、第 8 行用 bindinput 属性绑定键盘输入触发事件，并在页面逻辑文件中定义，该事件用于获得用户在 input 组件中输入的数据。第 12 行用 value 属性绑定页面逻辑文件中处理的数据，也就是将页面逻辑文件处理的 result 变量值传送到页面结构文件显示。

(2) 在页面逻辑文件中定义数据，定义键盘输入触发事件，定义 button 组件的单击事件，其代码如下。

```
//pages/input/input.js
Page({
  //定义数据
  data: {
    digitalA: 0,
    digitalB: 0,
    result: 0
  },
  //定义键盘输入触发事件
  bdInputA: function (e) {
    this.data.digitalA = e.detail.value;
  },
  bdInputB: function (e) {
    this.data.digitalB = e.detail.value;
  },
  //定义“+”button 组件的单击事件
  btnAdd: function ( ) {
    this.data.result = parseFloat(this.data.digitalA) + parseFloat(this.data.digitalB);
    this.setData({
      result: this.data.result
    })
  },
  // 减、乘、除按钮的处理代码同 btnAdd( )函数，此处略
})
```

(3) 页面样式文件代码如下。

```
/* pages/input/input.wxss */
.line{
  margin-top: 10rpx;
  display: flex;
  flex-direction: row;
}
.info{
  width:30%;
}
.lineborder{
  border: 1px solid;
}
button{
  width: 25%;
}
```

## 4.2.2 小学生算术题的实现

4.2.2.1

### 1 小学生算术题界面设计

小学生算术题的界面设计如图 4.9 和图 4.10 所示。

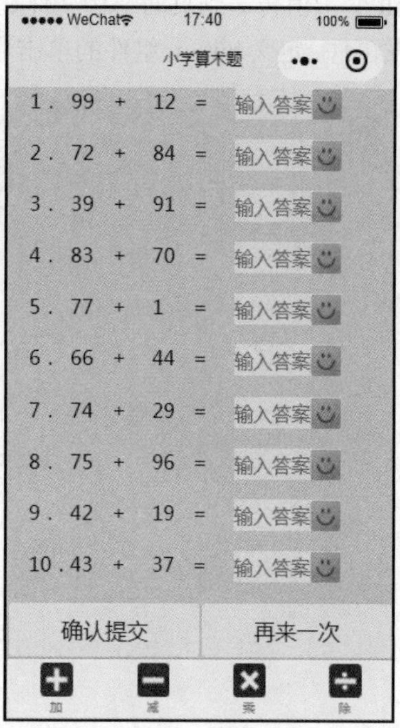

图 4.9 小学生算术题界面（1）

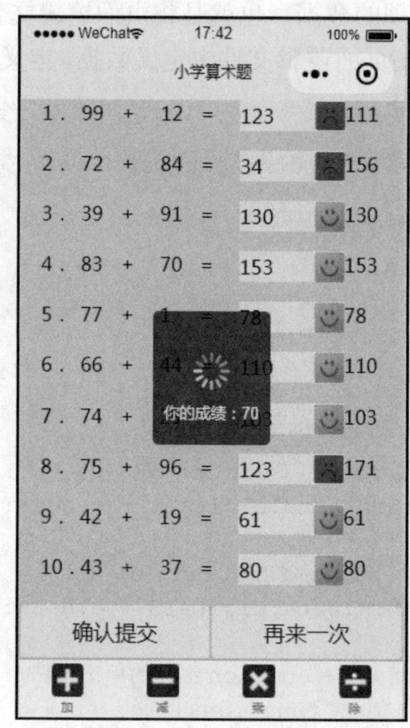


图 4.10 小学生算术题界面（2）

从图 4.9 和图 4.10 可以看出，整个界面由 10 道 100 以内的算术题、2 个命令按钮和底部导航等 3 部分组成。每道算术题由题号、参与运算的 2 个数、运算符、等于号（=）、输入答案区、提示图片（答对显示笑脸、答错显示哭脸）及答案部分组成。设计页面时，题号、参与运算的数、运算符、等于号及答案可以用 view 组件实现，输入答案区可以用 input 组件实现，提示图片可以用 image 组件实现。通过页面逻辑代码生成 10 对数据，并根据运算符求出运算结果后存放在数组中，然后在页面结构代码中使用 wx:for 进行列表渲染，显示 10 道题目，并使用 wx:if 进行条件渲染，控制提示图片显示。详细代码如下：

4.2.2.2

```
<!--index.wxml-->
<view class='container'>
  <view class='line' wx:for="{{digitals}}" wx:for-index="itemIndex" wx:for-item="itemName">
    <view class='lineno'>{{itemName.id}}. </view>
    <view class='lineno'>{{itemName.da}}</view>
    <view class='lineno'>+</view>
    <view class='lineno'>{{itemName.db}}</view>
    <view class='lineno'>=</view>
    <input value='{{inputValue}}' placeholder='输入答案' bindinput="bindKeyInput" id="{{itemIndex}}"> </input>
    <image src="{{imgSrc[itemIndex]}}"></image>
    <view wx:if="{{flag}}" class='lineno'>{{itemName.dr}}</view>
  </view>
  <view class='btn'>
    <button bindtap='btnOk'>确认提交</button>
    <button bindtap='btnAgain'>再来一次</button>
  </view>
</view>
```

上述代码第 3 行使用 wx:for 渲染语句绑定了 digitals 数组，该数组元素是 Object 类型，其中包含题号（id）、参与运算的第一个数（da）、参与运算的第二个数（db）和根据运算符计算出的标准结果（dr）。第 4 行、第 5 行、第 7 行在 view 组件上分别绑定对应数组元素的序号（id）、参与运算的第一个数（da）和参与运算的第二个数（db）。第 9 行代码用 bindinput 属性绑定键盘输入事件 bindKeyInput( )，用 id 属性绑定每个 input 组件的唯一标识。此处的 id 绑定 input 组件的唯一标识很重要，在页面逻辑代码中获取 input 组件输入的数据就是通过该 id 来实现的。第 10 行代码用 src 属性绑定 imgSrc 数组来显示提示图片。第 11 行代码使用 wx:if 条件渲染语句绑定 flag 变量，用于控制当用户单击了“确认提交”按钮后才会显示标准答案。第 13~16 行代码定义了“确认提交”和“再来一次”按钮，并使用 bindtap 属性绑定了 btnOk( )和 btnAgain( )方法，分别用于处理用户提交结果后的情况和重新生成 10 道题目。

为了达到图 4.9 所示的美观效果，还需要定义对应的样式文件，代码如下：

```
.line {
  height: 100rpx;
  display: flex;
  flex-direction: row;
  padding-left: 40rpx;
  padding-right: 40rpx;
}
.lineno {
  width: 80rpx;
  height: 100rpx;
}
input {
  border: 1rpx;
  width: 150rpx;
  height: 60rpx;
  background: yellow;
}
image {
  width: 60rpx;
  height: 60rpx;
}
.btn {
  display: flex;
  flex-direction: row;
}
button {
  width: 50%;
  color: blue;
  background: #eeefff;
}
```

另外，提示图片（yes.jpg 和 no.jpg）和页面底端导航条上显示的图片（p1.png、p2.png、p3.png 和 p4.png），需要预先在项目的 pages 文件夹下创建一个 images 文件夹保存。页面底端的导航条需要修改小程序项目文件夹下的 app.json 文件，其代码如下：

```
{
  "pages": [
    "pages/index/index",
```

```
    "pages/reduce/reduce",
    "pages/multi/multi",
    "pages/division/division"
  ],
  "window": {
    "backgroundTextStyle": "light",
    "navigationBarBackgroundColor": "#eeefff",
    "navigationBarTitleText": "小学算术题",
    "navigationBarTextStyle": "black"
  },
  "tabBar": {
    "selectedColor": "#1296db",
    "list": [
      {
        "pagePath": "pages/index/index",
        "text": "加",
        "iconPath": "/pages/images/p1.png",
        "selectedIconPath": "/pages/images/p1.png"
      },
      {
        "pagePath": "pages/reduce/reduce",
        "text": "减",
        "iconPath": "/pages/images/p2.png",
        "selectedIconPath": "/pages/images/p2.png"
      },
      {
        "pagePath": "pages/multi/multi",
        "text": "乘",
        "iconPath": "/pages/images/p3.png",
        "selectedIconPath": "/pages/images/p3.png"
      },
      {
        "pagePath": "pages/division/division",
        "text": "除",
        "iconPath": "/pages/images/p4.png",
        "selectedIconPath": "/pages/images/p4.png"
      }
    ]
  }
}
```

### 2 小学生算术题的功能实现

4.2.2.3

小学生算术题的实现逻辑比较简单。首先，在页面加载时连续产生 10 组 0~100 的数值，并根据每组数值和运算符计算出运算结果，保存在 digitals 数组中（即在页面逻辑文件的 onLoad( )函数中实现），使用 wx:for 列表渲染的方式传送给页面结构文件并显示；然后用户输入自己的运算结果，完毕后单击“确认提交”按钮，在“确认提交”绑定事件中将提交的答案和页面加载时计算出的答案逐个对照，如果答案正确，就将 imgSrc 数组对应的元素值修改为笑脸图片（yes.jpg），并将 score 值加 10(score 用于存放得分，每正确一题加 10 分)，否则修改为哭脸图片(no.jpg)；最后使用 wx.showToast( )方法显示最终成绩提示信息。而在“再来一次”按钮绑定事件中，只需要直接调用 onLoad( )函数即可。页面逻辑文件代码如下：

```
//index.js
Page({
  //初始化数据
  data: {
    inputValue:"",    //用于绑定 input 组件的 value 属性
    digitals: [],     //用于存放每道数学题信息（含题号、数 1、数 2 和运算结果）
    imgSrc: [],       //用于存放答对提示图路径
    flag: false,      //用于标记是否提交完毕
    userAnswer: [],  //用于保存提交的每道题用户输入的答案
    score:0           //用于计分
  },
 //页面加载事件
 onLoad: function(options) {
   this.data.inputValue="";
   this.data.digitals=[];
   this.data.imgSrc=[];
   var tiId = 1;    //用于产生 0-100 的数据
   for (var i = 0; i < 10; i++) {
     var n = 0, m = 100;
     var w = m - n;
     var tida = parseInt(Math.random( ) * w + n, 10)//返回十进制整数
     var tidb = parseInt(Math.random( ) * w + n, 10)//返回十进制整数
     var tidr = tida + tidb      //计算两数之和
     this.data.digitals.push({  //向 digitals 数组中推送数据对象
       id: tiId,     //题号
       da: tida,     //第 1 个数
       db: tidb,     //第 2 个数
       dr: tidr      //答案
     });
     this.data.imgSrc.push("../images/yes.jpg");//默认加载笑脸图片
     tiId++;         //题号自增
   }
   this.setData({
     digitals: this.data.digitals,
     imgSrc:this.data.imgSrc,
     inputValue:this.data.inputValue
   });
 },
 //确认提交按钮事件
 btnOk: function(e) {
   this.data.score =0
   for (var i = 0; i < 10; i++) {
     if (this.data.userAnswer[i] != this.data.digitals[i].dr) {
       this.data.imgSrc[i] = "../images/no.jpg"      //答案错误
     }else{
       this.data.imgSrc[i] = "../images/yes.jpg"    //答案正确
       this.data.score = this.data.score+10;         //分数加 10
     }
    //弹出成绩消息提示信息
    wx:wx.showToast({
      title: '你的成绩：'+this.data.score,
      icon:'loading'
    })
```

```
54      }
55      this.setData({
56        imgSrc: this.data.imgSrc,
57        flag: true,
58        score:this.data.score
59      })
60    },
61    //获取 input 中输入数据事件
62    bindKeyInput: function(e) {
63     this.data.userAnswer[e.currentTarget.id] = e.detail.value;
64      this.setData({
65        userAnswer: this.data.userAnswer
66      })
67    },
68    //再来一次按钮事件
69    btnAgain: function ( ){
70      this.onLoad( ); //调用 onLoad( )函数
71    }
72  })
```

上述代码的第19~22行代码用于生成(0,100]的随机整数。在JavaScript中，Math.random( )函数返回值为[0,1)的伪随机数。

- 生成[n, m)的随机整数，可以用 parseInt(Math.random( )*(m−n)+n, 10)表达式。
- 生成(n, m]的随机整数，可以用 Math.floor(Math.random( )*(m−n)+n) + 1 表达式。
- 生成(n, m)的随机整数，可以用 Math.round(Math.random( )*(m−n)+n+1) 或者 Math.ceil(Math.random( )*(m−n)+n+1)表达式。
- 生成[n, m]的随机整数，可以用 Math.round(Math.random( )*(m−n)+n) 或者 Math.ceil(Math.random( )*(m−n)+n)表达式。

上面仅列出了加法运算页面的详细逻辑代码，减法运算、乘法运算和除法运算的逻辑代码与加法运算的代码类似，读者可以参阅代码包 lesson4_math 文件夹中的内容，不再赘述。

## 4.3 猜扑克游戏的设计与实现

基于扑克牌的小游戏很多，本案例实现 3 张或多张扑克牌按随机顺序摆放在屏幕上，但只能在屏幕中央显示一张扑克牌的背面(图 4.11)，由用户在规定的时间内猜测哪张是红桃 A，如果认为是红桃 A，就单击该扑克牌；如果认为不是红桃 A，可以向左或向右滚动扑克牌并选择；如果在规定时间没有猜中，就给出错误提示（如图 4.12 所示）。本案例使用 progress 组件（进度条）实现计时功能、使用 scroll-view 组件（可滚动视图区域）实现扑克牌图片的左右滚动功能。另外，为了增强游戏界面的趣味性，还使用了 switch 组件（开关选择器）实现开关灯效果、radio-group/radio 组件（单选按钮组/单选按钮）实现游戏难易度的选择。

### 4.3.1 预备知识

4.3.1.1

#### 1 setInterval( )函数

setInterval( )函数是 JavaScript 提供的指定周期执行函数，它表示每隔一段时间执行一个操作，直到窗口关闭、程序停止或调用 clearInterval( )函数才会结束执行该操作。微信小程序虽然没有 window 对象，但在实际的应用开发中，也可以使用该函数实现各种按周期（以毫秒计）执行的操作。

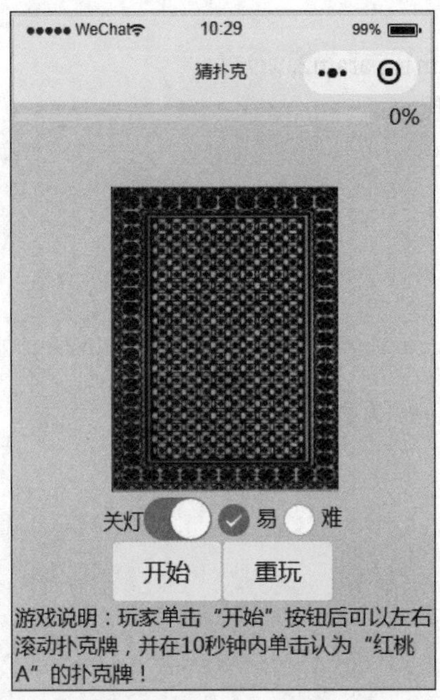


图 4.11　猜扑克游戏（1）

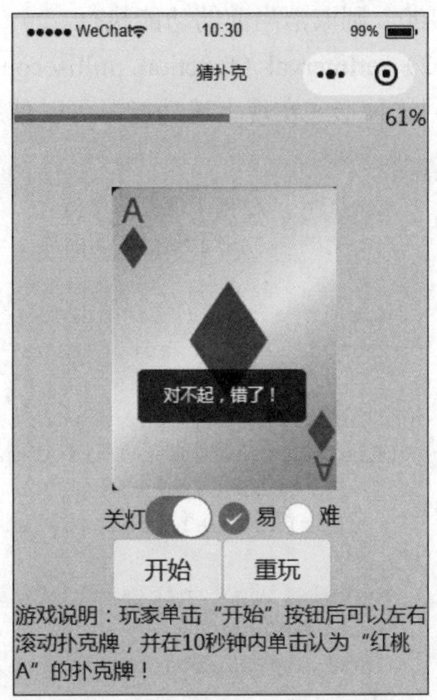


图 4.12　猜扑克游戏（2）

setInterval( )函数的使用形式有如下两种，其参数说明如表 4-6 所示，该函数返回一个 ID 值（数值型数据），可以将该 ID 值传递给 clearInterval( )函数，用于取消 setInterval( )函数中定义的正在周期执行的操作。

表 4-6　setInterval( )函数的参数及功能说明

| 参数 | 功　能 |
|---|---|
| code/function | 必需。要调用的功能代码或一个函数 |
| milliseconds | 必需。周期性执行或调用 code/function 的时间间隔，单位为毫秒（ms） |
| param1, param2, ... | 可选。传递给执行 code/function 的其他参数（IE9 及其更早版本不支持该参数） |

下面以一个 60s 倒计时小程序的实现过程介绍 setInterval( )函数的用法。

（1）setInterval（code, milliseconds）。

例如，要实现每隔 1s num 值自增 1，当 num 值为 100 时结束自增，其功能代码如下：

```
1     count_interval1: function ( ) {
2       var num = 0
3       var ID = setInterval (function ( ) {
4         num++
5         if (num == 100) {
6           clearInterval (ID)
7         }
8         console.log ("输出为: " + num)
9       }, 1000)
10    },
```

上述代码的第 3~9 行定义了一个周期执行函数，该周期函数有两个参数：第 1 个参数定义了执行具体操作的匿名函数，第 2 个参数指定了执行周期 1000ms；并将该周期函数的返回值赋值给 ID 变量，用于当 num 值为 100 时取消执行当前周期函数。第 5~7 行表示如果 num 值为 100，则取消当前的功能执行。

（2）setInterval（function, milliseconds, param1, param2, ...）。

用这种形式实现上述功能，可以使用如下代码：

```
1   data: {
2       num: 0,  //用于保存自增值
3       ID: ""   //用于保存周期函数 ID
4     },
5     count_interval2: function ( ) {
6       this.data.ID = setInterval (this.numFunction, 1000, "输出为：")
7     },
8     numFunction: function （info） {//info 为参数
9       this.data.num = ++this.data.num
10      if （this.data.num == 100） {
11        clearInterval (this.data.ID)
12      }
13      console.log (info + this.data.num)
14      this.setData ({
15        num: this.data.num
16      })
17    },
```

上述代码第 6 行表示在周期函数 setInterval( )中每隔 1000ms 调用一次自定义的 numFunction( )函数，并将“输出为：”传递给 info 作为实参值。

（3）页面结构文件代码。

```
<!--pages/setinterval/setinterval.wxml-->
  <view class="container_content">
    <view class="content_time">{{time}}S</view>
    <view  class="content_btn">
      <button class="btn_start" bindtap="startTap">开始</button>
      <button class="btn_stop"  bindtap="stopTap">停止</button>
    </view>
  </view>
```

页面结构文件比较简单，用 view 组件显示倒计时时间，用 2 个 button 组件实现“开始”计时和“停止”计时按钮，并绑定对应的事件 startTap 和 stopTap。页面运行效果如图 4.13 所示。

图 4.13　60s 倒计时

（4）页面样式文件代码。

```
/* pages/setinterval/setinterval.wxss */
page{
 width: 100%;
```

```
4    height: 100%;
5   }
6   .container_content {
7    height: 100%;
8    width: 100%;
9    text-align: center;
10  }
11  .content_btn{
12   display: flex;
13   flex-direction: row;
14  }
15  .content_time {
16   color: forestgreen;
17   font-size: 50rpx;
18  }
19  .btn_start {
20   text-align: center;
21   background-color: yellow;
22   flex:1;
23  }
24  .btn_stop {
25   text-align: center;
26   background-color: red;
27   flex:1;
28  }
```

上述代码第 11~14 行定义 button 组件使用 flex 水平布局，第 22 行和第 27 行代码定义了两个 button 组件等宽显示。

（5）页面逻辑功能代码。

```
//pages/setinterval/setinterval.js
Page({
  data: {
    time: 60,     //初始时间
    interval: 0,  //计时器
  },
  startTap: function ( ) {//开始倒计时
    var that = this;
    this.data.time = 60;
    this.data.interval = setInterval(function ( ) {
      that.data.time--;
      that.setData({
        time: that.data.time
      })
      if (that.data.time == 0) {
        clearInterval(that.data.interval)//时间到 0，取消周期函数
      }
    }, 1000)
    that.setData({
      interval: that.data.interval
    })
  },
  stopTap: function ( ) {//暂停计时
```

```
24      clearInterval(this.data.interval)
25    },
26  })
```

上述代码第 8 行定义了 that 变量用来存储原页面的对象，然后在第 11~12 行代码中用 that 变量引用原页面中的对象，因为第 10 行代码中定义了一个匿名函数实现相应的功能，操作对象已经发生改变。在 JavaScript 中，this 是指向当前对象的一个指针，当处于不同的对象中时，this 指针所指对象会随之改变，this 在微信开发工具中以蓝色显示，它是系统变量。因此，在类似的嵌套实体中，需要用另外一个变量操作 this 指定的原对象。

### 2 progress

progress（进度条组件）用于直观显示一项任务的执行进度。例如，数据下载进度、视频播放进度、考试时间进度和程序安装进度等。为了适应不同的应用环境，微信小程序框架提供了不同属性控制进度条的样式，其常用属性及功能说明如表 4-7 所示。

表 4-7 progress 组件的属性及功能说明

| 属性 | 类型 | 功　能 |
|---|---|---|
| percent | Float | 百分比 0~100 |
| show-info | Boolean | 在进度条右侧显示百分比，默认值为 false（不显示） |
| stroke-width | Number | 进度条线的宽度，单位为 px，默认值为 6 |
| color | Color | 进度条颜色，默认值为#09BB07 |
| activeColor | Color | 已选择的进度条的颜色 |
| backgroundColor | Color | 未选择的进度条的颜色 |
| active | Boolean | 进度条从左往右的动画，默认值为 false |
| active-mode | String | backwards：动画从头播；forwards：动画从上次结束点接着播，默认值为 backwards |
| bindactiveend | EventHandle | 动画完成事件 |

以下面一段代码为例，介绍表 4-7 中相关属性的用法。

```
1   <progress  percent="20" show-info />
2   <progress  percent="40" stroke-width="12" />
3   <progress  percent="60" color="pink" />
4   <progress  percent="80" active />
5   <progress  percent="60" activeColor="pink"  backgroundColor='#00ff00'/>
```

上述第 1 行代码表示当前进度条的进度值为 20，show-info 属性值为 true，即在进度条右侧显示进度值 20；第 2 行代码表示当前进度条的进度值为 40，stroke-width 属性值为 12px，即当前进度的宽度为 12px；第 3 行代码表示当前进度条的进度值为 60，color 的属性值为 pink，即当前进度条的进度用品红显示；第 4 行代码表示当前进度条的进度值为 80，active 属性值默认为 true，即进度条动态显示到进度 80 处；第 5 行代码表示当前进度条的进度值为 60，activeColor 属性将已选择进度条的颜色设置为品红，backgroundColor 属性将未选择的进度条颜色设置为黄色。

### 3 radio-group 与 radio

radio-group（单选按钮组组件）和 radio（单选按钮选项组件）组合在一起使用，为用户提供“多选一”的操作模式，是微信小程序开发中常用的一种组件。例如，用户注册时选择的性别只能从“男”或“女”中选择一个。

4.3.1.2

radio-group 是用来放置多个 radio 的容器，它有一个绑定事件 bindchange，当 radio-group 中的选中项发生变化时，就会触发该事件。radio 组件的常用属性及功能说明如表 4-8 所示。

表 4-8 radio 组件的属性及功能说明

| 属性 | 类型 | 功　能 |
|---|---|---|
| value | String | 当 radio 选中时，radio-group 的 chang 事件会携带 radio 的 value 值 |
| checked | Boolean | 当前是否选中，默认值为 false（不选中） |
| disabled | Boolean | 当前是否禁用，默认值为 false（不禁用） |
| color | Color | 选中框内选中符号的颜色 |

例如，要实现图 4.14 所示效果，可以使用如下代码实现：

① 页面结构文件代码。

```
<!--pages/radio/radio.wxml-->
<radio-group bindchange="radioChange">
  <view>
    <radio  value="男" checked />男
    <radio  value="女" />女
  </view>
</radio-group>
<text>你选择的性别是：{{selected}}</text>
```

② 页面逻辑文件代码。

```
Page({
  data: {
    selected:"男"
  },
  radioChange:function(e){
    var value = e.detail.value;
    this.setData({
      selected:value
    })
  }
})
```

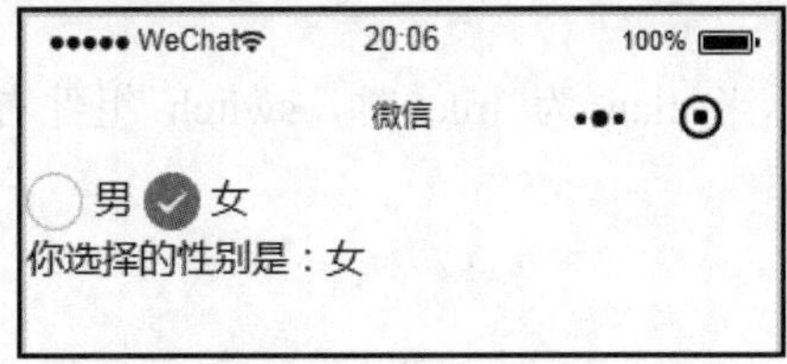


图 4.14 radio 组件实现性别选择

## 4 switch

switch（开关选择器组件）通常用于两种状态改变时要实现的功能，比如打开 Wi-Fi 或关闭 Wi-Fi。switch 的常用属性及功能说明如表 4-9 所示。

如果 switch 组件的 type 属性值为 checkbox，则该组件的显示效果、使用方法与 checkedbox 组件完全相同。

表 4-9 switch 组件的属性及功能说明

| 属性 | 类型 | 功能 |
|---|---|---|
| checked | Boolean | 是否选中，默认值为 false（没有选中） |
| disabled | Boolean | 是否禁用，默认值为 false（不禁用） |
| type | String | 样式，可以为 switch 或 checkbox，默认值为 switch |
| bindchange | EventHandle | checked 改变时触发 change 事件，event.detail={ value:checked} |
| color | Color | switch 的颜色 |

下面以一个开关灯的示例介绍 switch 的用法，即如果单击“关灯”开关，则灯灭；如果单击“开灯”，则灯亮。运行效果如图 4.15 所示。

图 4.15 switch 组件实现开关灯

① 页面结构文件代码。

```
1   <!--pages/switch/switch.wxml-->
2   <view class='conview'>
3     <image src="{{imgSrc}}"></image>
4     <switch wx:if="{{flag}}" bindchange='swChange' checked>关灯</switch>
5     <switch wx:else bindchange='swChange'>开灯</switch>
6   </view>
```

上述第 4~5 行代码表示当 flag 为 true 时，switch 组件右侧显示“关灯”，否则显示“开灯”。

② 页面样式文件代码。

```
/* pages/switch/switch.wxss */
.conview{
  display: flex;
  flex-direction: column;
  align-items: center;
}
```

③ 页面逻辑文件代码。

```
// pages/switch/switch.js
Page({
```

```
3     data: {
4       imgSrc: "/pages/images/dengh.png",
5       flag: false
6     },
7     swChange: function ( ) {
8       if(this.data.flag){
9         this.data.flag = false
10        this.data.imgSrc = "/pages/images/dengh.png"
11      }else{
12        this.data.flag = true
13        this.data.imgSrc = "/pages/images/dengl.png"
14      }
15      this.setData({
16        imgSrc: this.data.imgSrc,
17        flag:this.data.flag
18      })
19    }
20  })
```

从上述代码可以看出，首先在小程序项目的 pages 文件夹下创建一个 images 文件夹，并将表示灯亮的图片（dengl.png）和灯灭的图片（dengh.png）存放在该文件夹中；然后在页面逻辑代码中用 flag 变量控制 switch 的开关状态，如果是开状态（即 flag 为 true），则将页面结构文件中绑定的 imgSrc 变量修改为表示灯灭的图片（如代码第 10 行），并将 flag 修改为 false，否则将 imgSrc 变量修改为表示灯亮的图片（如代码第 13 行），并将 flag 修改为 true；最后用 setData( )方法将更新结果反馈给页面结构文件。

## 4.3.2　猜扑克游戏的实现

### 1 主界面的设计

根据图 4.11 的显示效果，进行主界面设计时使用 progress 组件，用于显示计时进度。使用 scroll-view 组件，让加载的 image 组件中的扑克牌图片实现左右滚动，使用 switch 组件实现开灯、关灯效果，使用 radio-group/radio 组件实现难易度选择效果，使用 button 组件实现开始、重玩按钮，使用 view 组件显示游戏说明。

4.3.2.1

① 页面结构文件代码。

```
<view class='pageclass' style='background:{{bcolor}}'>
  <progress percent="{{percent}}" show-info />
  <scroll-view class='svclass' scroll-x>
    <view class='line'>
      <view wx:for='{{imgPork}}'>
        <image data-id="{{index}}" bindtap='imgClick' src='{{item}}'> </image>
      </view>
    </view>
  </scroll-view>
  <view class='swclass'>
    <label>{{swInfo}}</label>
    <switch bindchange='swchange'></switch>
    <radio-group bindchange='rgeasy'>
      <radio value='易' checked>易</radio>
      <radio value='难'>难</radio>
```

```
16       </radio-group>
17     </view>
18     <view class='btn'>
19       <button bindtap='btnStart'>开始</button>
20       <button bindtap='btnAgain'>重玩</button>
21     </view>
22     <view>游戏说明：玩家单击“开始”按钮后可以左右滚动扑克牌，并在 10 秒钟内单击认为“红桃A”的扑克牌！</view>
23   </view>
```

上述代码第 2 行定义一个显示进度值的进度条，进度值由页面逻辑文件中定义的 percent 变量控制；第 3~9 行用 scroll-view 组件实现可以左右滚动的扑克牌功能，并用 scroll-x 属性设置该组件内的内容可以左右滚动，其中第 5 行代码用 wx:for 列表渲染语句和存放扑克牌图片的数组 imgPork 在 scroll-view 中的 image 组件中显示扑克牌图片，第 6 行代码用 data-id 属性绑定 id 数据，用于标识该 image 组件绑定的是 imgPork[]数组中的哪个元素，以便传递给页面逻辑文件处理单击扑克牌图片事件 imgClick( )，也就是标记单击的哪一张扑克牌。第 10~17 行代码用于实现游戏开关和游戏难易度选择界面，其中第 11~12 行用于设置开关前面显示的信息及开关效果，通过在 label 组件中绑定 swInfo 数据显示“开灯”或“关灯”、在 switch 组件上绑定 swchang( )事件实现开关状态变化功能；第 13~16 行设置游戏难易度选择效果，并绑定当选项变化时的执行事件 rgeasy( )。第 18~21 行代码分别定义了“开始”按钮和“重玩”按钮，并绑定了对应的事件 btnStart( )和 btnAgain( )。

② 页面样式文件代码。

```
page {
  width: 100%;
  height: 100%;
}
.pageclass {
  height: 100%;
  background: yellowgreen;
  display: flex;
  flex-direction: column;
  align-items: center;
}
progress {
  margin-left: 15rpx;
  width: 95%;
}
.svclass {
  margin-top: 100rpx;
  width: 419rpx;
}
.line {
  display: flex;
  flex-direction: row;
  width: 419rpx;
}
image {
  margin-right: 5rpx;
  width: 419rpx;
}
```

```
29 .swclass {
30   display: flex;
31   flex-direction: row;
32   align-content: center;
33 }
34 .btn{
35   display: flex;
36   flex-direction: row;
37   align-content: center;
38 }
```

上述代码的第 16~19 行代码用于控制 scroll-view 组件的宽度，该宽度值保持与放置一张扑克牌图片的 image 组件宽度一致；第 20~24 行代码用于控制加载的 image 组件的水平摆布；第 25~28 行代码用于控制 image 对象的宽度及对象与对象之间的间距；第 29~33 行代码用于控制 switch、radio-group 组件的水平摆布；第 34~38 行用于控制“开始”“重玩”按钮的水平摆布。

### 2 功能实现

本小程序实现的游戏功能分为难和易两种，难游戏的游戏规则是 10s 内在 3 张扑克牌中选出红桃 A，容易游戏的游戏规则是 20s 内在 3 张扑克牌中选出红桃 A。当然，游戏的难易度还可以通过扑克牌的张数来控制，限于篇幅，本案例以时间控制游戏难易度的实现。这些扑克牌图片都存放在小程序项目的 images 文件夹中，其中 pork.png 图片是扑克牌背面图片，reda.png 图片是红桃 A 图片，fanga.png 图片是方块 A 图片，flowera.png 图片是梅花 A 图片。下面列出页面逻辑文件中的主要功能代码。

4.3.2.2

（1）初始化数据。

```
data: {
    bcolor: "cyan", //默认关灯效果的背景色
    imgPork: ["/images/pork.png", "/images/pork.png", "/images/pork.png"],
     imgSrc: ["/images/reda.png","/images/fanga.png","/images/flowera.png"],
    easyFlag: true,  //默认游戏难易度（易）
    time: 10,        //默认游戏时间（10s）
    inter: '',       //周期函数返回值
    percent: 0,      //进度条进度值
    swInfo: '开灯',   //默认开关前显示信息
    startFlag: false,//默认游戏未开始
    redIndex:0,      //默认红桃 A 扑克牌在数组中的下标
  },
```

上述代码的 bcolor 变量用于存放开关灯效果的背景色（bcolor 值为 cyan 表示关灯效果，bcolor 值为 cornsilk 表示开灯效果）；imgPork[]数组用于存放 3 张扑克牌背面图片对应的文件路径，imgSrc[]数组用于按顺序存放红桃 A、方块 A 和梅花 A 图片对应的文件路径；easyFlag 变量用于存放游戏难易度；time 变量用于存放游戏时间；inter 变量用于存放 setInterval( )函数的返回值，以取消周期函数的执行；percent 变量用于存放进度条的进度值；swInfo 用于存放开关前面显示“开灯”或“关灯”的信息；startFlag 变量用于存放“开始”游戏按钮的状态，当游戏开始才可以单击 image 组件猜扑克、游戏计时等；redIndex 变量用于存放游戏每次随机产生的红桃 A 存放在 imgSrc[]数组中的下标。

（2）页面加载事件。

```
1  onLoad: function(options) {
2      //产生[0, 3)的随机整数，用于随机产生红桃A所在数组的下标
3      this.data.redIndex = parseInt(Math.random( ) * (3 - 0) + 0, 10)
4      //判断原来的红桃A所在的数组元素下标，并与新产生的红桃A下标互换，即互换扑克
5      for (var i = 0; i < 3; i++) {
6       if (this.data.imgSrc[i] == "/pages/images/reda.png") {
7         this.data.imgSrc[i] = this.data.imgSrc[this.data.redIndex]
8         this.data.imgSrc[this.data.redIndex] = "/pages/images/reda.png"
9       }
10     }
11     this.setData({
12       imgSrc: this.data.imgSrc,
13       imgPork:["/images/pork.png","/images/pork.png","/images/pork.png"],
14       redIndex: this.data.redIndex
15     })
16   },
```

上述代码第 5~10 行表示在原来存放 3 张扑克牌的数组中找出红桃 A 所在的数组元素下标 i，然后将新游戏中随机产生的红桃 A 下标（即 redIndex 值）对应数组元素的内容放入原红桃 A 对应的位置（即 i 值），然后将红桃 A 图片的路径存放到新游戏中随机产生的红桃 A 下标（即 redIndex 值）对应的数组元素中。

（3）开始按钮单击事件。

只有当用户单击“开始”游戏按钮后，进度条才能动态改变，扑克牌才能单击并翻转。详细代码如下：

```
1  btnStart: function ( ) {
2      if (!this.data.startFlag) {
3       this.data.startFlag = true
4       this.data.percent = 0
5       var that = this
6       this.data.inter = setInterval (function ( ) {
7         that.data.percent = that.data.percent + (100 / that.data.time)
8         if (that.data.percent >= 100) {
9           that.gameOver( )
10          clearInterval (that.data.inter)
11        }
12        that.setData ({
13          percent: that.data.percent
14        })
15      }, 1000)
16     }
17     else
18     {  wx: wx.showToast ({
19        title: '对不起，按重玩开始新游戏！',
20        icon: 'none',
21        duration: 1000,
22       })
23     }
24  },
```

上述代码第 2~16 行表示如果“开始”按钮没有被单击，并且游戏没有执行，则执行游戏功能，否则执行第 18~23 行代码。其中第 6~15 行定义了一个周期执行函数，用于实现进度条增加（每次的增加值根据进度条的最大值进行计算），如果进度条的值到达 100，则调用游戏结果事件 gameOver（自定义的函数）和结束本周期执行函数。gameOver( )自定义函数用于给出 Toast 提示信息，其详细代码如下：

```
gameOver: function( ) { //游戏结束方法
  wx.showToast({
    title: '对不起，游戏结束！',
    icon: 'none',
    duration: 1000,
  })
},
```

wx.showToast( )方法是微信小程序开发框架提供的，它的详细使用方法和应用场景在后面章节介绍。

（4）扑克牌单击事件。

当玩家单击 image 组件中的某张扑克牌时，实现两方面的功能。一是判断单击的牌是否为红桃 A，并给出相应提示信息，另一个功能是结束游戏，并让计时功能（进度条进度值改变）停止，原来显示的扑克牌背面图片全部翻开，让玩家看到每张扑克牌内容。详细代码如下：

```
1   imgClick: function (e) {
2       if (this.data.startFlag) {                  //如果单击了“开始”游戏按钮
3         clearInterval(this.data.inter)            //单击后，进度条停止改变
4         this.data.imgPork = this.data.imgSrc   //单击后把所有扑克翻开
5         //如果翻开的扑克下标(单击)与上面随机产生的红桃 A 下标不一样，则表示猜错了
6         if (e.target.dataset.id != this.data.redIndex) {
7           wx: wx.showToast({
8             title: '对不起，错了！',
9             icon: 'none',
10            duration: 1000,
11          })
12      } else {
13        wx: wx.showToast({
14          title: '太好了，猜对了！',
15          icon: 'none',
16          duration: 1000,
17        })
18      }
19      this.setData({
20        imgPork: this.data.imgPork,
21      })
22    }
23    else {     //只有单击了“开始”游戏按钮，才能开始游戏
24      wx: wx.showToast({
25        title: '对不起，请单击开始按钮！',
26        icon: 'none',
27        duration: 1000,
28      })
29    }
30  },
```

上述代码第 2~22 行表示，如果单击了“开始”游戏按钮，首先终止周期函数执行事件，以便停止进度条更新，并产生扑克牌翻开效果；然后判断单击的扑克牌 id 与 redIndex 是否一样，如果一样，表示猜牌成功，如果不一样，表示猜牌不成功，并给出相应提示。

（5）重玩按钮单击事件。

重玩按钮实现的功能是重新加载新游戏相关的内容，所以在该事件中可以直接调用页面的 onLoad( )方法，并将进度条的进度值重置为 0，“开始”游戏标志重置为“false”。详细代码如下：

```
  btnAgain: function(){
    this.onLoad()
    this.setData({
      percent: 0,
      startFlag:false
    })
  },
```

（6）开关灯事件。

开关灯事件实现的功能是默认状态下开关为关灯状态，当打开开关，switch 组件前面显示“开灯”，并将游戏背景色设置为 cornsilk 值，否则在 switch 组件前面显示“关灯”，并将游戏背景色设置为 cyan 值。详细代码如下：

```
swchange: function (e) {
    if (e.detail.value) {
      this.data.swInfo = '关灯'
      this.data.bcolor = "cornsilk"
    } else {
      this.data.swInfo = '开灯'
      this.data.bcolor = "cyan"
    }
    this.setData({
      swInfo: this.data.swInfo,
      bcolor: this.data.bcolor
    })
  },
```

（7）游戏难易度选择事件。

游戏难易度选择事件的功能是根据 radio-group 的 bindchange 属性绑定的事件 rgeasy( )判断选择的是“易”radio 还是“难”radio，如果是“易”radio，则将游戏时间设置为 10，否则设置为 20。其详细代码如下：

```
rgeasy: function (e) {
    if (e.detail.value == '易') {
      this.data.time = 10
    } else {
      this.data.time = 20
    }
    this.setData({
      time: this.data.time
    })
  },
```

本案例的详细代码，读者可以参阅代码包 lesson4_pork 文件夹中的内容。

# 4.4　信息登记界面的设计与实现

第 3 章介绍了移动端小程序登录界面的设计与实现，其实大多数小程序在用户登录成功后还需要完善一些个人信息，才能完全使用所有功能。比如开发一个购物小程序，通常需要用户登录，完成性别、爱好、联系电话、通信地址、出生年月等信息操作，操作界面如图 4.16 所示。从图 4.16 所示的信息登记界面分析，除了使用前面介绍的 flex 布局、button 组件和 input 组件外，还需要使用 label（标签组件）、checkbox-group/checkbox（复选框组/复选组件）、picker/picker-view（滚动选择器组件）等 form（表单）类组件。

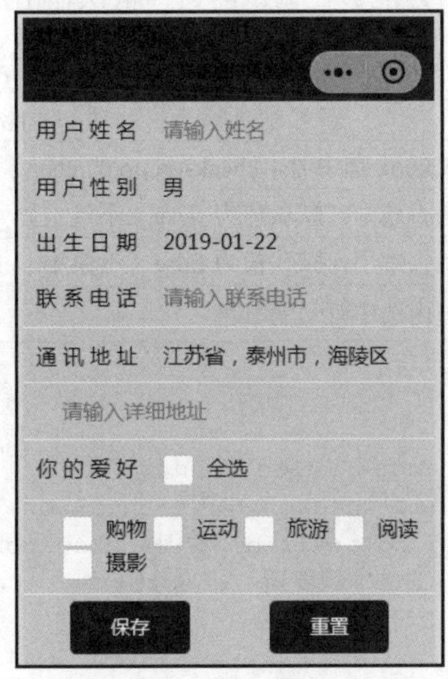


图 4.16　信息登记界面

## 4.4.1　预备知识

### 1 label

label（标签组件）通常用于在界面上显示文本信息，并不会向用户呈现其他特殊效果。但是 label 可以用来改进表单组件的功能特性。例如，下面的代码运行后，用户单击“点我”label 组件后，会默认执行“确定 1”button 组件绑定的 b1( )事件。

4.4.1.1

```
1   <label>点我
2     <button id="bt1" bindtap='b1'>确定 1</button>
3     <button id="bt2" bindtap='b2'>确定 2</button>
4   </label>
```

上述代码在单击 label 组件后，会默认触发该组件中嵌入的第一个组件绑定的事件。如果单击 label 组件后，要执行嵌入组件中指定的组件，就需要使用 label 组件的 for 属性。例如上述代码要实现单击“点我”label 组件后执行“确定 2”button 组件绑定的 b2( )事件，可以将上述代码的第 1 行修改为如下代码：

```
<label for='bt2'>点我
```

```
  <button id="bt1" bindtap='b1'>确定 1</button>
  <button id="bt2" bindtap='b2'>确定 2</button>
</label>
```

目前，label 组件可以绑定 button 组件、checkbox 组件、radio 组件和 switch 组件。

## 2 checkbox

checkbox（复选组件）可以实现多个选项同时选中的功能。在微信小程序开发中，该组件通常被放到 checkbox-group 组件中，并在 checkbox-group 中通过 bindchange 属性绑定监听事件。checkbox 的常用属性及功能说明如表 4-10 所示。当 checkbox-group 中选中项发生改变时，会触发 bindchange 属性绑定的事件，用 e.detail.value 语句可以返回选中项的 value 值（数组）。例如，下面的代码运行后，能够在调试器窗口依次输出选中项的 value 值。

表 4-10 checkbox 组件的属性及功能说明

| 属性 | 类型 | 功 能 |
| --- | --- | --- |
| value | String | 当 checkbox 选中时，check-group 的 chang 事件会携带 checkbox 的 value 值 |
| checked | Boolean | 当前是否选中，默认值为 false（不选中） |
| disabled | Boolean | 当前是否禁用，默认值为 false（不禁用） |
| color | Color | 选中框内选中符号的颜色 |

① 页面结构文件代码。

```
1  <checkbox-group bindchange="selectCountry">
2    <checkbox value='China' checked>中国</checkbox>
3    <checkbox value='USA' color='red'>美国</checkbox>
4    <checkbox value='Russian'>俄罗斯</checkbox>
5  </checkbox-group>
```

上述代码第 1 行使用 bindchange 属性绑定当复选组件选中项发生变化时就会触发的 selectCountry( )方法。第 2 行的 checked 属性表示默认该复选项选中；第 3 行的 color 属性表示该复选项中选中框内选中符号的颜色为红色；第 2~4 行使用 value 属性绑定了每个复选项选中时的返回值。显示效果如图 4.17 所示。

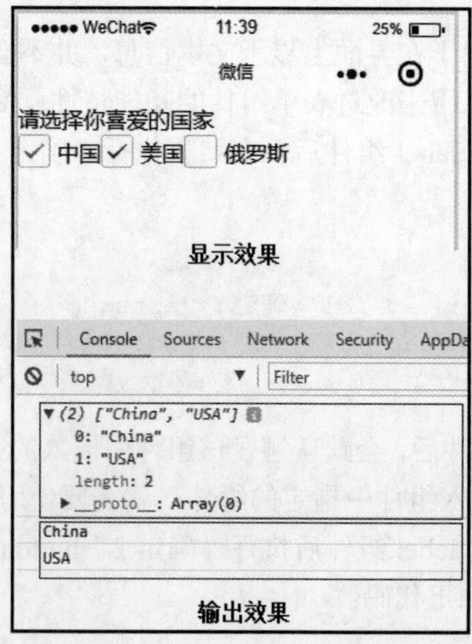


图 4.17 checkbox 组件

② 页面逻辑文件代码。

```
  selectCountry:function (e) {
    var  c = e.detail.value ;
    console.log (c)
    for  (var i = 0;i<c.length; i++)
      console.log (c[i])
  },
```

## 3 picker

4.4.1.2

picker（选择器组件）是从底部弹起的滚动选择器，目前支持普通选择器、多列选择器、时间选择器、日期选择器和省市区选择器等 5 种，默认是普通选择器。可以使用 mode 属性设定选择器的类型，mode 的属性值及选择器类型如表 4-11 所示。

表 4-11　picker 组件的 mode 属性值及功能说明

| mode 属性值 | 类　型 | 样　例 |
| --- | --- | --- |
| selector | 普通选择器 | 图 4.18，图 4.19 |
| multiSelector | 多列选择器 | 图 4.20，图 4.21 |
| time | 时间选择器 | 图 4.22 |
| date | 日期选择器 | 图 4.23 |
| region | 省市区选择器 | 图 4.24 |

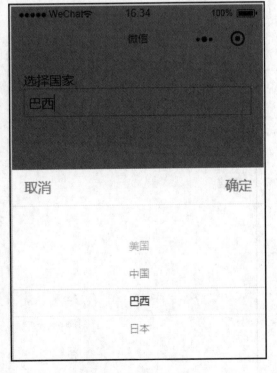

图 4.18　普通选择器（1）

图 4.19　普通选择器（2）

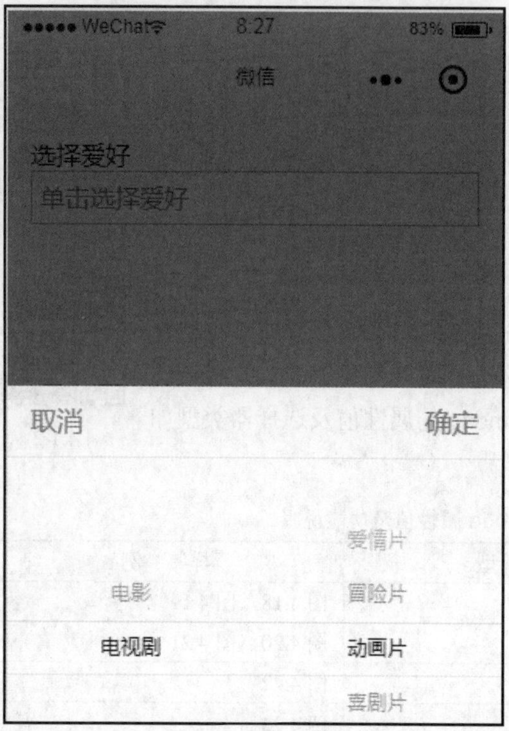

图 4.20　多列选择器（1）

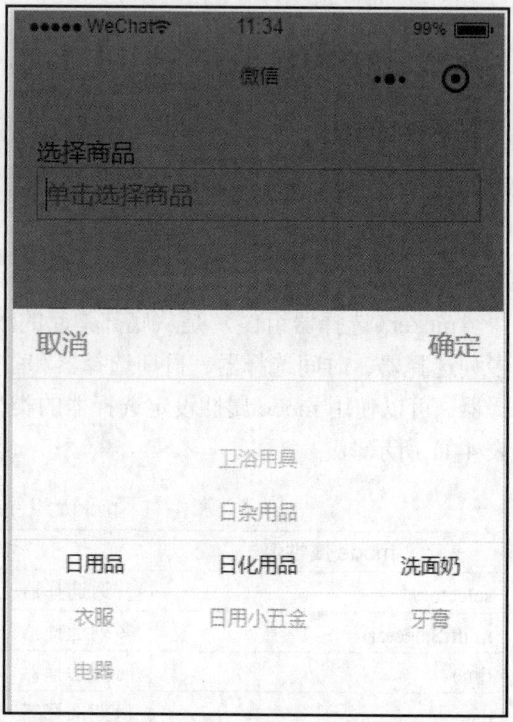

图 4.21　多列选择器（2）

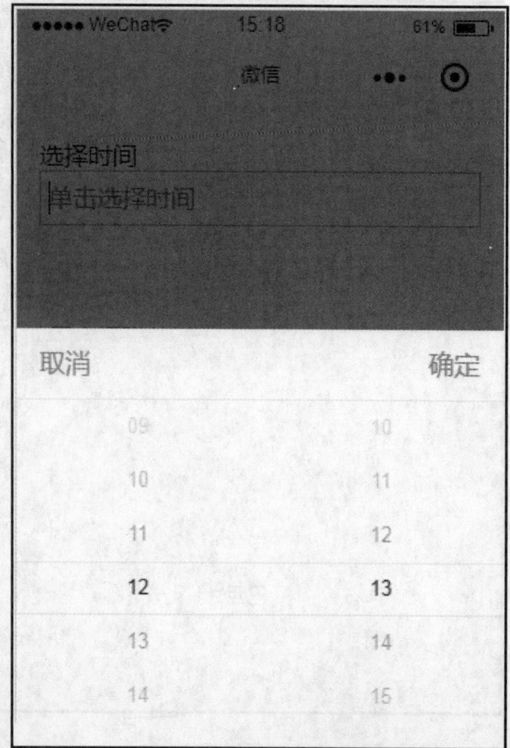


图 4.22　时间选择器

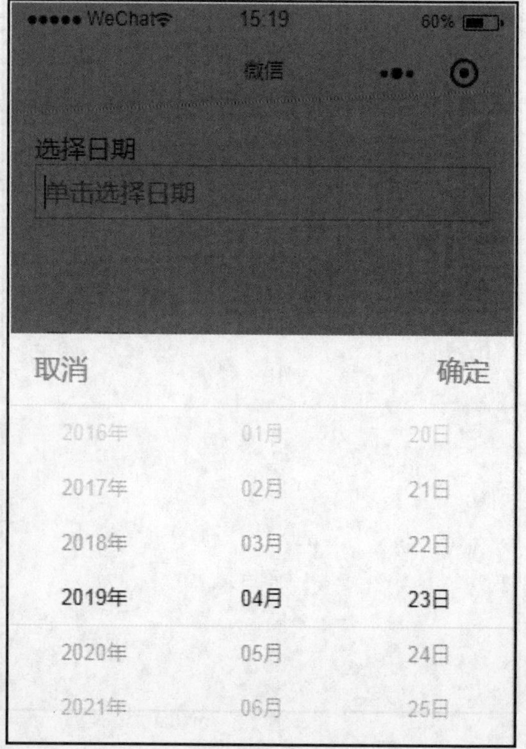


图 4.23　日期选择器

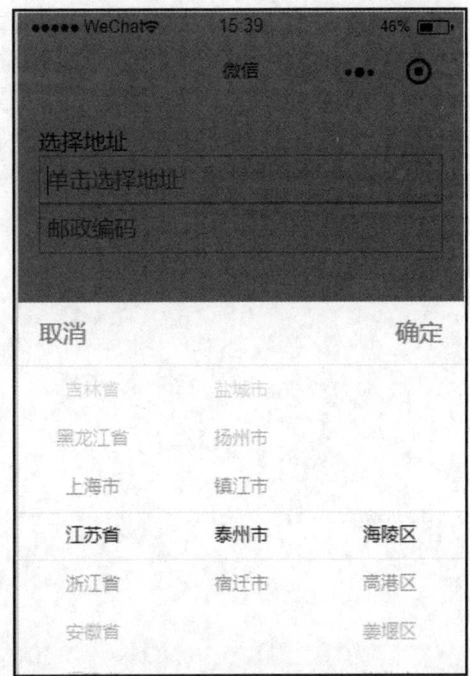


图 4.24　省市区选择器

（1）普通选择器。

普通选择器的属性及功能说明如表 4-12 所示。

表 4-12　普通选择器的属性及功能说明

| 属性 | 类型 | 功　能 |
|---|---|---|
| range | Array/Object Array | 用于设定普通选择器上绑定的数组，默认为空数组 |
| range-key | String | 当 range 是一个 Object Array 时，通过 range-key 指定 Object 中 key 的值作为选择器显示内容 |
| value | Number | value 的值表示选择了 range 中的第几个元素（下标从 0 开始） |
| bindchange | EventHandle | value 改变时触发 change 事件，event.detail={value:value} |
| disabled | Boolean | 当前是否禁用，默认值为 false（不禁用） |
| bindcancel | EventHandle | 取消选择或收起选择器时触发 |

普通选择器绑定的数据有两种形式，下面以绑定 Array 型数据来实现图 4.18 所示功能。即当用户单击图 4.18 界面上的“单击选择颜色”，用户界面底部显示“红色、橙色、黄色、绿色、青色、蓝色、紫色”这 7 种颜色的选择器，当选中某个颜色时，选中的颜色将显示在用户界面上。

① 页面结构文件代码。

```
<view class='line'>
  <view>选择颜色</view>
  <picker mode='selector' value="{{ idColor }}" bindchange='pickColor' range='{{likeColor}}'>
    <input class="m-inputPart" placeholder='单击选择颜色' value="{{likeColor[idColor]}}"></input>
  </picker>
</view>
```

上述代码第 3 行用 mode 属性设定选择器的类型为普通选择器（selector），对于普通选择器可以不设置；用 bindchange 属性绑定 pickColor( )函数，实现选择器内容发生改变时返回选择器上选中颜色对应的 idColor 值；用 range 属性绑定选择器上要显示的数组 likeColor；第 4 行代码用 value 属性绑定要在 input 组件上显示的内容，即颜色数组 likeColor 下标为 idColor 的元素。

② 页面样式文件代码。

```
.line{
  padding: 15px;
}
.m-inputPart {
  padding: 5px;
  border-width: 2px;
  border: 1px solid yellowgreen;
}
```

③ 页面逻辑文件代码。

```
Page({
  data: {
    likeColor: ["红色", "橙色", "黄色", "绿色", "青色", "蓝色", "紫色"],
    idColor: '',
  },
  pickColor: function(e) {
    this.setData({
      idColor: e.detail.value
    })
  }
})
```

下面以绑定 Array Object 型数据实现图 4.19 所示功能。即当用户单击图 4.19 界面上的“单击选择国家”，在用户界面底部显示“美国、中国、巴西、日本”4 个国家的选择器，当选中某个国家时，选中的国家将显示在用户界面上。

① 页面结构文件代码。

```
1  <view class='line'>
2    <view>选择国家</view>
3    <picker mode='selector' range-key='name' value="{{idCountry}}" bindchange='pickCountry' range='{{objectArray}}'>
4      <input class="m-inputPart" placeholder='单击选择国家' value="{{objectArray[idCountry].name}}"></input>
5    </picker>
6  </view>
```

上述代码第 3 行用 range-key 属性设定选择器要显示内容对应的 key；第 4 行代码用 value 属性绑定 objectArray 对象中 idCountry 下标元素的 name 键对应的值，即国家名。该页面结构文件对应的页面样式文件与图 4.18 示例代码一样。

② 页面逻辑文件代码。

```
Page({
  data: {
```

```
    objectArray: [
      {       id: 0,       name: '美国'      },
      {       id: 1,       name: '中国'      },
      {       id: 2,       name: '巴西'      },
      {       id: 3,       name: '日本'      }
    ],
    idCountry:'',
  },
  pickCountry: function (e) {
    console.log(e.detail)
    this.setData({
      idCountry: e.detail.value
    })
  }
})
```

（2）多列选择器。

多列选择器的属性及功能说明如表 4-13 所示。

表 4-13　多列选择器的属性及功能说明

| 属性 | 类型 | 功　能 |
|---|---|---|
| range | Array/Object Array | 二维对象，用于设定多列选择器上绑定的数组，默认为空数组 |
| range-key | String | 当 range 是一个 Object Array 时，通过 range-key 来指定 Object 中 key 的值作为选择器显示内容 |
| value | Number | value 的值表示选择了 range 中的第几个元素（下标从 0 开始） |
| bindchange | EventHandle | value 改变时触发 change 事件，event.detail={value:value} |
| bindcolumnchange | EventHandle | 某一列的值改变时触发 columnchange 事件，event.detail={column:column,value:value}，column 的值表示改变了第几列（下标从 0 开始），value 的值表示变更值的下标 |
| disabled | Boolean | 当前是否禁用，默认值为 false（不禁用） |
| bindcancel | EventHandle | 取消选择或收起选择器时触发 |

多列选择器绑定的数据有两种情况：一种是每一列数据都是固定的，另一种是列数据是不固定的。

下面用选择器绑定每一列都是固定的数据来实现图 4.20 所示功能。即当用户单击图 4.20 界面上的“单击选择爱好”，在用户界面底部弹出“电影、电视剧”和“爱情片、冒险片、动画片、喜剧片”两列数据供用户选择，选中每列数据后，选中内容将显示在用户界面上。

① 页面结构文件代码。

```
1   <view class='line'>
2     <view>选择爱好</view>
3     <picker mode='multiSelector' bindchange='pickLike' range= '{{multiLikes}}'>
4       <input class="m-inputPart" placeholder='单击选择爱好' value= "{{likes}}">
</input>
5     </picker>
6   </view>
```

上述代码第 3 行用 mode 属性设定选择器为多列选择器；第 4 行代码用 value 属性绑定页面逻辑文件中处理的 likes 值。该页面结构文件对应的页面样式文件与图 4.18 示例代码一样。

② 页面逻辑文件代码。

```
1   Page({
2     data: {
3       multiLikes: [['电影' , '电视剧'], ['爱情片', '冒险片', '动画片', '喜剧片']],
4       likes:'',
5     },
6     pickLike:function(e) {
7       console.log('携带值为', e.detail.value)
8       var like1 = this.data.multiLikes[0][e.detail.value[0]]
9       var like2 = this.data.multiLikes[1][e.detail.value[1]]
10      this.setData({
11        likes: like1 + ", " + like2
12      })
13    }
14  })
```

上述代码第 3 行定义了多列选择器上要绑定的二维数组 multiLikes，该数组中包含的一维数组个数即为多列选择器上要显示数据的列数，其格式通常为“[[一维数组 1],[一维数组 2],…,[一维数组 n]]”，每个一维数组包含的元素个数即为多列选择器上对应列显示的数据的行数。图 4.20 中多列选择器上第 1 列显示“电影”“电视剧”2 行，第 2 列显示“爱情片”“冒险片”“动画片”“喜剧片”4 行。第 7 行代码的 e.detail.value 返回一个一维数组，该一维数组元素由多列选择器上每一列所选中的元素在 multiLikes 数组中对应的一维数组中的下标值组成。例如，如果用户在图 4.20 的第一列选中“电视剧”，第二列选中“动画片”，则该行输出“携带值为：[1,2]”，即 e.detail.value[0]的值为 1，e.detail.value[1]的值为 2。第 8~9 行代码的 multiLikes[0] [e.detail.value[0]]表示取 multiLikes 数组的第一个一维数组选中的元素，multiLikes[1] [e.detail.value[1]]表示取 multiLikes 数组的第二个一维数组选中的元素。

下面用选择器绑定列是不固定的数据来实现图 4.21 所示功能。即当用户单击图 4.21 界面上的“单击选择商品”，用户界面底部选择器的第一列弹出“日用品”“衣服”“电器”，第二列弹出的内容根据第一列选择选项的改变而改变，即“日用品”列对应“卫浴用具”“日杂用品”“日化用品”“日用小五金”，“衣服”列对应“上衣”“裤子”“鞋子”，“电器”列对应“制冷电器”“空调器”“厨房电器”“电暖器具”，第三列弹出的内容根据第一列、第二列选择选项的改变而改变，即“日用品”中的“日化用器”对应“洗面奶”“牙膏”，用户选中每列的数据后，选中内容将显示在用户界面上。

① 页面结构文件代码。

```
1   <view class='line'>
2     <view>选择商品</view>
3     <picker mode='multiSelector' bindchange='pickShop'   bindcolumnchange=
"bindPickShopColumnChange" range='{{multiShops}}'>
4       <input class="m-inputPart" placeholder='单击选择商品' value="{{shops}}">
</input>
5     </picker>
6   </view>
```

上述代码第 3 行定义了多列选择器上要绑定的二维数组 multiShops，该数组中包含的一维数组个数即为多列选择器上要显示的数据的列数，bindcolumnchange 属性绑定了 bindPickShopColumnChange( )方法，用于实现某列选项变化时要执行的功能。该页面结构文件对应的页面样式文件与图 4.18 示例代码一样。

② 页面逻辑文件代码。

```
Page({
  data: {
    multiShops: [
      ['日用品', '衣服', '电器'],
      ['卫浴用具', '日杂用品', '日化用品', '日用小五金'],
      ['肥皂', '毛巾']
    ],
    shops: '',
    shopsIndex: [0, 0, 0],
  },
  pickShop: function (e) {
    var shop1 = this.data.multiShops[0][e.detail.value[0]]
    var shop2 = this.data.multiShops[1][e.detail.value[1]]
    var shop3 = this.data.multiShops[2][e.detail.value[2]]
    this.setData({
      shops: shop1 + ", " + shop2 + ", " + shop3
    })
  },
  bindPickShopColumnChange: function (e) {
    this.data.shopsIndex[e.detail.column] = e.detail.value
    switch (e.detail.column) {
      case 0: //第一列变动
        switch (this.data.shopsIndex[0]) { //第一列选择项变动
          case 0: //第一列第一行
            //第二列显示内容
            this.data.multiShops[1]=['卫浴用具','日杂用品','日化用品','日用小五金']
            //第三列显示内容
            this.data.multiShops[2] = ['肥皂', '毛巾']
            break
          case 1: //第一列第二行
            //第二列显示内容
            this.data.multiShops[1] = ['上衣', '裤子', '鞋子']
            //第三列显示内容
            this.data.multiShops[2] = ['冬装', '夏装']
            break
          case 2: //第一列第三行
            //第二列显示内容
            this.data.multiShops[1] = ['制冷电器','空调器','厨房电器','电暖器具']
                  //…第三列显示内容类似
            break
        }
        break
      case 1: //第二列变动
        switch (this.data.shopsIndex[0]) { //第一列选择项变动
          case 0: //第一列第一行
            switch (this.data.shopsIndex[1]) { //第二列选项变动
              case 0: //第二列第一行
                //第三列显示内容
                this.data.multiShops[2] = ['肥皂', '毛巾']
                break
```

```
51        case 1: //第二列第二行
52         //第三列显示内容
53         this.data.multiShops[2] = ['菜刀', '砧板', '淘米篮', '洗菜盆']
54         break
55        case 2: //第二列第三行
56         //第三列显示内容
57         this.data.multiShops[2] = ['洗面奶', '牙膏']
58         break
59        case 3: //第二列第四行
60         //第三列显示内容
61         this.data.multiShops[2] = ['螺丝刀', '胶布']
62         break
63       }
64       break
65      case 1: //第一列第二行
66       switch (this.data.shopsIndex[1]) { //第二列选项变动
67        case 0:
68         //第三列显示内容
69         this.data.multiShops[2] = ['冬装', '夏装']
70         break
71        case 1:
72         this.data.multiShops[2] = ['棉裤', '单裤']
73         break
74        case 2:
75         this.data.multiShops[2] = ['凉鞋', '皮鞋', '布鞋']
76         break
77       }
78       break
79       //…第一列第三行代码类似
80     }
81   }
82   this.setData({
83    multiShops: this.data.multiShops,
84    shopsIndex: this.data.shopsIndex
85   })
86  },
```

上述代码第 3~9 行分别定义了多列选择器要绑定的数组 multiShops、input 组件中要显示的内容 shops 和保存每一列选中选项的下标 shopsIndex 数组（默认第一列选中下标为 0 的元素、第二列选中下标为 0 的元素、第三列选中下标为 0 的元素，即该数组值为[0,0,0]）。第 20 行代码的 e.detail.column 返回当前变动列的下标，e.detail.value 表示该列变更后选中项的下标。第 22~42 行代码表示当多列选择器中的第一列变动时，如果当前选中第一列的第一行，则设置要在第二列、第三列显示的内容；如果当前选中第一列的第二行，则设置要在第二列、第三列显示的内容，以此类推。第 43~80 行代码表示当多列选择器中的第 2 列变动时，如果当前选中第一列的第一行，则设置要在第三列显示的内容；如果当前选中第一列的第二行，则设置要在第三列显示的内容，以此类推。

（3）时间选择器。

时间选择器的属性及功能说明如表 4-14 所示。

表 4-14　时间选择器的属性及功能说明

| 属性 | 类型 | 功　能 |
| --- | --- | --- |
| start | String | 表示开始时间，格式为“hh:mm” |
| end | String | 表示结束时间，格式为“hh:mm” |
| value | String | 表示选中的时间，格式为“hh:mm” |
| bindchange | EventHandle | value 改变时触发 change 事件，event.detail={value:value} |
| disabled | Boolean | 当前是否禁用，默认值为 false（不禁用） |
| bindcancel | EventHandle | 取消选择或收起选择器时触发 |

时间选择器的 start 和 end 属性用于指定时间选择器选中时间的范围，可以使用如下代码实现图 4.22 所示界面。

① 页面结构文件代码。

```
1   <view class='line'>
2     <view>选择时间</view>
3     <picker mode='time' start="09:00" end="21:30" bindchange='pickTime'>
4       <input class="m-inputPart" placeholder='单击选择时间' value="{{times}}">
</input>
5     </picker>
6   </view>
```

上述代码第 3 行用 start 属性和 end 属性分别定义了时间选择器选择的时间范围。该页面结构文件对应的页面样式文件与图 4.18 示例代码一样。

② 页面逻辑文件代码。

```
Page({
  data: {
    times:"",
  },
  pickTime:function(e){
    this.setData({
      times:e.detail.value
    })
  }
})
```

（4）日期选择器。

日期选择器的属性及功能说明如表 4-15 所示。

表 4-15　日期选择器的属性及功能说明

| 属性 | 类型 | 功　能 |
| --- | --- | --- |
| start | String | 表示开始日期，格式为“YYYY-MM-DD” |
| end | String | 表示结束日期，格式为“YYYY-MM-DD” |
| value | String | 表示选中的日期，格式为“YYYY-MM-DD”，默认为 0 |
| fields | String | 有效值 year（年），month（月），day（天），默认为 day |
| bindchange | EventHandle | value 改变时触发 change 事件，event.detail={value:value} |
| disabled | Boolean | 当前是否禁用，默认值为 false（不禁用） |
| bindcancel | EventHandle | 取消选择或收起选择器时触发 |

日期选择器的 start 和 end 属性用于指定日期选择器选中日期的范围，可以使用如下代码实现图 4.23 所示界面。

① 页面结构文件代码。

```
1   <view class='line'>
2     <view>选择日期</view>
3     <picker mode='date' start="2015-01-01" end="2020-12-31" bindchange='pickDate'>
4       <input class="m-inputPart" placeholder='单击选择日期' value="{{dates}}"></input>
5     </picker>
6   </view>
```

上述代码第 3 行 start 属性和 end 属性分别定义了日期选择器选择的日期范围。该页面结构文件对应的页面样式文件与图 4.18 示例代码一样。

② 页面逻辑文件代码。

```
Page({
  data: {
    dates:" ",
  },
  pickDate: function (e) {
    this.setData({
      dates: e.detail.value
    })
  }
})
```

（5）省市区选择器。

省市区选择器的属性及功能说明如表 4-16 所示。

表 4-16　省市区选择器的属性及功能说明

| 属性 | 类型 | 功　能 |
|---|---|---|
| custom-item | String | 可为每一列的顶部添加一个自定义的项 |
| value | Array | 表示选中的省市区，默认选中每一列的第一个值 |
| bindchange | EventHandle | value 改变时触发 change 事件，event.detail={value:value}event.detail = {value: value, code: code, postcode: postcode}，其中字段 code 是统计用区划代码，postcode 是邮政编码 |
| disabled | Boolean | 当前是否禁用，默认值为 false（不禁用） |
| bindcancel | EventHandle | 取消选择或收起选择器时触发 |

省市区选择器的 value 属性值改变时，使用 e.detail.value 可以返回地区，使用 e.detail.code 可以返回地区码，使用 e.detail.postcode 可以返回邮政编码。可以使用如下代码实现图 4.24 所示界面。

① 页面结构文件代码。

```
<view class='line'>
  <view>选择地址</view>
  <picker mode='region' bindchange='pickRegion'>
   <input class="m-inputPart" placeholder='单击选择地址' value="{{regions}}"></input>
```

```
5     <input class="m-inputPart" placeholder='邮政编码' value="{{posts}}"></input>
6    </picker>
7  </view>
```

上述代码第 3 行用 mode 属性设定选择器为省市区选择器。该页面结构文件对应的页面样式文件与图 4.18 示例代码一样。

② 页面逻辑文件代码。

```
Page ({
  data: {
    regions: "",
    posts: "",
  },
  pickRegion: function (e)  {
    console.log (e.detail.code)
    this.setData ({
      regions: e.detail.value, //地区
      posts: e.detail.postcode //邮政编码
    })
  }
})
```

## 4.4.2　信息登记界面的实现

4.4.2.1

### 1 主界面的设计

根据图 4.16 的显示效果，用 input 组件作为用户姓名、联系电话和详细地址的输入框，分别用普通选择器、日期选择器作为用户性别输入和出生日期输入的选择器，checkbox 组件作为爱好选择复选框；使用 button 组件实现保存、重置按钮；使用 form 组件实现完善用户信息的表单。

① 页面结构文件代码。

```
<!--index.wxml-->
<form bindsubmit="formSubmit" bindreset="formReset">
  <view class='detail'>
    <label class='line'>
      用户姓名:
      <input name='userName' style='padding-left:55rpx;' placeholder='请输入姓名' value=''></input>
    </label>
    <label class='line' for='psex'>
      用户性别:
      <picker name='userSex' style='width:50%' id='psex' bindchange="bindSexChange" value="{{array[sexindex]}}" range="{{array}}">
        <view style='padding-left:55rpx;'>{{array[sexindex]}}</view>
      </picker>
    </label>
    <label class='line'>
      出生日期:
      <picker name='birthDay' mode='date' start="2015-01-01" end="2020-12-31" value="{{birthDay}}" bindchange='pickDateChange'>
        <view style='padding-left:55rpx;'>{{birthDay}}</view>
```

```
18        </picker>
19      </label>
20      <label class='line'>
21        联系电话：
22        <input name='userTel' style='padding-left:55rpx;' placeholder='请输入联系电话' value=''></input>
23      </label>
24      <label class='line'>
25        通讯地址：
26        <picker name='userAddress' mode='region' bindchange='pickRegionChange' value='{{regions}}'>
27          <view style='padding-left:55rpx;'>{{regions}}</view>
28        </picker>
29      </label>
30      <label class='line'>
31        <input style='padding-left:55rpx;' placeholder='请输入联系详细地址' value=''></input>
32      </label>
33      <label class='line'>你的爱好：
34        <checkbox-group style='padding-left:55rpx;' bindchange="likesChange">
35          <checkbox value="{{selects.value}}" checked="{{selects.checked}}" />{{selects.value}}
36        </checkbox-group>
37      </label>
38      <label class='like'>
39        <checkbox-group style='padding-left:55rpx;' bindchange="likeChange">
40          <label wx:for="{{likeItems}}">
41            <checkbox value="{{item.name}}" checked="{{item.checked}}" />{{item.value}}
42          </label>
43        </checkbox-group>
44      </label>
45      <view class="btn-area">
46        <button form-type="submit">保存</button>
47        <button form-type="reset">重置</button>
48      </view>
49    </view>
50  </form>
```

上述代码第 2 行用 bindsubmit 属性绑定表单提交事件，用 bindreset 属性绑定表单重置事件；第 4~7 行用 input 组件实现用户姓名的输入；第 8~13 行用 picker 组件实现性别的普通选择器；第 14~19 行用 picker 组件实现出生日期的日期选择器；第 20~23 行用 input 组件实现联系电话的输入；第 24~29 行用 pick 组件实现通讯地址省市区的选择；第 30~32 行用 input 组件实现详细地址的输入；第 33~37 行用 checkbox 组件实现爱好的全选功能；第 38~44 行用 checkbox 组件实现爱好的复选功能；第 45~48 行用 button 组件实现表单的提交和重置。另外给每个需要返回数据的组件都定义了 name 属性，用于提交表单时使用 e.detail.value 返回表单中填入的数据。

② 页面样式文件代码。

```
/**index.wxss**/
page {
```

```
3    width: 100%;
4    height: 100%;
5   }
6   .detail {
7    height: 100%;
8    display: flex;
9    flex-direction: column;
10   background: #0b1e7e2a;
11  }
12  .line {
13   display: flex;
14   flex-direction: row;
15   height:100rpx;
16   align-items: center;
17   padding-left: 20rpx;
18   border-width: 2px;
19   border-bottom: 1px solid whitesmoke;
20  }
21  .like{
22   display: flex;
23   flex-direction: row;
24   height:150rpx;
25   align-items: center;
26   padding-left: 20rpx;
27   border-width: 2px;
28   border-bottom: 1px solid whitesmoke;
29  }
30  .btn-area {
31      padding: 5px;
32      display: flex;
33      flex-direction: row;
34   }
35   button {
36      font-size: 15px;
37      background: #000fff;
38      color: white;
39      width: 30%;
40      height: 40px;
41   }
```

上述代码的第 6~11 行用于控制整个界面布局样式；第 12~20 行用于控制组件水平方向摆布，并指定下边框线；第 21~28 行用于控制爱好所在行的样式；第 30~34 行用于控制两个 button 的摆布样式；第 35~41 行用于控制 button 组件的显示样式。

### 2 功能实现

本小程序实现的主要功能包括 3 个：用 input 组件输入数据，用 picker 组件实现性别、出生日期和省市区的选择，用 checkbox 组件实现爱好的复选。其中 input 组件获取数据在 4.2 节已经介绍过，性别、出生日期和省市区的选择与本节的预备知识类似。本案例的详细代码可以参阅代码包 lesson4_register 文件夹中的内容。下面列出页面逻辑文件中的其他主要功能代码。

4.4.2.2

（1）定义并初始化数据。

代码如下。

```
  data: {
    array: ['男', '女'],          //性别选择器上显示的数据
    sexindex: 0,                  //性别选择器返回的选中数据下标
    birthDay: '2019-09-09',     //出生日期
    regions: ['江苏省', '泰州市', '海陵区'],//默认市区
    selects: { name: 'all', value: '全选', checked: false },//用于定义全选复选
                                                            //框绑定的数据
    likeItems: [{ name: 'shop', value: '购物', checked: false },
    { name: 'sport', value: '运动', checked: false },
    { name: 'tour', value: '旅游', checked: false },
    { name: 'read', value: '阅读', checked: false },
    { name: 'film', value: '摄影', checked: false }],//用于定义爱好复选框绑定的
                                                    //数据
  },
```

（2）页面加载事件。

代码如下。

```
onLoad: function (option) {
    var now = new Date( );
    var year = now.getFullYear( );
    var month = now.getMonth( ) + 1;
    var day = now.getDate( );
    if (month < 10) {
      month = '0' + month;
    };
    if (day < 10) {
      day = '0' + day;
    };
    var formatDate = year + '-' + month + '-' + day;
    this.setData ({
      date: formatDate
    })
  },
```

小程序运行后需要在出生日期后默认显示当前的日期，而 Date 对象自动使用当前的日期和时间作为其初始值，所以需要自定义一个代码块来实现日期显示格式的转换，即能够以“YYYY-MM-DD”格式显示日期。

（3）全选选择事件。

代码如下。

```
  likesChange: function (e) {
    if (e.detail.value[0] == '全选') {
      for (var i = 0; i < this.data.likeItems.length; i++) {
        this.data.likeItems[i].checked = true
      }
    } else {
      for (var i = 0; i < this.data.likeItems.length; i++) {
        this.data.likeItems[i].checked = false
      }
    }
    this.setData ({
```

```
12        likeItems: this.data.likeItems
13      })
14    },
```

上述代码第 2~9 行的功能表示如下：如果选中全选复选框，则将所有爱好选项的 checked 值置为“true”，否则置为“false”，以此来实现全选和全不选。

（4）选择器事件。

代码如下。

```
/* 性别选择器 */
  bindSexChange: function (e) {
    this.setData({
      sexindex: e.detail.value
    })
  },
    /* 出生日期选择器 */
  pickDateChange: function (e) {
    this.setData({
      birthDay: e.detail.value
    })
  },
    /* 市区选择器 */
  pickRegionChange: function (e) {
    this.setData({
      regions: e.detail.value
    })
  },
```

（5）提交表单。

代码如下。

```
1  formSubmit: function (e) {
2      console.log('本表单输出数据为：', e.detail.value)
3  },
4  formReset: function (e){
5      console.log('form 发生了 reset 事件')
6  }
```

上述代码第 2 行表示单击界面上的“保存”按钮后，调试器窗口输出表单中填入的数据。

## 4.5　毕业生满意度调查表的设计与实现

全国高校每年都有很多大学毕业生步入社会，为了能及时了解本校毕业生毕业后的就业情况，需要开展满意度情况调查。本节以一个简单的毕业生满意度调查表案例介绍 picker-view（嵌入页面的滚动选择器）和 slider（滑动选择器）组件的基本用法。

### 4.5.1　预备知识

4.5.1.1

#### 1　picker-view

picker-view 组件通常作为嵌入页面的滚动选择器，而 picker 是从底部弹起

的滚动选择器，在实际使用中，picker-view 组件与 picker-view-column 组件配合使用具有更大的灵活性。picker-view 组件的常用属性及功能说明如表 4-17 所示。

表 4-17 picker-view 组件的属性及功能说明

| 属性 | 类型 | 功　能 |
| --- | --- | --- |
| value | NumberArray | 数组中的数字对应每列默认显示第几行。数字大于每列可选项长度时，显示最后一行 |
| indicator-class | String | 设置选择器中间选中框的样式类名 |
| indicator-style | String | 设置选择器中间选中框的样式 |
| mask-class | String | 设置蒙层的样式类名 |
| bindchange | EventHandle | 滚动选择内容，value 改变时触发 change 事件，event.detail = {value: value}；value 为数组，表示 picker-view 内的 picker-view-column 当前选择的是第几行（下标从 0 开始） |

picker-view-column 组件仅可放置于 picker-view 组件中，其子节点的高度会自动设置成与 picker-view 选中框的高度一致。

下面以一个自定义样式的日期时间选择器为例介绍 picker-view 和 picker-view-column 组件的使用步骤，运行效果如图 4.25 所示。小程序运行后，在页面中嵌入显示 1 个能够选择年、月、日、时、分的日期时间选择器，当用户从选择器上选择了对应内容后，其会自动显示在页面上“你的预期入住时间”下方。另外，在这个自定义的日期时间选择器上选择不同的月份时，其包含的天数也随之改变。

图 4.25 picker-view 选择器

① 页面结构文件代码。

```
<label for='veiwtime'>你的预期入住时间:
  <view id='viewtime' style='padding-top:5px'>{{year}}年{{month}}月{{day}}日 {{hour}}时{{minute}}分</view>
</label>
<view class="time_screens">
  <view style="pading-top:2px;border-top:1px
      solid #45BCE8;height:25px;font-size:14px;">
    <view class="time-title">年</view>
```

```
8        <view class="time-title">月</view>
9        <view class="time-title">日</view>
10       <view class="time-title">时</view>
11       <view class="time-title">分</view>
12     </view>
13     <picker-view
14         indicator-style="height: 30px;background:#45bce8;opacity: 0.5;"
15         style="height: 200px; color:green"
16         mask-style='background:#45bce8;opacity: 0.5;'
17         value="{{value}}" bindchange="bindChange">
18       <picker-view-column class="picker-text">
19         <view
20              wx:for="{{years}}"
21              style="line-height: 30px">{{item}}</view>
22       </picker-view-column>
23       <picker-view-column class="picker-text">
24         <view
25               wx:for="{{months}}"
26               style="line-height: 30px">{{item}}</view>
27       </picker-view-column>
28       <!-- 日、时、分选择列的页面结构代码与年、月选择列的页面结构代码一样 -->
29     </picker-view>
30   </view>
```

上述代码第 1~3 行用于显示自定义的日期时间选择器上选择的日期和时间；第 5~12 行用于在自定义的日期时间选择器上方显示“分隔线、年、月、日、时、分”；第 13~29 行用于在页面嵌入自定义的日期时间选择器，其中，第 14 行用于设置选择器中间选中框的样式（即高度为 30px、背景颜色为#45bce8、透明度为 0.5），第 15 行用于设置 picker-view 组件的样式（即高度为 200px、文字颜色为绿色），第 16 行用于设置选择器蒙层的样式（即背景颜色为#45bce8、透明度为 0.5），第 17 行用 value 和 bindchange 属性分别设置选择器每列默认显示的内容和绑定的事件；第 18~22 行用 picker-view-column 组件显示“年”列的内容；第 23~27 行用 picker-view-column 组件显示“月”列的内容。其他列的内容显示与“年”“月”列类似，不再赘述。读者可以参阅代码包 lesson4_component\pages\picker 文件夹中的 pickerview.wxml 文件的内容。

② 页面逻辑文件代码。

- 初始化年、月、日、时和分的数组数据。

```
const date = new Date( )           //获取当前日期时间
const years = []                   //用于存放年
const months = []                  //用于存放月
const days = []                    //用于存放日
const hours = []                   //用于存放时
const minutes = []                 //用于存放分
var thisYear = date.getFullYear( ); //取得当前年份
var thisMon = date.getMonth( );      //取得当前月份（0~11）
var thisDay = date.getDate( );       //取得当前月第几天（1~31）
for (let i = date.getFullYear(); i <= date.getFullYear() + 50; i++) {
  years.push(i)
}
for (let i = 1; i <= 12; i++) {
  var k = i;
```

```
15    if (1 <= i && i <= 9) {
16      k = "0" + i ;
17    }
18    months.push(k)
19  }
20  for (let i = 1; i <= 31; i++) {
21    var k = i;
22    if (0 <= i && i < 10) {
23      k = "0" + i
24    }
25    days.push(k)
26  }
27  for (let i = 0; i <= 23; i++) {
28    var k = i;
29    if (0 <= i && i < 10) {
30      k = "0" + i
31    }
32    hours.push(k)
33  }
34  for (let i = 0; i <= 59; i++) {
35    var k = i;
36    if (0 <= i && i < 10) {
37      k = "0" + i
38    }
39    minutes.push(k)
40  }
41  if (0 <= thisMon && thisMon < 9) {
42    thisMon = "0" + (thisMon + 1);        //1~9 月前面加“0”
43  } else {
44    thisMon = (thisMon + 1);
45  }
46  if (1 <= thisDay && thisDay < 10) {
47    thisDay = "0" + thisDay;              //1~9 中的某天前面加“0”
48  }
```

上述代码的第 10~12 行表示将从当前年份开始的未来 50 年的年份存入 years 数组；第 13~19 行表示将 1~12 月以“**”格式存入 months 数组，其中第 15~17 行表示如果是 1~9 月，则需要在月份前加“0”字符；第 20~26 行表示将天数 1~31 以“**”格式存入 days 数组；第 27~33 行表示将 0~23 小时以“**”格式存入 hours 数组；第 34~40 行表示将 0~59 分钟以“**”格式存入 minutes 数组；第 41~45 行表示如果取得的当前月份值为 0~8 中的某月，则需要对“月份值+1”（系统函数的月份返回值为 0~11），并在前面加“0”字符；第 46~48 行表示如果取得的当前某天值为 1~9，则需要在某天前加“0”字符。

- 定义并初始化数据。

```
data: {
    years: years,
    year: date.getFullYear( ),
    months: months,
    month: thisMon,
    days: days,
    day: thisDay,
    value: [0, thisMon - 1, thisDay - 1, 0, 0],
```

```
9       hours: hours,
10      hour: "00",
11      minutes: minutes,
12      minute: "00",
13    },
```

上述代码第 8 行定义的 value 数组与页面布局代码第 17 行定义的 picker-view 组件进行绑定，用于设置在日期时间选择器上默认显示的当前年份、月份、天数和 00 时、00 分。

- 绑定自定义日期时间选择器事件。

```
1   bindChange: function(e) {
2       var val = e.detail.value
3       this.setData({
4         year: this.data.years[val[0]],
5         month: this.data.months[val[1]],
6         day: this.data.days[val[2]],
7         hour: this.data.hours[val[3]],
8         minute: this.data.minutes[val[4]],
9       })
10      var totalDay = new Date(this.data.year, this.data.month,0).getDate( );
11      var changeDate = [];
12      for (let i = 1; i <= totalDay; i++) {
13        var k = i;
14        if (0 <= i && i < 10) {
15          k = "0" + i
16        }
17        changeDate.push(k)
18      }
19      this.setData({
20        days: changeDate
21      })
22    },
```

上述代码第 2 行表示获取选择器上返回的日期和时间，第 3~9 行表示将选择器上返回的日期和时间传递给存放年、月、日、时和分值的变量 year、month、day、hour 和 minute；第 10 行代码用于获取日期时间选择器上返回月份所含有的天数，例如 1 月共 31 天，days 数组中存入 1~31，4 月共 30 天，days 数组中存入 1~30，等等。

页面样式文件代码如下。

```
.time_screens {
  height: 500px;
  width: 100%;
  position: fixed;
  overflow: hidden;
}
.time-title {
  float: left;
  width: 20%;
  text-align: center;
  color: #45bce8;
}
.picker-text {
```

```
    text-align: center;
}
```

### 2 slider

4.5.1.2

slider（滑动选择器）组件由滑块与滑动条组成。使用 slider 可以计算滑块在滑动过程中占整个滑动条的比例。如果滑动条的整体长度为 100，则滑动的范围为 0~100。实际开发中常使用滑动选择器调节声音的音量、颜色值等。slider 的常用属性及功能说明如表 4-18 所示。

表 4-18 slider 组件的属性及功能说明

| 属 性 | 类 型 | 功 能 |
|---|---|---|
| value | Number | 当前取值，默认为 0 |
| min | Number | 滑动条的最小值，默认为 0 |
| max | Number | 滑动条的最大值，默认为 100 |
| step | Number | 滑块移动的步长，取值必须大于 0 且可被 max-min 整除，默认为 1 |
| disabled | Boolean | 是否禁用，默认为 false |
| color/backgroundColor | Color | 背景条的颜色，默认为#e9e9e9 |
| selected-color/activeColor | Color | 滑动条已滑过的颜色，默认为#1aad19 |
| block-size | Number | 滑块的大小，取值范围为 12~28，默认为 28 |
| block-color | Color | 滑块的颜色，默认为#ffffff |
| show-value | Boolean | 设置是否显示当前 value，默认为 false |
| bindchange | EventHandle | 完成一次滑块拖动后触发的事件，event.detail = {value: value} |

下面以实现一个调色板为例介绍 slider 组件的使用步骤。运行效果如图 4.26 所示。小程序运行后，可以使用 3 个滑动选择器分别选择红、绿、蓝三种不同的颜色，并能根据选择的三种不同颜色值改变下方正方形的显示效果。

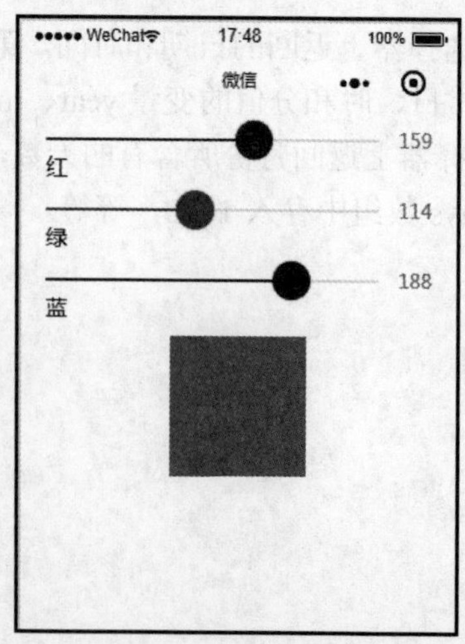


图 4.26 滑动选择器

① 页面结构文件代码。

```
<slider show-value value='red_value' max='255' block-color='red' activeColor=
'red' bindchange='redChange'>红</slider>
```

```
2  <slider show-value value='green_value' max='255' block-color='green' activeColor='green' bindchange='greenChange'>绿</slider>
3  <slider show-value value='blue_value' max='255' block-color='blue' activeColor='blue' bindchange='blueChange'>蓝</slider>
4  <view class='view-all'>
5    <view class='show-view' style='align:center;background:rgb({{red_value}},{{green_value}},{{blue_value}})'>
6    </view>
7  </view>
```

上述代码第 1 行用 show-value 属性设置在滑动选择器右侧显示 value 属性值；用 max 属性设置滑动选择器滑动条的最大长度为 255；用 block-color 属性设置滑动选择器上滑块的颜色为红色；用 activeColor 属性设置滑块滑过滑动条后的颜色为蓝色；用 bindchange 属性绑定滑动选择器滑块拖动时的事件。

② 页面逻辑文件代码。

```
1  Page({
2    data: {
3      red_value: 0,
4      green_value: 0,
5      blue_value: 0,
6    },
7    redChange: function(e) {
8      this.setData({
9        red_value: e.detail.value
10     })
11   },
12   //greenChange 绿色滑动选择器拖动事件，略
13   //blueChange  蓝色滑动选择器拖动事件，略
14 })
```

上述代码第 7~11 行定义了红色滑动选择器拖动事件，将滑动选择器的返回值 e.detail.value 更新给页面变量 red_value，绿色滑动选择器和蓝色滑动选择器拖动事件与此事件类似，不再赘述。

③ 页面样式文件代码。

```
.view-all {
  display: flex;
  flex-direction: row;
  justify-content: center;
  width:100%;
}
.show-view {
  background: red;
  width: 100px;
  height: 100px;
}
```

## 4.5.2　满意度调查表的实现

4.5.2.1

### 1 主界面的设计

满意度调查表的主界面如图 4.27 所示。

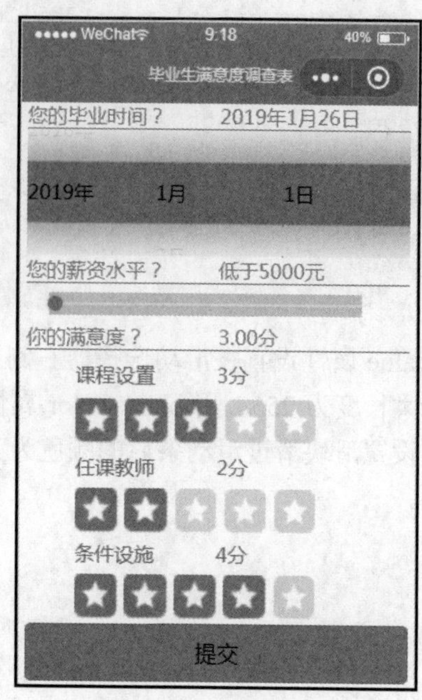


图 4.27　毕业生满意度调查表

主界面中分别用 view 组件显示“您的毕业时间？”“您的薪资水平？”“您的满意度？”“课程设置”“任课教师”及“条件设施”；用 button 组件实现提交按钮；用 image 组件显示五角星图标。

（1）页面结构文件代码。

① 毕业时间日期选择器。

代码如下。

```
1    <view class='question-class'>
2      <view class='line-class'>您的毕业时间？</view>
3      <view class='line-class'>{{year}}年{{month}}月{{day}}日</view>
4    </view>
5    <picker-view
6        indicator-style="height: 50px;"
7        style="background:#F67E1B; width: 100%; height:100px;"
8        value="{{value}}"   bindchange="bindTimeChange">
9      <picker-view-column>
10       <view wx:for="{{years}}" style="line-height: 50px">{{item}}年</view>
11     </picker-view-column>
12     <picker-view-column>
13       <view wx:for="{{months}}" style="line-height: 50px">{{item}}月</view>
14     </picker-view-column>
15     <picker-view-column>
16       <view wx:for="{{days}}" style="line-height: 50px">{{item}}日</view>
17     </picker-view-column>
18   </picker-view>
```

上述代码第 1~4 行用于显示用户从嵌入页面的日期选择器选择的日期；第 5~18 行用于设置日期选择器的样式，该日期选择器包含“年”“月”“日”三列，其中，第 6 行用于设置选择器中间选中框的样式（即高度为 50px），第 7 行用于设置日期选择器的样式（即背景色为#F67E1B、宽度为 100%、高度为 100px），第 8 行用 value 和 bindchange 属性分别设置选择器每列默认显示的内容和绑定的事件；第 9~11 行、12~14 行、15~17 行分别用于设置日期选择器上“年”“月”“日”列显示的内容。

② 薪资水平滑动选择器。

代码如下。

```
1     <view class='question-class'>
2       <view class='line-class'>您的薪资水平？</view>
3       <view class='line-class'>{{salary}}</view>
4     </view>
5     <slider class='salary-class'
6             min='1000' step='500' max='31000'
7             activeColor='#FFA6A6' color='#FFE3E3'
8             block-color='#F67E1B' block-size='12'
9             bindchange='bindSalaryChange'>
10    </slider>
```

上述代码第 1~4 行用于根据滑动选择器上拖动的范围显示毕业生的薪资水平；第 5~10 行用于设置滑动选择器的样式，其中，第 6 行用于设置滑动选择器最大值为 31000、最小值为 1000 和拖动的步长为 500，第 7 行用 activeColor 和 color 属性分别设置滑块滑过滑动条后的颜色和滑动选择器的背景颜色，第 8 行用 block-color 和 block-size 属性分别设置滑块背景色和滑块大小，第 9 行用 bindchange 属性绑定滑块拖动时的事件。

③ 满意评分。

代码如下。

满意度评分包含“课程设置”“任课教师”和“条件设施”三个方面要素，每个要素最高分为 5 分，最低分为 0，通过单击页面上的五角星图标为每个要素评分，并将三个要素的平均分作为满意度最终得分显示在页面上。

```
<view class='question-class'>
  <view class='line-class'>你的满意度评分？</view>
  <view class='line-class'>{{average}}分</view>
</view>
<view class='score-class '>
  <view class='question-class'>
    <view class='line-score-class'>课程设置</view>
    <view class='line-score-left-class'>{{kcScore}}分</view>
  </view>
  <block class='question-class'
       wx:for="{{stars}}" wx:for-index="itemIndex"
       wx:for-item="itemName">
    <image class='star_icon' bindtap='starKCClick' id='{{itemName}}' src=
"{{kcScore<itemName?'../images/black.png':'../images/light.png'}}"></image>
  </block>
  <view class='question-class'>
    <view class='line-score-class'>任课教师</view>
    <view class='line-score-left-class'>{{jsScore}}分</view>
  </view>
   <block class='question-class'
       wx:for="{{stars}}" wx:for-index="itemIndex"
       wx:for-item="itemName">
```

```
22        <image class='star_icon' bindtap='starJSClick' id='{{itemName}}' src="{{jsScore<itemName?'../images/black.png':'../images/light.png'}}"></image>
23      </block>
24      <view class='question-class'>
25        <view class='line-score-class'>条件设施</view>
26        <view class='line-score-left-class'>{{tjScore}}分</view>
27      </view>
28       <block class='question-class'
29           wx:for="{{stars}}" wx:for-index="itemIndex"
30           wx:for-item="itemName">
31        <image class='star_icon' bindtap='starTJClick' id='{{itemName}}' src="{{tjScore<itemName?'../images/black.png':'../images/light.png'}}"></image>
32      </block>
33    </view>
```

上述代码的第 1~4 行用于显示满意度评分；第 6~14 行用于定义“课程设置”评分要素的显示样式，其中第 6~9 行用于显示用户对“课程设置”要素的评分值，第 10~14 行用于控制“五角星”图标在页面上的显示样式，首先需要在小程序项目下创建 images 文件夹，并将未选中的“五角星”图片（black.png）和选中的“五角星”图片（light.png）放入该文件夹中，然后通过设置第 13 行代码中 image 组件的 src 属性来控制是加载未选中图片（black.png）还是选中图片（light.png）。“任课教师”和“条件设施”评分要素与“课程设置”评分要素的设计原理一样，不再赘述。

④ 页面结构。

```
<!--index.wxml-->
<view class="container">
  <!--  毕业时间日期选择器  -->
  <!--  薪资水平滑块选择器  -->
  <!--  满意度评分          -->
  <button style='background:#F67E1B;width:100%'>提交</button>
</view>
```

（2）页面样式文件代码。

```
/**index.wxss**/
.container {
  padding: 5px;
  height: 100%;
  display: flex;
  flex-direction: column;
}
.question-class{
  display: flex;
  flex-direction: row;
}
.line-class{
  border-bottom:solid 1px;width:100%;
  color:#F67E1B;
}
.salary-class{
  padding-left:5px;
   background:rgba(207, 195, 18, 0.555);
```

```
    width:80%;
    height:18px;
  }
  .score-class{
   padding-left: 40px;
  }
  .line-score-class{
   padding-top: 12px;
   color:rgba (106, 116, 109, 0.897) ;
  }
  .line-score-left-class{
    padding-left: 50px;
    padding-top: 12px;
    color:rgba (106, 116, 109, 0.897) ;
  }
  .star_icon{
   padding-top: 12px;
   padding-right: 5px;
   width: 35px;
   height: 35px;
  }
```

## 2 功能实现

本小程序实现的主要功能包括 3 个：用嵌入页面的自定义日期选择器选择毕业时间、用 slider 组件实现薪资水平的选择、用 image 组件实现“课程设置、任课教师和条件设施”满意度的评分。用 button 组件实现满意度调查表的提交。

4.5.2.2

（1）定义并初始化年、月、日数据。

代码如下。

```
1   const date = new Date( )
2   const years = []
3   const months = []
4   const days = []
5   for (let i = 1990; i <= date.getFullYear( ); i++) {
6    years.push (i)
7   }
8   for (let i = 1; i <= 12; i++) {
9    months.push (i)
10  }
11  for (let i = 1; i <= 31; i++) {
12   days.push (i)
13  }
```

上述代码第 5~7 行将从 1990 年开始到现在的当前年份作为日期选择器年份选择内容；第 8~10 行将从 1~12 月作为日期选择器月份选择内容；第 11~13 行将从 1~31 作为日期选择器日选择内容。

（2）定义并初始化其他数据。

代码如下。

```
data: {
   years,
```

```
    year: date.getFullYear( ),
    months,
    month: date.getMonth( ) + 1,
    days,
    day: date.getDate( ),
    value: [9999, 0, 0],
    salary: '低于 5000 元',
    average: 0,//满意度评分
    kcScore: 0,//课程评分
    jsScore: 0,//教师评分
    tjScore: 0,//设施评分
    stars:[1,2,3,4,5]//星级个数
  },
```

（3）日期选择器事件。

代码如下。

```
1  bindTimeChange: function (e) {
2     const val = e.detail.value
3     this.setData({
4       year: this.data.years[val[0]],
5       month: this.data.months[val[1]],
6       day: this.data.days[val[2]]
7     })
8     var totalDay = new Date(this.data.year, this.data.month, 0).getDate( );
9     var changeDate = [];
10    for (let i = 1; i <= totalDay; i++) {
11      changeDate.push(i)
12    }
13    this.setData({
14      days: changeDate
15    })
16  },
```

上述代码的第 4~6 行分别表示将日期选择器选择的年、月、日同步更新到页面上；第 8~15 行用于在日期选择器上月份发生变化时，日所在列对应可选择的天数也发生变化，如 1 月份有 31 天、4 月份只有 30 天。

（4）薪资水平滑动选择器事件。

代码如下。

```
bindSalaryChange: function (e) {
    var val = parseInt(e.detail.value)
    if (val < 5000) {
      this.data.salary = '低于 5000 元'
    } else if (val < 10000) {
      this.data.salary = '5000~10000 元'
    } else if (val < 20000) {
      this.data.salary = '10000~20000 元'
    } else if (val < 30000) {
      this.data.salary = '20000~30000 元'
    } else {
      this.data.salary = '大于 30000 元'
    }
```

```
    this.setData({
      salary: this.data.salary
    })
  },
```

（5）课程设置评分事件。

代码如下。

```
1    starKCClick: function (e) {
2      var index = parseInt(e.currentTarget.id);
3      var average = (index + this.data.jsScore + this.data.tjScore) / 3
4      this.setData({
5        kcScore: index,
6        average: average.toFixed(2)
7      });
8    },
```

由于页面设置代码中将每个显示“五角星”图标 image 组件的 id 属性设置为对应数组元素值，即为该“五角星”图标的得分，所以上述代码第 2 行表示将当前单击的 image 组件的 id 取出来并转换为整型数据作为当前的课程设置评分值，然后在第 3 行代码中将其与任课教师评分（jsScore）和条件设施评分（tjScore）求出平均值，作为满意度评分。

任课教师评分事件、条件设施评分事件与课程设置评分事件类似，提交事件比较简单，此处不再赘述，详细代码可以参阅代码包 lesson4_job 文件夹中的内容。

## 4.6 购物小程序的设计与实现

随着网上购物需求的增加，越来越多的商家都需要开发移动客户端的购物小程序，这些小程序通常都会包含商品列表展示、商品详情展示、购物车内容展示及“我的购物”4 个方面的功能。本节将综合应用前面介绍的基本界面组件、navigator（页面链接组件）及小程序开发框架提供的 wx.previewImage( )、wx.requestPayment( )及路由 API，开发设计一个完整的购物小程序。

### 4.6.1 预备知识

4.6.1.1

#### 1 navigator

navigator 组件用于在 WXML 页面中实现单击跳转的导航，它的常用属性及功能说明如表 4-19 所示，可以由 open-type 属性值设置多种不同的跳转类型，如表 4-20 所示。

表 4-19 navigator 组件的属性及功能说明

| 属 性 | 类型 | 功 能 |
| --- | --- | --- |
| target | String | 在哪个目标上发生跳转，可选值为 self/miniProgram，默认为 self，即在当前小程序上发生跳转 |
| url | String | 当前小程序内的跳转链接地址 |
| open-type | String | 跳转类型，其值如表 4-20 所示，默认为 navigate |
| delta | Number | 当 open-type 为 navigateBack 时有效，表示回退的层数 |
| app-id | String | 当 target="miniProgram"时有效，要打开的小程序 appId |

续表

| 属　性 | 类型 | 功　能 |
| --- | --- | --- |
| path | String | 当 target="miniProgram"时有效，打开的页面路径，如果为空则打开首页 |
| extra-data | Object | 当 target="miniProgram"时有效，需要传递给目标小程序的数据，目标小程序可在 App.onLaunch( )，App.onShow( )中获取到该数据 |
| hover-class | String | 指定单击时的样式类，当 hover-class="none"时，没有单击态效果，默认为 navigator-hover |
| bindsuccess | String | 当 target="miniProgram"时有效，跳转小程序成功 |
| bindfail | String | 当 target="miniProgram"时有效，跳转小程序失败 |
| bindcomplete | String | 当 target="miniProgram"时有效，跳转小程序完成 |

表 4-20　open-type 的属性值及功能说明

| 属性值 | 功　能 |
| --- | --- |
| navigate | 默认值，保留当前页面，跳转到本应用内的某个页面或打开另一个小程序，对应 wx.navigateTo( )或 wx.navigateToMiniProgram( )的功能，但不能跳转到 tabBar 页面 |
| redirect | 关闭当前页面，跳转到本应用内的某个页面，对应 wx.redirectTo( )的功能，但不能跳转到 tabBar 页面 |
| switchTab | 跳转到 tabBar 页面，并关闭其他所有非 tabBar 页面，对应 wx.switchTab( ) |
| reLaunch | 关闭所有页面，打开到应用内的某个页面，对应 wx.reLaunch( ) |
| navigateBack | 关闭当前页面，返回上一页面或多级页面，对应 wx.navigateBack( ) |
| exit | 退出小程序，target="miniProgram"时生效 |

例如，当前小程序项目中有 pages/index/index、pages/navigate/navigate、pages/redirect/redirect 和 pages/switchtab/switchtab 等 4 个页面，其中 index 和 switchtab 为 tabBar 上的页面。其中 index 页面结构文件代码如下：

```
1  <view class="container">
2    <navigator url='../navigate/navigate'>
3      <button>跳转新页面</button>
4    </navigator>
5  </view>
```

上述代码的第 2~4 行表示在 navigator 组件中内嵌了 button 组件来实现页面跳转功能，其中也可以内嵌其他组件。第 2 行代码的 navigator 组件中并没有设置 open-type 属性，而默认使用 navigate 属性值，所以单击“跳转新页面”按钮时会保留当前页面，并跳转到 pages/navigate/navigate 页面。

如果将上述代码的第 2 行修改为如下代码，则不能跳转到 switchtab 页面。因为如果 open-type 属性值为 redirect 和 navigate，则其指定的页面跳转不能跳转到 tabBar 上的页面，而 switchtab 页面属于 tabBar 上的页面。

```
<navigator url='../switchtab/switchtab'>
```

如果将上述代码的第 2 行修改为如下代码，则可以跳转到 switchtab 页面。因为如果 open-type 属性值为 switchTab，则其指定的页面跳转只能跳转到 tabBar 上的页面。

```
<navigator open-type='switchTab' url='../switchtab/switchtab'>
```

如果在 pages/navigate/navigate 页面结构文件中增加如下代码，则单击“返回”按钮时，会跳转到 pages/index/index 页面，即返回上一个页面。

```
<navigator open-type="navigateBack">
  <button>返回</button>
</navigator>
```

但是，如果将 pages/index/index 页面结构文件代码修改为如下代码，则单击“返回”按钮时不会跳转回上一个页面。因为 open-type 属性值为 navigate 的页面跳转，相当于在当前页面上又覆盖了一层新页面，所以使用 navigateBack 属性值可以返回；而 open-type 属性值为 redirect 的页面跳转，相当于直接用新页面替换了当前页面，所以使用 navigateBack 属性值不可以返回。

```
1   <view class="container">
2     <navigator open-type='redirect'  url='../navigate/navigate'>
3       <button>跳转新页面</button>
4     </navigator>
5   </view>
```

当然，如果将上述代码第 2 行的 open-type 属性值设置为 reLaunch，则 url 属性值可以设置为应用内的任意一个页面，但使用 navigateBack 属性值不可以返回。

如果页面跳转时需要将当前页面的数据传递给新打开的页面，可以给 navigator 组件的 url 属性值使用如下格式：

```
<navigator  url='需要跳转的新页面路径?参数名 1=值 1&参数名 2=值 2&……'>
  <!--  其他代码 -->
</ navigator>
```

新页面如果要获取其他页面传递过来的数据，需要在新页面逻辑文件中使用如下格式：

```
  onLoad: function (options) {
    var 变量名 1 = options.参数名 1
    var 变量名 2 = options.参数名 2
    //其他参数……
    this.setData({
      页面变量名 1: 变量名 1,
      页面变量名 2: 变量名 2,
      //其他页面变量名…
    })
  }
```

例如，在 pages/index/index 页面结构文件中有如下代码：

```
1   <!--index.wxml-->
2   <view class="container">
3     <navigator open-type='navigate' url='../navigate/navigate?userName=
nipaopao?userPwd=123456789'>
4       <button>带参数跳转新页面</button>
5     </navigator>
6   </view>
```

上述代码第 3 行表示当单击“带参数跳转新页面”按钮时，会向新打开的页面 pages/

navigate/navigate 传递 userName 和 userPwd 两个参数。在新打开页面 pages/navigate/navigate 的逻辑文件中用如下代码获得 pages/index/index 页面传递过来的 userName 和 userPwd 参数，并将获得的数据保存在 pages/navigate/navigate 页面变量 userName 和 userPwd 中，以便在 pages/navigate/navigate 页面结构文件中调用。

```
Page({
  data: {
    userName: '',
    userPwd: ''
  },
  onLoad: function(options) {
    var name = options.userName
    var pwd = options.userPwd
    this.setData({
      userName: name,
      userPwd: pwd
    })
  }
})
```

## 2 路由 API

navigator 组件主要用于在小程序的页面结构文件 WXML 中实现单击跳转的导航，而微信小程序框架还提供了在小程序的页面逻辑文件中实现页面跳转的路由 API。

4.6.1.2

（1）wx.switchTab(Object)：跳转到 tabBar 页面，并关闭其他所有非 tabBar 页面。其使用代码格式如下：

```
1    toSwitchTab:function(e){
2      wx.switchTab({
3        url: '../switchtab/switchtab',//需要跳转的 tabBar 页面的路径
4        success: function (e) {          //接口调用成功的回调函数
5          console.log(e,'success!')
6        },
7        fail: function (e) {             //接口调用失败的回调函数
8          console.log(e,'failure!')
9        },
10       complete: function (e) {         //接口调用完成的回调函数
11         console.log(e,'complete!')
12       }
13     })
14   }
```

上述代码第 3 行表示需要跳转的 tabBar 页面的路径，该页面必须在 app.json 文件中的 tabBar 字段中定义，并且路径后不能带参数。

（2）wx.reLaunch(Object)：关闭所有页面，打开到应用内的某个页面。其使用代码格式与 wx.switchTab(Object) 类似，但是需要跳转到的应用内页面路径后可以带参数。

（3）wx.redirectTo(Object)：关闭当前页面，跳转到应用内的某个页面，但是不允许跳转到 tabBar 页面。其使用代码格式与 wx.switchTab(Object)类似，但是需要跳转的应用内页面路径后可以带参数。

（4）wx.navigateTo(Object)：保留当前页面，跳转到应用内的某个页面，但是不允许跳转

到 tabBar 页面。其使用代码格式与 wx.switchTab(Object)类似，但是需要跳转的应用内页面路径后可以带参数。使用 wx.navigateBack 可以返回到原页面。小程序中的页面栈最多十层。

（5）wx.navigateBack(Object)：关闭当前页面，返回上一页面或多级页面。可通过 getCurrentPages( )函数获取当前的页面栈，决定需要返回几层。其使用代码格式如下：

① index 页面结构文件代码。

```
<view class="container">
  <button bindtap='toNavigate'>跳转 navigate 页面</button>
</view>
```

② index 逻辑文件代码。

```
  toNavigate: function (e) {
    wx.navigateTo({
      url: '../navigate/navigate',
    })
  }
```

③ navigate 页面结构文件代码。

```
<view class="container">
  <button bindtap='toRedirect'>跳转 redirect 页面</button>
</view>
```

④ navigate 逻辑文件代码。

```
  toRedirect: function (e) {
    wx.navigateTo ({
      url: '../ redirect/redirect',
    })
  }
```

⑤ redirect 页面结构文件代码。

```
<view class="container">
  <button bindtap='toReturn'>返回</button>
</view>
```

⑥ redirect 页面逻辑文件代码。

```
1    toReturn:function(e){
2      wx.navigateBack({
3        delta:2  //返回的页面数，如果 delta 大于现有页面数，则返回到首页
4      })
5    },
```

上述代码第 3 行用 delta 指定单击 redirect 页面的“返回”按钮回退的页面层数为 2，本例中也就是回退到 index 页面。如果删除此行，则默认回退的页面层数为 1，本例中也就回退到 navigate 页面。如果不使用逻辑文件代码实现此功能，也可直接在 redirect 的页面结构文件中直接实现，其代码如下：

```
<navigator open-type="navigateBack" delta='2'>
```

```
  <button>返回</button>
</navigator>
```

### 3 全屏预览图片 API

微信小程序框架提供了在新页面中全屏预览图片的 API——wx.previewImage（Object），使用该函数实现全屏图片预览时，可以进行图片保存或发送给朋友等操作。其使用代码格式如下：

（1）页面结构文件代码。

```
1   <view class='detailpic'>
2     <block wx:for="{{imglist}}" wx:for-item="img">
3       <image class='detail_pic_img' src='{{img}}' data-src="{{img}}" bindtap=
"showPic"></image>
4     </block>
5   </view>
```

上述代码第 2~4 行使用列表渲染的方法在页面上用 image 组件显示 imglist 数组中指定地址的图片，并给 image 组件绑定了 showPic( )方法，该方法用于单击图片时，在页面上全屏预览当前单击的图片。

（2）页面逻辑文件代码。

```
1   Page ({
2     data: {
3       imglist:['https://zsc.nnutc.edu.cn/img/banner1.png',
                 'https://zsc.nnutc.edu.cn/img/banner2.png',
                 'https://zsc.nnutc.edu.cn/img/banner3.png ']
4     },
5     showPic: function(e) {
6       var current = e.target.dataset.src;
7       wx.previewImage({
8         current: current,              //当前显示图片的 http 链接
9         urls: this.data.imglist,       //需要预览的图片 http 链接列表
10        success: function (e) {        //接口调用成功的回调函数
11          console.log(e,'success!')
12        },
13        fail: function (e) {           //接口调用失败的回调函数
14          console.log(e,'failure!')
15        },
16        complete: function (e) {       //接口调用完成的回调函数
17          console.log(e,'complete!')
18        }
19      })
20    },
21  })
```

上述代码第 3 行定义了在页面上要显示的图片地址数组 imglist，第 6 行代码用于获得页面结构文件中绑定的 src 数据（该数据其实就是当前页面显示的图片的 http 地址），以便在单击该图片时，在页面上全屏显示该图片。

## 4.6.2　购物小程序的实现

本项目一共包含首页、购物车、商品详情和个人中心等 4 个页面，其中首页、购物车、个人中心页面需要以 tabBar 的形式展示，并能够在单击 tabBar 的对应图标时进行互相切换。启动购物小程序，直接打开“首页”页面，单击“首页”页面左侧的商品分类后，页面右侧显示该商品分类下的所有商品，单击右侧的商品列表中感兴趣的商品后进入“商品详情”页面；“商品详情”页面展示该商品的详细信息，单击页面底部的“放入购物车”按钮，可以将该商品放入购物车；单击 tabBar 上的“购物车”图标后进入“购物车”页面，该页面上展示了用户已经选择的所有商品，通过“增、减”商品数量和“删除”商品可以进行“购物车”商品信息的修改；单击 tabBar 上的“我的”图标后，进入“个人中心”页面，该页面用于展示用户的姓名、联系电话、收货地址等信息，也可以在此页面适当修改信息。

4.6.2.1

### 1 项目创建

根据购物小程序的功能需求，在项目中创建图 4.28 所示的目录结构，其中 index 文件夹用于存放首页页面相关文件、cart 文件夹用于存放购物车页面相关文件、detail 文件夹用于存放商品详情页面相关文件、me 文件夹用于存放个人中心页面相关文件、images 文件夹用于存放购物小程序中用到的图片（图标）文件。

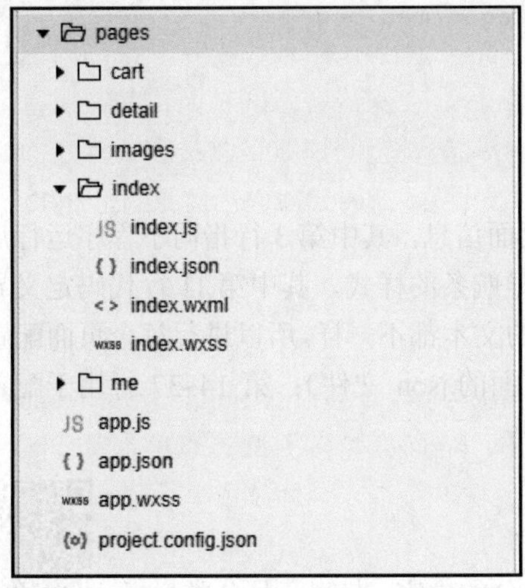


图 4.28　项目目录结构

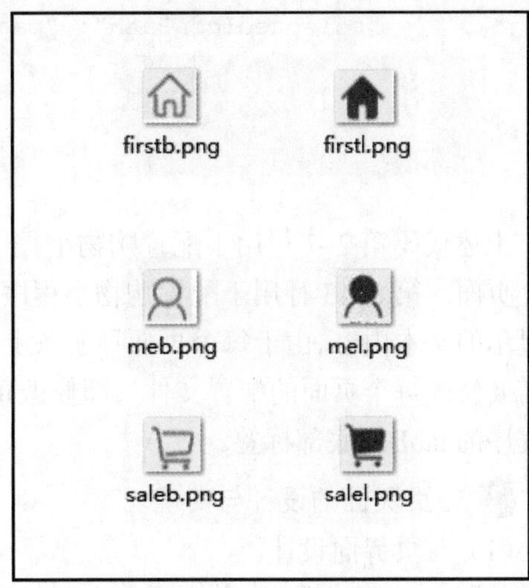


图 4.29　tabBar 图标文件

### 2 tabBar 底部标签的设计

首先将图 4.29 所示的图标文件复制到 images 文件夹中，然后修改 app.json 文件代码如下：

```
{
  "pages":[
    "pages/index/index",
    "pages/cart/cart",
    "pages/me/me",
    "pages/detail/detail"
  ],
  "window":{
    "backgroundTextStyle":"light",
    "navigationBarBackgroundColor": "#3E5F81",
```

```
11      "navigationBarTitleText": "WeChat",
12      "navigationBarTextStyle":"white"
13    },
14      "tabBar": {
15        "color": "#B8ABAC",
16        "selectedColor": "#000000",
17        "list": [
18          {
19            "pagePath": "pages/index/index",
20            "text": "首页",
21            "iconPath": "pages/images/firstb.png",
22            "selectedIconPath": "pages/images/firstl.png"
23          },
24          {
25            "pagePath": "pages/cart/cart",
26            "text": "购物车",
27            "iconPath": "pages/images/saleb.png",
28            "selectedIconPath": "pages/images/salel.png"
29          },
30          {
31            "pagePath": "pages/me/me",
32            "text": "我的",
33            "iconPath": "pages/images/meb.png",
34            "selectedIconPath": "pages/images/mel.png"
35          }
36        ]
37      }
38  }
```

上述代码第 2~7 行用于配置购物小程序的页面信息，其中第 3 行指向小程序运行后的第一个页面；第 8~13 行用于配置购物小程序顶部导航条的样式，其中第 11 行代码定义导航条上显示的文本内容。由于每个页面导航条上显示的文本都不一样，所以进行每个页面配置时，还需要修改每个页面的配置文件（即修改每个页面的.json 文件）；第 14~37 行用于配置购物小程序的 tabBar 底部标签。

### 3 首页页面的设计与实现

（1）首页界面设计。

4.6.2.2

从图 4.30 可以看出，首页页面主要包含 3 部分的内容：左侧商品分类栏、右上侧商品推荐栏和右下侧商品列表栏。

① 页面结构文件代码。

```
<!--index.wxml-->
<view>
  <!--左侧商品分类栏-->
  <scroll-view class='left-navbar' scroll-y>
    <view wx:for="{{navItems}}" class="{{curNav == index? 'active' : ''}}" bindtap="leftClick" data-index="{{index}}">{{item.name}}
   </view>
  </scroll-view>
  <scroll-view class="right" scroll-y scroll-top="{{scrollTop}}">
    <!--右上侧商品推荐栏-->
    <image class="img-banner" src="{{navItems[curNav .topicon}}" mode=
```

```
"scaleToFill"> </image>
11      <!--右下侧商品列表栏-->
12      <view class="goods-list">
13        <view wx:for='{{navItems[curIndex].sub}}' class="goods" >
14          <navigator url="/pages/detail/detail?id={{item.id}} hover-class= "navigator-hover">
15            <image class="img"  src="{{item.icon}}"></image>
16            <text class='goods-title' >{{item.name}}</text>
17          </navigator>
18        </view>
19      </view>
20    </scroll-view>
21  </view>
```

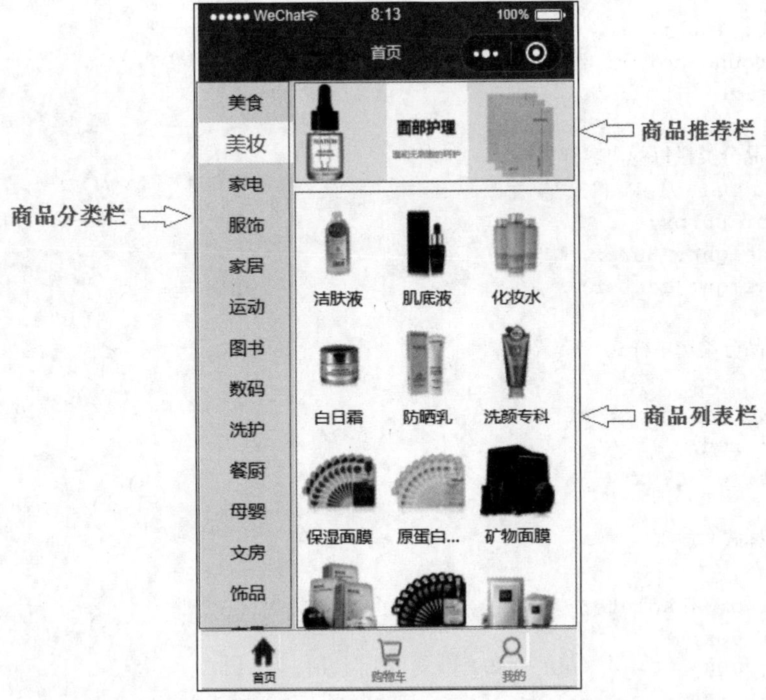


图 4.30　购物小程序（首页）

上述代码第 4~7 行定义了左侧商品分类栏的页面结构。第 4 行代码使用 scroll-view 组件的 scroll-y 属性指定商品分类栏可以垂直滚动；第 5 行代码使用 view 组件控制商品类名称的显示，wx:for 控制属性用于绑定商品分类名称数组（navItems），进行商品分类列表渲染，class 属性使用{{curNav == index ? 'active' : ''}}语句，表示如果左侧商品分类数组的 index 与 curNav（用户单击左侧商品分类返回的值）相同，就给 view 组件引用 active 样式（该样式在页面样式文件中定义，用于设定用户单击的商品分类名称的显示样式，即白色背景、红色文字效果），否则不引用任何样式显示商品分类名称。

上述代码第 8~20 行定义了右侧页面结构。第 8 行代码使用 scroll-view 组件的 scroll-y 属性指定右侧页面可以垂直滚动、scroll-top 属性用于指定商品分类跳转后右侧页面回到顶部（即 scrollTop 值为 0）；第 10 行代码定义了右上侧商品推荐栏用 image 组件显示所推荐商品的图片，class 属性指定了商品推荐栏的样式、src 属性指定了推荐商品的图片文件、mode 属性指定了图片的宽高完全拉伸至填满 image 组件。第 12~19 行代码定义了右下侧商品列表栏显示的页面结构，第 13 行代码用 wx:for 控制属性绑定左侧选定的商品类下的商品数组（navItems[curIndex].sub），第 14 行代码用 navigator 组件指定当单击某商品时转向打开的页面，并通过页面参数传递的方式将当前单击的商品 id、商品 icon 和商品 name 传递到要转向的商品详情页面（detail.wxml），第 15 行代码用 image 组件显示商品图片，第 16 行代码用 text 组件显示商品名称。

② 页面样式文件代码。

```
/**index.wxss**/
/*左侧商品分类栏样式*/
.left-navbar {
  position: absolute;
  left: 0px;
  width: 25%;
  height: 100%;
  background-color: #eee;
  font-size: 15px;
}
/*左侧商品分类栏每行内容样式*/
.left-navbar view {
  height: 80rpx;
  line-height: 80rpx;
  text-align: center;
}
/*左侧商品分类选中样式*/
.active {
  background-color: #fff;
  color: red;
  font-size: 17px;
}
/*右侧栏样式*/
.right {
  position: absolute;
  right: 0px;
  width: 75%;
  height: 100%;
}
/*左上侧推荐栏样式*/
.img-banner {
  height: 200rpx;
  width: 100%;
}
/*右下侧商品列表栏样式*/
.goods-list {
  display: flex;
  flex-wrap: wrap;
  margin-top: 20rpx;
}
/*右下侧商品列表栏每个商品展示样式*/
.goods {
  width: 150rpx;
  font-size: 14px;
  margin: 15rpx;
```

```
  text-align: center;
}
/*右下侧每个商品展示图样式*/
.img {
  width: 150rpx;
  height: 150rpx;
}
/*右下侧每个商品名称样式*/
.goods-title {
  /*给 text 设成块级元素*/
  display: block;
  /*设置文字溢出部分为...*/
  overflow: hidden;
  white-space: nowrap;
  text-overflow: ellipsis;
}
```

4.6.2.3

（2）首页页面功能实现。

```
Page ({
  data: {
    navItems: [{
      id: 1,
      name: '美食',
      topicon: '../images/tuijianmeishi.png',
      sub:[{ id: 1001, name: '糕点 1', icon: '../images/meb.png' },
          { id: 1002, name: '糕点 2', icon: '../images/meb.png' },
          { //其他美食类商品的 id、名称及图片，此处略     },
          { id: 1015, name: '饼干 F', icon: '../images/meb.png' }]
    },
    {id: 2,
      name: '美妆',
      topicon: '../images/tuijianmeizhuang.png',
      sub: [{ id: 2001, name: '洁肤液',
       icon:'https://pb-assets.azoyacdn.com/media/wysiwyg/bigbrands/file_1.jpg'},
            {id: 2002, name: '肌底液',
       icon:'https://pb-assets.azoyacdn.com/media/wysiwyg/bigbrands/file_2.jpg'},
            { //其他美妆类商品的 id、名称及图片，此处略  },
            {id: 2012,name: '护肤面膜',
       icon:'https://pb-assets.azoyacdn.com/media/wysiwyg/bigbrands/file_12.jpg'}]
    },
    { //其他商品分类的 id、商品分类 name 及对应商品的 id、name 和 icon 信息，此处略}],
    scrollTop: 0, //用作跳转后右侧商品展示视图回到顶部
    curNav: 0,    //对应样式变化
    curIndex: 0, //对应第几个分类的数据
  },
  /*
  onLoad: function(options) {
    //可以从网络获取商品分类、商品信息
  },*/
  /*左侧商品分类列单击事件*/
  leftClick: function(e) {
    var index = e.currentTarget.dataset.index;
    this.setData({
```

```
36        curNav: index,
37        curIndex: index,
38        scrollTop: 0,
39      })
40    }
41  })
```

根据首页页面的功能需求，本项目数据设计的结构为数组嵌套数组，第一个数组 navItems 包含商品分类的相关信息，该数组中嵌套 sub 数组，包含该商品分类对应的商品信息相关数据。通常这类数据应该由后台网站平台提供调用接口，有条件的开发者可以使用第三方平台提供的数据接口，也可以自行搭建后台网站服务器，提供该类数据的接口。此处为了说明方便，就直接在页面逻辑代码的 data 模块中初始化了该结构类型的数据。

上述代码第 4~11 行定义了美食类商品，包含类编号 id，类名称 name，该类推荐商品图标 topicon 及所属商品的相关信息（商品编号 id、商品名称 name、商品图标 icon），此处的图标文件都事先复制到了 images 文件夹中；第 12~22 行代码定义了美妆类商品，包含内容与美食类商品一样，不同的是所属商品的图标直接使用了网络图片。

上述代码第 29~31 行的 onLoad( )方法通常用于调用网络接口，以获取商品分类和商品信息的相关数据；第 33~40 行代码定义了单击商品分类事件 leftClick( )，该事件用于将单击的商号分类数组下标传递给首页页面，以便更新首页页面的相关内容。

4.6.2.4

## 4 商品详情页面的设计与实现

（1）商品详情界面设计。

从图 4.31 可以看出，商品详情页面主要包含 5 部分内容：商品图片轮播显示区、商品信息显示区、商品评价信息显示区、商品详情信息显示区和底部悬浮栏。

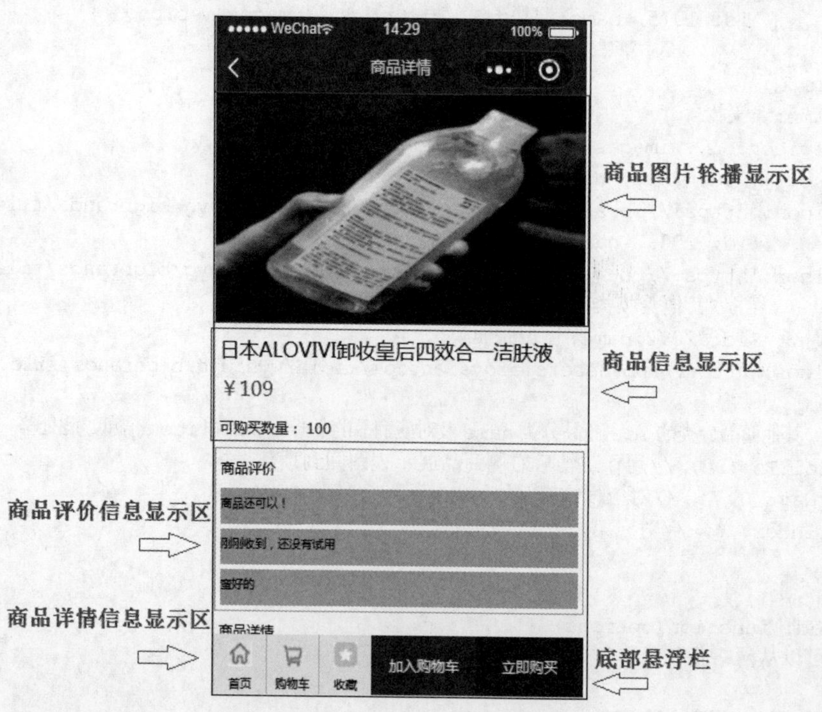


图 4.31　购物小程序（商品详情页）

① 页面结构文件代码。

```
<!--pages/detail/detail.wxml-->
<!--商品图片轮播显示-->
<swiper indicator-dots="{{indicatorDots}}" autoplay="{{autoplay}}" interval="{{interval}}" duration="{{duration}}">
  <block wx:for="{{goods[goodsIndex].imgUrls}}">
    <swiper-item>
      <image src="{{item}}" data-src="{{item}}" bindtap="previewImage"></image>
    </swiper-item>
  </block>
</swiper>
<!--商品信息显示-->
<scroll-view scroll-y>
  <!--找不到该商品-->
  <block wx:if="{{goodsIndex<0}}">
    <image mode='aspectFit' src='../images/sorry.png'></image>
  </block>
  <!--找到该商品-->
  <block wx:else>
    <!--显示该商品的名称、价格和可购买数量-->
    <view class="detail">
     <view>{{goods[goodsIndex].name}}</view>
     <view style="color:red; font-size:35rpx;">￥{{goods[goodsIndex].price}}</view>
     <view style='color:blue'>可购买数量: {{goods[goodsIndex].total}}</view>
    </view>
    <!--该商品的评价信息-->
    <view class="comments">
      <text>商品评价</text>
      <view wx:for="{{goods[goodsIndex].coments}}">
        <text class="text-remark"> {{item}}</text>
      </view>
    </view>
    <!--该商品的详细信息-->
    <view>
      <view style='padding-left:20rpx'>商品详情</view>
      <block wx:for-items="{{goods[goodsIndex].detailImg}}">
        <image class="image_detail" src="{{item}}" />
      </block>
    </view>
  </block>
</scroll-view>
<!-- 底部悬浮栏-->
<view class="detail-nav">
  <!--首页链接-->
  <view class='bottom-banner' bindtap="toIndex">
    <image mode='scaleToFill' src="../images/firstb.png" />
    <view>首页 </view>
  </view>
  <!--分隔线-->
  <view class="line_nav"></view>
  <!--购物车链接-->
  <view class='bottom-banner' bindtap="toCart">
    <image mode='scaleToFill' src="../images/saleb.png" />
    <view>购物车</view>
  </view>
```

```
54    <!--分隔线-->
55    <view class="line_nav"></view>
56    <!--收藏状态展示-->
57    <view class='bottom-banner' bindtap="addLike">
58      <image mode='scaleToFill' src="{{goods[goodsIndex].isHave? '../images/light.png':
'../images/black.png'}}" />
59      <view wx:if="{{goods[goodsIndex].isHave}}">已收藏 </view>
60      <view wx:else>收藏 </view>
61    </view>
62    <!--按钮-->
63    <button class="button-cart" bindtap="btnAdd">加入购物车</button>
64    <button class="button-buy" bindtap="btnBuy">立即购买</button>
65  </view>
```

上述代码第 3~9 行使用 swiper 组件和 swiper-item 组件实现商品图片的轮播展示，其中第 6 行代码绑定了单击 image 组件的自定义方法 previewImage( )，用于调用小程序框架提供的 wx.previewImage( )方法在新页面中全屏预览图片。第 11~39 行代码定义了商品信息显示区域，包括商品基本信息（名称、价格、可购买数量），商品评价信息和商品详细信息三个部分。其中第 13 行和第 17 行分别使用 wx:if 和 wx:else 的条件渲染语句实现：如果在商品详情 goods 数组中找不到首页页面传递来的商品 id，就会在商品详情页面直接使用 image 组件加载 sorry.png 图片（上述第 14 行代码），否则在商品详情页面依次显示商品名称、商品价格、可购买数量、商品评价信息和商品详情信息。

上述代码第 41~65 行定义了页面底部悬浮栏显示效果，从左到右分别是“首页”“分隔线”“购物车”“分隔线”“收藏”“加入购物车”和“立即购买”。“首页”绑定了自定义方法 toIndex( )，用于打开首页页面（index.wxml）；“购物车”绑定了自定义方法 toCart( )，用于打开购物车页面（cart.wxml）；“收藏”绑定了自定义方法 addLike( )，用于改变收藏状态，并可以根据收藏状态加载代表不同状态的图片；“加入购物车”绑定了自定义方法 btnAdd( )，用于将当前商品的编号、名称、价格、可购买数量等存入全局变量 carts 数组中，以便在购物车页面展示；“立即购买”绑定了自定义方法 btnBuy( )，本项目直接用 wx.showToast( )方法显示“购买成功”信息，读者可以根据实际项目需要添加相应功能模块。

② 页面样式文件代码。

```
/* pages/detail/detail.wxss */
/*轮播图片样式 */
swiper {
  height: 450rpx;
}
swiper-item image {
  width: 100%;
  height: 100%;
}
/*商品名和价格区样式*/
.detail {
  margin: 10rpx;
}
/*商品评价区样式*/
.comments {
  margin: 10rpx;
  border: 1px solid #cfcccc;
```

```
}
/*每条评价的样式*/
.text-remark {
  padding-bottom: 5px;
  display: block;
  font-size: 25rpx;
  margin: 10rpx;
  background: rgb(207, 204, 204);
}
/*底部悬浮栏样式*/
.detail-nav {
  display: flex;
  flex-direction: row;
  align-items: center;
  background-color: #f6f6f9;
  bottom: 0;
  position: fixed;
  z-index: 1;
  width: 100%;
  height: 120rpx;
}
/*底部悬浮栏上图标加文字区样式*/
.bottom-banner {
  display: flex;
  flex-direction: column;
  align-items: center;
}
/*底部悬浮栏上文字样式*/
.bottom-banner view {
  line-height: 30rpx;
  font-size: 25rpx;
  padding-bottom: 15rpx;
}
/*底部悬浮栏上图片样式*/
.detail-nav image {
  width: 50rpx;
  height: 50rpx;
  margin: 25rpx;
}
/*底部悬浮栏上分隔线样式*/
.line_nav {
  width: 5rpx;
  height: 100%;
  background-color: gainsboro;
}
/*底部悬浮栏上按钮样式*/
button {
  color: white;
  text-align: center;
  display: inline-block;
  font-size: 30rpx;
  border-radius: 0rpx;
  width: 50%;
  height: 100%;
```

```
72   line-height: 120rpx;
73  }
74  /*底部悬浮栏上“加入购物车”按钮的样式*/
75  .button-cart {
76   background-color: #3e5f81;
77  }
78  /*底部悬浮栏上“立即购买”按钮样式*/
79  .button-buy {
80   background-color: rgb(138, 28, 28);
81  }
```

上述代码第 28~38 行定义了底部悬浮栏样式，其中第 33 行代码指定底部悬浮栏距离页面底部 0px，第 34 行代码指定底部悬浮栏位置锁定，第 35 行代码指定悬浮栏在 Z 轴方向的堆叠顺序。z-index 属性用于指定一个元素的堆叠顺序。如果其值为正数，值越大表示对应的元素越在上面一层；如果其值为负数，表示在最底层；通常当前页面的 z-index 属性值为 0，所以第 35 行代码设置其值为 1，就可以将底部悬浮栏浮在当前页的上面。

4.6.2.5

（2）商品详情页面功能实现。

① 初始化数据。

```
1    data: {
2      indicatorDots: true, //是否显示面板指示点
3      autoplay: true,      //是否自动切换
4      interval: 3000,      //自动切换时间间隔,3s
5      duration: 1000,      //滑动动画时长 1s
6      goods: [{            //商品数组
7        id: 2001,                                    //商品编号
8        name: '日本 ALOVIVI 卸妆皇后四效合一洁肤液',    //商品名
9        price: 109,                                  //商品价格
10       isHave: false,                               //收藏状态
11       total: 100,                                  //可购买数量
12       isBuy: false,                                //已加购物车状态
13       imgUrls: ['https://pb-assets.azoyacdn.com/media/wysiwyg/bigbrands/
file_11.jpg', 'https://pb-assets.azoyacdn.com/media/wysiwyg/bigbrands/file_10
.jpg', 'https://pb-assets.azoyacdn.com/media/wysiwyg/bigbrands/file_1.jpg'],
//商品轮播图
14       comments:['商品还可以！','刚刚收到，还没有试用','蛮好的'],  //商品评价
15       detailImg: ['https://pb-assets.azoyacdn.com/media/wysiwyg/
bigbrands/file_1.jpg', 'https://pb-assets.azoyacdn.com/media/wysiwyg/bigbrands/
file_2.jpg', 'https://pb-assets.azoyacdn.com/media/wysiwyg/bigbrands/
file_3.jpg'],         //商品详情图片
16     },
17      //其余商品数据的格式与第 11~19 行类似，此处略
18     }],
19     goodsIndex: -1, //存放首页传递过来的商品 id 在商品详情页商品数组中的对应下标
20   },
```

上述代码第 2~5 行用于定义控制 swiper 组件显示效果的变量；第 6~18 行模拟商品数据，与首页初始化数据类似，也采用数组嵌套数组的 JSON 格式数据结构，数组 goods 中包含商品编号、商品名称、商品价格、收藏状态、可购买数量、已加购物车状态、商品轮播图片（用嵌套的数组 imgUrls 存放图片地址）、商品评价（用嵌套的数组 comments 存放）及商品详情

图片（用嵌套的数组 detailImg 存放）。

② 页面加载代码。

```
onLoad: function (options) {
  for (var i = 0; i < this.data.goods.length; i++) {
    if (parseInt(options.id) == this.data.goods[i].id) {
      this.data.goodsIndex = i;
      break;
    }
  }
  this.setData({
    icon: options.icon,
    goodsIndex: this.data.goodsIndex
  })
},
```

商品详情页面加载时，首先获取首页页面传递过来的参数值 id（商品编号），然后根据商品 id 判断在 goods 数组中是否存在该 id，如果存在，就将 goods 数组的下标值赋值给 goodsIndex，以便在商品详情页面展示该商品的所有信息。

- 单击轮播图片事件（预览图片）代码。

```
previewImage: function (e) {
  var index = this.data.goodsIndex
  var current = e.target.dataset.src
  wx.previewImage({
    current: current, //当前显示图片的 http 链接
    urls: this.data.goods[index].imgUrls //需要预览的图片 http 链接列表
  })
},
```

- 单击悬浮栏首页事件（跳转到首页）代码。

```
toIndex: function (e) {
  wx.switchTab({
    url: '/pages/index/index'
  })
},
```

- 单击悬浮栏购物车事件（跳转到购物车）代码。

```
toCart: function (e) {
  wx.switchTab({
    url: '/pages/cart/cart'
  })
},
```

4.6.2.6

- 单击悬浮栏收藏事件代码。

```
addLike: function ( ) {
  var index = this.data.goodsIndex
  var isHave = this.data.goods[index].isHave //获取原收藏状态
  this.data.goods[index].isHave = !isHave
  this.setData({
    goods: this.data.goods
```

```
    });
  },
```

- 单击加入购物车按钮事件代码。

```
1    btnAdd: function (e) {
2      var index = this.data.goodsIndex
3      var isBuy = this.data.goods[index].isBuy //获取原加入购物车状态
4      if (isBuy) {
5        wx.showToast({
6          title: '已加入购物车',
7          icon: 'success',
8          duration: 2000
9        });
10     } else {
11       this.data.goods[index].isBuy = !isBuy
12       app.globalData.carts.push({
13         yiId: this.data.goods[index].id,           //已购商品编号
14         yiName: this.data.goods[index].name,       //已购商品名称
15         yiPrice: this.data.goods[index].price,     //已购商品价格
16         yiTotal: this.data.goods[index].total,     //已购商品可卖数量
17         yiBuy:0,                                   //已购买商品数量
18         yiIcon: this.data.goods[index].imgUrls[0],//已购商品的图标
19         yiSelected:false                            //已购商品选中状态
20       });
21     }
22     this.setData ({
23       goods: this.data.goods
24     })
25   },
```

imgUrls 在单击“加入购物车”按钮时首先判断购物车中是否有当前商品，如果有该商品，就使用 wx. showToast( )方法显示提示信息，如果没有该商品，就修改 isBuy，并将该商品的信息（包含商品编号、商品名称、商品价格、可卖数量和商品图标地址）加入代表购物车的数组 carts 中，以便在购物车页面显示这些数据。但是由于商品详情页面和购物车页面都需要使用 carts，上述代码第 12 行使用 app.globalData.carts 引用全局变量 carts，所以本项目需要将 carts 定义为小程序的全局变量，即在本项目的 app.js 文件中用如下格式定义：

```
1  //app.js
2  App({
3    onLaunch: function ( ) {
4    },
5    globalData: {
6      carts: [] //购物车数组
7    }
8  })
```

为了保证能正确引用第 6 行定义的全局变量 carts，还需要在商品详情页面的逻辑代码最前面添加如下代码：

```
var app = getApp( )
```

- 单击立即购买按钮事件代码。

```
  btnBuy: function (e) {
    wx.showToast({
      title: '购买成功',
      icon: 'success',
      duration: 2000
    });
  },
```

- 商品详细页面逻辑文件代码。

```
// pages/detail/detail.js
var app = getApp( )
Page({
  /*初始化数据   */
  /*页面加载代码 */
  /*预览图片     */
  /*跳转到首页   */
  /*跳转到购物车 */
  /*收藏         */
  /*加入购物车   */
  /*购买商品     */
})
```

## 5 购物车页面的设计与实现

（1）购物界面设计。

4.6.2.7

从图 4.32 可以看出，购物车页面从上向下包含购物车商品展示区和底部操作栏，其中购物车商品展示区用于展示商品名称、商品图片、商品价格、单选图标及对购物车内商品进行操作的工具（数量显示、增加和减少及商品删除）。

① 页面结构文件代码。

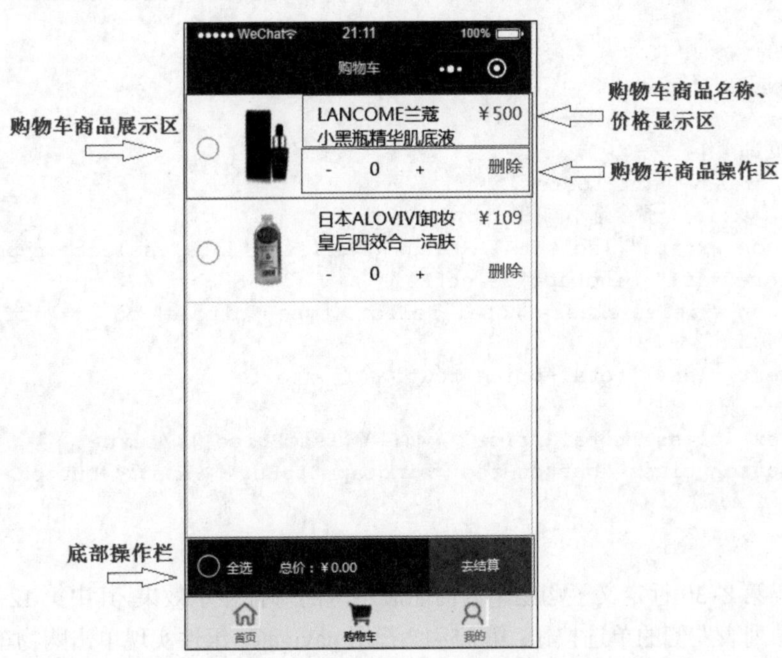


图 4.32　购物小程序（购物车页）

```
1   <!--pages/cart/cart.wxml-->
2   <!--购物车中没有商品-->
3   <view wx:if="{{goodsTotal==0}}" class="cart-no-data">
4     购物车空的，尽快去购物吧!:)
5   </view>
6   <!--购物车中有商品-->
7   <view wx:else>
8     <view class="cart-box">
9       <!-- wx:for 渲染购物车列表 -->
10      <view class='cart-list' wx:for="{{buyGoods}}" wx:key="{{index}}">
11        <!-- wx:if 是否选择显示不同图标 -->
12        <icon wx:if="{{item.yiSelected}}" class='cart-pro-select' type=
"success" color="red" bindtap="selectGoods" data-index="{{index}}" />
13        <icon wx:else type="circle" class='cart-pro-select' bindtap=
"selectGoods" data-index="{{index}}" />
14        <!-- 点击商品图片可跳转到商品详情 -->
15        <navigator url="/pages/detail/detail?id={{item.yiId}}">
16          <image class="cart-thumb" src="{{item.yiIcon}}"></image>
17        </navigator>
18        <view class='cart-name-box'>
19          <text class='cart-pro-name'>{{item.yiName}}</text>
20          <text class='cart-pro-price'>￥{{item.yiPrice}}</text>
21        </view>
22        <!-- 增加、减少数量按钮 删除按钮-->
23        <view class='cart-count-box'>
24          <text class='cart-count-down' bindtap="decCount"
data-index="{{index}}">—</text>
25          <text class='cart-count-num'>{{item.yiBuy}}</text>
26          <text class='cart-count-add' bindtap="addCount" data-index=
"{{index}}">+</text>
27          <text class='cart-del' bindtap="deleteGoods" data-index="{{index}}">
删除 </text>
28        </view>
29      </view>
30    </view>
31    <!-- 底部操作栏 -->
32    <view class='cart-footer'>
33      <!-- wx:if 是否全选不同图标显示 -->
34        <icon wx:if="{{selectAllStatus}}" class='total-select' type="success_
circle" color="#fff" bindtap="selectAll" />
35        <icon wx:else class='total-select' type="circle" color="#fff" bindtap=
"selectAll" />
36        <text class='total-price-text'>全选</text>
37        <!-- 总价 -->
38        <text class='total-price'>总价：￥{{sumPrice}}</text>
39        <button class="button-red" bindtap="toBuy" >去结算</button>
40    </view>
41  </view>
```

上述代码第 8~30 行定义了购物车内商品展示区的每行显示效果，其中第 12~13 行用 icon 组件实现商品列表左侧的单选按钮；第 15~17 行用 navigator 组件实现单击购物车页面的商品图片跳转到商品详情页面；使用 text 组件实现商品名称、商品价格、商品数量、“+”（数量增加）、“−”（数量减少）、删除等显示。

上述代码第 32~41 行定义了底部操作栏的显示效果，使用 icon 组件实现全选按钮，使用 text 组件显示“全选”“总价”，使用 button 组件实现“去结算”按钮。

4.6.2.8

② 页面样式文件代码。

```
/* pages/cart/cart.wxss */
/* 购物车没有商品样式 */
.cart-no-data {
  padding: 40rpx 0;
  color: #999;
  text-align: center;
}
.cart-box {
  padding-bottom: 100rpx;
}
.cart-list {
  position: relative;
  padding: 20rpx 20rpx 20rpx 285rpx;
  height: 185rpx;
  border-bottom: 1rpx solid #e9e9e9;
}
/* 左侧按钮样式 */
.cart-pro-select {
  position: absolute;
  left: 20rpx;
  top: 90rpx;
  width: 45rpx;
  height: 45rpx;
}
/* 商品图片样式 */
.cart-thumb {
  position: absolute;
  left: 85rpx;
  width: 185rpx;
  height: 185rpx;
}
.cart-name-box {
  width: 450rpx;
  height: 100rpx;
}
/* 购物车中商品名称的样式 */
.cart-pro-name {
  display: inline-block;
  width: 300rpx;
  overflow: hidden;
}
/* 购物车中商品价格的样式 */
.cart-pro-price {
  float: right;
  height: 50rpx;
  color: red;
}
.cart-count-box {
```

```
  width: 450rpx;
  height: 80rpx;
}
.cart-count-box text {
  display: inline-block;
  line-height: 80rpx;
  text-align: center;
}
/* 购物车中增加商品+、减少商品-的样式 */
.cart-count-down, .cart-count-add {
  font-size: 35rpx;
  width: 50rpx;
  height: 100%;
}
/* 购物车所购商品数量的样式 */
.cart-count-num {
  width: 150rpx;
}
/* 购物车所购商品删除功能的样式 */
.cart-del {
  float: right;
  color: red;
}
/* 底部操作栏样式*/
.cart-footer {
  position: fixed;
  display: flex;
  flex-direction: row;
  bottom: 0;
  width: 100%;
  height: 120rpx;
  line-height: 120rpx;
  background: #3e5f81;
  color: #fff;
}
/* 底部操作栏"去结算"按钮的样式*/
.button-red {
  position: fixed;
  right: 0;
  color: white;
  font-size: 30rpx;
  border-radius: 0rpx;
  width: 30%;
  line-height: 120rpx;
  background-color: #f44336;
}
/* 底部操作栏"全选"按钮的样式*/
.total-select {
  position: absolute;
  left: 20rpx;
  top: 15rpx;
  width: 30rpx;
  height: 30rpx;
  font-size: 30rpx;
```

```
}
/* 底部操作栏“全选”文字的样式*/
.total-price-text {
 position: absolute;
 left: 85rpx;
 top: 1rpx;
 height: 30rpx;
 font-size: 30rpx;
}
/* 底部操作栏“总价”及“总价值”文字的样式*/
.total-price {
 position: absolute;
 left: 200rpx;
 top: 1rpx;
 height: 30rpx;
 font-size: 30rpx;
}
```

（2）购物车页面功能实现。

① 初始化数据。

```
1    data: {
2      goodsTotal: 0,              //购物车内商品种类数
3      buyGoods: [],               //购物车内商品信息
4      sumPrice: 0,                //购物车商品总价
5      selectAllStatus: false, //是否全选购物车商品
6    },
```

上述代码第3行定义的buyGoods数组用于获取app.js文件中定义的全局变量carts数组，carts数组的内容由商品详情页执行“加入购物车”操作后存入。由于这个数组的内容需要在购物车页面切换时加载，所以需要在购物车页面显示事件中将全局变量carts加载到该页面。其代码如下：

```
onShow: function ( ) {
   var len = app.globalData.carts.length
   this.setData ({
     goodsTotal: len,
     buyGoods: app.globalData.carts
   })
 },
```

② 自定义计算购物车中所选商品总价 getSumPrice( )方法。

```
 getSumPrice: function ( ) {
  let buyGoods = this.data.buyGoods;                        //获取购物车中所有商品
  let sum = 0;
  for (let i = 0; i < buyGoods.length; i++) {
   if (buyGoods[i].yiSelected) {                            //判断选中才会计算价格
    sum += buyGoods[i].yiBuy * buyGoods[i].yiPrice; //所有价格加起来
    }
   }
   this.setData({
    buyGoods: buyGoods,
    sumPrice: sum.toFixed(2)
```

```
12      });
13    },
```

上述第 4~8 行代码实现了对购物车中每件商品进行判断，如果该商品已经选中，则将该商品的购买数量乘以该商品的单位，并进行累加，以便计算出购物车页面上所有选中商品的总价值。

③ 单击购物车每行商品左侧的单选按钮事件代码。

```
  selectGoods: function (e) {
   const index = e.currentTarget.dataset.index; //获取data-传进来的index
   let buyGoods = this.data.buyGoods;
   const selected = buyGoods[index].yiSelected; //获取当前商品的选中状态
   buyGoods[index].yiSelected = !selected;      //改变状态
    this.setData({
      buyGoods: buyGoods
    });
    this.getSumPrice( );                         //重新获取总价
  },
```

④ 单击"+"（增加购买数量）事件代码。

```
1   addCount: function (e) {
2     const index = e.currentTarget.dataset.index;
3     let buyGoods = this.data.buyGoods;
4     let yiBuy = buyGoods[index].yiBuy;
5     if (yiBuy < buyGoods[index].yiTotal) {
6       yiBuy = yiBuy + 1;
7     } else {
8       wx.showToast({
9         title: '已卖光！',
10      })
11      return false;
12    }
13    buyGoods[index].yiBuy = yiBuy;
14    this.setData({
15      buyGoods: buyGoods
16    });
17    this.getSumPrice( );                        //重新获取总价
18  },
```

上述代码第 6~13 行表示，如果单击"+"，增加购买数量 1 后的值大于该商品的可卖数量，则使用 wx.showToast( )显示"已卖光"，否则购买数量加 1。单击"-"（减少购买数量）事件代码与此代码类似，不再赘述。读者可以参阅代码包 lesson4_sale 文件夹中的内容。

4.6.2.9

⑤ 单击"删除"事件代码。

```
  deleteGoods: function (e) {
    const index = e.currentTarget.dataset.index;
    let buyGoods = this.data.buyGoods;
    buyGoods.splice(index, 1);   //删除购物车列表里这个商品
    this.setData({
      buyGoods: buyGoods
    });
```

```
8      if (!buyGoods.length) {              //如果购物车为空
9        this.setData({
10         goodsTotal: 0                    //修改标识为 0，显示购物车为空页面
11       });
12     } else {                             //如果不为空
13       this.getSumPrice( );               //重新计算总价格
14     }
15   },
```

上述代码第 4 行表示在 buyGoods 数组中，从 index 下标开始删除 1 个数组元素，也就是从购物车商品数组中删除 1 个商品。如果删除 1 个商品后购物车商品数组为空，则在购物车页面显示“购物车空滴，尽快去购物吧！:)”。其中，array.splice( )方法的功能为：向 array 数组添加元素或从 array 数组中删除元素，该方法在 JavaScript 中有详细介绍，读者可以自行查阅相关资料。

⑥ 单击“全选”按钮事件代码。

```
1    selectAll: function (e) {
2      var selectAllStatus = !this.data.selectAllStatus;      //是否全选状态
3      let buyGoods = this.data.buyGoods;
4      for (let i = 0; i < buyGoods.length; i++) {
5        buyGoods[i].yiSelected = selectAllStatus;            //改变所有商品已选状态
6      }
7      this.setData ({
8        selectAllStatus: selectAllStatus,
9        buyGoods: buyGoods
10     }) ;
11     this.getSumPrice( );                                   //重新获取总价
12   },
```

上述代码第 4~6 行表示对 buyGoods 数组中每个元素的已选状态变量 yiSelected 重新赋值，即如果原来已选状态为 false，则赋值为 true；如果原来已选状态为 true，则赋值为 false。

⑦ 单击“去结算”事件代码。

“去结算”按钮的功能是将在购物车页面选中的商品信息加入“个人中心”页面的“我的订单”栏目显示，如图 4.33 所示，所以此功能也会在购物车页面到个人中心页面进行数据传递。为了解决这一问题，同样需要在本项目的 app.js 文件中定义全局变量 orders 数组，用于存放订单信息，代码如下：

```
//app.js
App({
  onLaunch: function ( ) {
  },
  globalData: {
    carts: [],//购物车内商品
    orders:[] //订单信息
  }
})
```

orders 数组中包含订单编号（orderId）、订单价值小计（yiSum）及订单包含的商品信息（yiGoods），商品信息（yiGoods）也是用数组存放了商品编号、商品名称、商品价格、商品购买数量和商品图片等信息。然后在购物车页面的“去结算”处绑定自定义的 toBuy( )方法，

产生随机订单号，并将购物车页面上选择的商品加入存放订单信息的 orders 数组中。详细代码如下：

```
1   toBuy:function(e){
2     var yiGoods =[];                          //已购商品数组
3     let orderId = "";                         //订单号
4     for (var i = 0; i < 6; i++)               //6 位随机数，用以加在时间戳后面
5     {
6       orderId += Math.floor(Math.random( ) * 10);
7     }
8     orderId = new Date( ).getTime( ) + orderId; //时间戳+随机数生成订单号
9     let buyGoods = this.data.buyGoods;          //获取购物车商品列表
10    let yiSum = 0;
11    for (let i = 0; i < buyGoods.length; i++) {
12      if (buyGoods[i].yiSelected) {            //判断选中才会加入订单
13        yiGoods.push({
14          yiId: buyGoods[i].yiId,             //已购商品编号
15          yiName: buyGoods[i].yiName,         //已购商品名称
16          yiPrice: buyGoods[i].yiPrice,       //已购商品价格
17          yiBuy: buyGoods[i].yiBuy,           //已购商品数量
18          yiIcon: buyGoods[i].yiIcon,         //已购商品的图标
19        });
20        yiSum = yiSum + buyGoods[i].yiBuy * buyGoods[i].yiPrice//已购商品价值小计
21      }
22    }
23    app.globalData.orders.push({ orderId: orderId,yiSum:yiSum, yiGoods: yiGoods})
24    wx.switchTab ({
25      url: '/pages/me/me'                     //转到个人中心页面
26    })
27  },
```

上述代码第 4~8 行用于产生由时间戳和 6 位随机数产生的订单号；第 11~22 行代码用于将购物车页面的选中商品信息（商品编号、商品名称、商品价格、购买数量、商品图标）存入 yiGoods 数组，其中第 20 行代码根据选中商品的数量和单价累计算出该订单的商品价值小计值；第 23 行代码将订单号、选中商品及商品价值小计存入 orders 全局变量，以便在“个人中心”页面的“我的订单”栏中调用。

⑧ 购物车页面逻辑文件代码。

```
//pages/cart/cart.js
var app = getApp( )
Page({
  /*初始化数据    */
  /*购物车页面显示事件代码          */
  /*计算购物车所选商品总价代码      */
  /*每行商品左侧单选按钮事件代码    */
  /*增加购买数量代码        */
  /*减少购买数量代码        */
  /*删除购物车商品代码      */
  /*底部结算栏全选按钮事件代码      */
  /*去结算事件代码          */
})
```

## 6 个人中心页面的设计与实现

（1）个人中心界面设计。

4.6.2.10

图 4.33 所示为个人中心页面，主要包含个人中心页面头部区和订单信息展示区两个部分，其中页面头部区的左侧展现当前登录用户的微信名和微信头像，右侧放置一个二维码图标，单击该图标可以展现登录用户的二维码信息；订单信息展示区是本页面设计的主要部分，从上到下依次为“我的订单”文本提示、订单编号及该订单下包含所购商品的相关信息和付款按钮，订单信息是购物车页面传递过来的全局变量 orders 数组。另外，“个人信息管理”行的显示效果主要用样式代码进行定义。

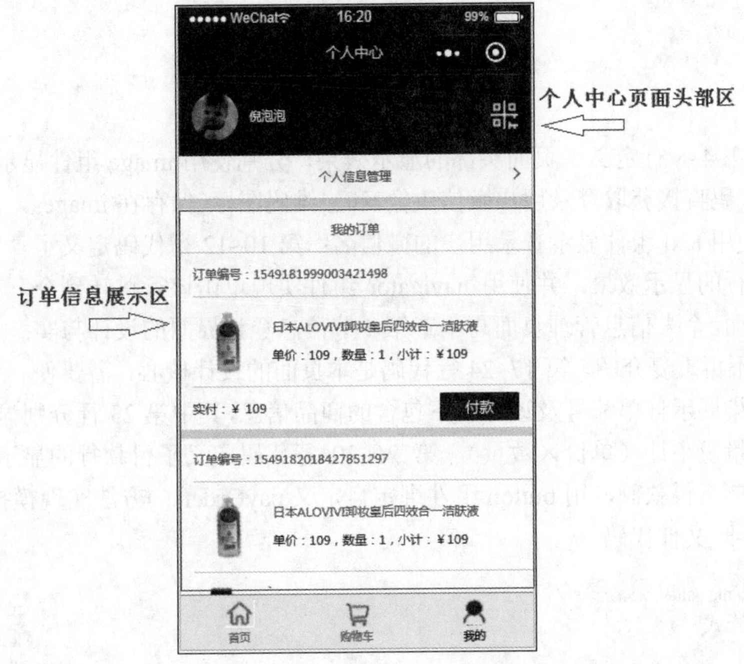


图 4.33　购物小程序（个人中心页）

① 页面结构文件代码。

```
<!--pages/me/me.wxml-->
<view>
<!--页面头部区-->
  <view class="header">
    <image src="{{thumb}}" class="thumb"></image>
    <text class="nickname">{{nickname}}</text>
    <image class="code" src="../images/code.png"></image>
  </view>
  <!--个人信息管理行-->
  <view class="info-box">
      <navigator url="/pages/setup/setup">个人信息管理</navigator>
  </view>
  <!--我的订单详情区-->
  <view class="orders-box">
    <view class="orders">我的订单</view>
    <!--列表渲染订单-->
    <view class="orders-list" wx:for="{{orders}}" wx:key="index">
```

```
18        <view class="orders-number">订单编号：{{item.orderId}}</view>
19        <!--列表渲染订单中的商品-->
20        <view class="orders-detail" wx:for="{{item.yiGoods}}" wx:key="index">
21          <image src="{{item.yiIcon}}"></image>
22          <view>{{item.yiName}}</view>
23          <view style='color: #3e5f81'>单价:{{item.yiPrice}},数量:{{item.yiBuy}},小计：￥{{item.yiPrice*item.yiBuy}}</view>
24        </view>
25        <!--订单信息后付款行-->
26        <view class="orders-footer">
27          <text style='color:red'>实付：￥ {{item.yiSum}} </text>
28          <button size="mini" class="orders-btn" bindtap="payOrders">付款</button>
29        </view>
30      </view>
31    </view>
32  </view>
```

上述代码第 4~8 行定义了页面头部的显示效果，分别使用 image 组件显示登录用户的微信头像（功能代码直接获取登录用户微信头像）和二维码图标（保存在 images 文件夹中），使用 text 组件显示登录用户的微信名；第 10~12 行代码定义了个人信息管理行的显示效果，并使用 navigator 组件实现单击该行跳转到个人信息管理页面，个人信息管理页面与本章第 4 节信息登记界面的设计与实现类似，本节不再重复介绍。第 17~24 行代码是本页面的设计核心，需要使用嵌套列表渲染展示订单编号及该订单下包含的商品信息，其中第 23 行分别显示该订单下商品的单价、数量及小计（单价×数量）。第 26~29 行代码定义了付款行的显示效果，用 text 组件显示该订单应付款额，用 button 组件绑定自定义 payOrders( )方法实现模拟付款。

4.6.2.11

② 页面样式文件代码。

```
/* pages/me/me.wxss */
/* 头部区样式 */
.header {
  position: relative;
  height: 100rpx;
  line-height: 100rpx;
  padding: 30rpx 30rpx 30rpx 150rpx;
  background: #3e5f81;
  font-size: 28rpx;
  color: #fff;
}
/* 头部区头像样式 */
.header .thumb {
  position: absolute;
  left: 30rpx;
  top: 30rpx;
  width: 100rpx;
  height: 100rpx;
  border-radius: 50%;
}
/* 头部区二维码图标样式 */
.header .code {
  position: absolute;
```

```
  right: 30rpx;
  top: 50rpx;
  width: 60rpx;
  height: 60rpx;
}
/* 个人信息管理行样式 */
.info-box {
  position: relative;
  border-bottom: 20rpx solid #ededed;
  color: #999;
  line-height: 90rpx;
  font-size: 28rpx;
}
/* 个人信息管理行后面>的样式 */
.info-box::after {
  position: absolute;
  right: 30rpx;
  top: 34rpx;
  content: '';
  width: 16rpx;
  height: 16rpx;
  border-top: 4rpx solid #7f7f7f;
  border-right: 4rpx solid #7f7f7f;
  -webkit-transform: rotate (45deg) ;
  transform: rotate (45deg) ;
}
/* 订单信息展示区样式 */
.orders-box {
  color: #999;
  font-size: 28rpx;
}
/* 订单信息展示区我的订单文本样式 */
.orders {
  height: 90rpx;
  line-height: 90rpx;
  border-bottom: 1rpx solid #e9e9e9;
  text-align: center;
}
/* 订单信息展示区订单列表样式 */
.orders-list {
  padding-left: 30rpx;
  border-bottom: 20rpx solid #ededed;
}
/* 订单信息展示区订单编号样式 */
.orders-number {
  height: 90rpx;
  line-height: 90rpx;
  border-bottom: 1rpx solid #e9e9e9;
}
/* 订单信息展示区订单详情样式 */
.orders-detail {
  position: relative;
  height: 120rpx;
  padding: 35rpx 20rpx 35rpx 170rpx;
```

```
78   border-bottom: 1rpx solid #e9e9e9;
79  }
80  /* 订单信息展示区订单详情中商品图片样式 */
81  .orders-detail image {
82   position: absolute;
83   left: 0;
84   top: 20rpx;
85   width: 150rpx;
86   height: 150rpx;
87  }
88  /* 订单信息展示区订单详情中商品名称、单价、购买数量样式 */
89  .orders-detail view {
90   line-height: 60rpx;
91  }
92  /* 订单信息展示区付款行样式 */
93  .orders-footer {
94   height: 60rpx;
95   line-height: 60rpx;
96   color: #2f2f2f;
97   padding: 15rpx 30rpx 15rpx 0;
98  }
99  /* 订单信息展示区付款行付款按钮样式 */
100 .orders-footer .orders-btn {
101  float: right;
102  width: 170rpx;
103  height: 60rpx;
104  line-height: 60rpx;
105  border-radius: 6rpx;
106  background: #b42f2d;
107  color: #fff;
108 }
```

上述代码第 38~49 行用 after 伪元素定义在 info-box 样式后插入该伪元素，此处就是在页面的“个人信息管理”行后面插入由第 38~49 行定义的伪元素，其中第 45~46 行定义了一个矩形的上边框和右边框，由第 47~48 行定义的顺时针放置 45 度角就呈现出页面上的“＞”符号。关于 after、before 伪元素的介绍，读者可以参考 CSS 的内容。

4.6.2.12

（2）个人中心页面功能实现。

① 初始化数据。

```
1    data: {
2      thumb: '',            //存放微信头像
3      nickname: '',         //存放微信名
4      orders: [],           //存放订单信息
5    },
```

上述代码第 3 行定义的 orders 数组用于获取 app.js 文件中定义的全局变量 orders 数组，orders 数组的内容由购物车页执行“去结算”操作后存入。由于这个数组的内容需要在个人中心页面切换时加载，所以需要在个人中心页面显示事件中将全局变量 orders 加载到该页面。其代码如下：

```
onShow: function ( ) {
   this.setData ({
    orders: app.globalData.orders
   })
 },
```

② 页面加载代码。

```
  onLoad:function( ) {
    var that = this;
    wx.getUserInfo ({    //获取用户信息
      success: function (res) {
        that.setData ({
          thumb: res.userInfo.avatarUrl,    //获取微信用户头像
          nickname: res.userInfo.nickName   //获取微信用户名
        })
      }
    })
  },
```

③ 单击“付款”按钮事件代码。

```
  payOrders( ) {
    wx.requestPayment ({
      timeStamp: 'String1',
      nonceStr: 'String2',
      package: 'String3',
      signType: 'MD5',
      paySign: 'String4',
      success: function (res) {
        console.log (res)
      },
      fail: function (res) {
        wx.showModal ({
          title: '支付提示',
          content: '<text>',
          showCancel: false
        })
      }
    })
  }
```

④ 个人中心页面逻辑文件代码。

```
//pages/me/me.js
var app = getApp( )
Page ({
  /*初始化数据                    */
  /*个人中心页面加载事件代码          */
  /*个人中心页面显示事件代码          */
  /*付款按钮事件代码                 */
})
```

## 本章小结

本章首先详细介绍了组件在小程序页面的定义、属性设置和事件的定义、绑定和使用方法；然后结合小学生算术题、猜扑克游戏、信息登记页面、毕业生满意度调查表和购物车小程序等案例项目的开发过程阐述了微信小程序开发框架提供的基本组件的使用方法和应用场景。读者通过对本章组件、事件的理解和掌握，可以在项目开发中设计出更令用户满意的UI和满足用户需要的实用小程序。

# 第5章 Chapter 5

# 数据存储与访问

数据存储是开发应用程序时需要解决的最基本问题，数据必须以某种方式保存，并且能够有效、方便地使用和更新处理。微信小程序开发框架提供的本地存储主要包含本地缓存存储访问机制和文件系统存储访问机制。本章将结合具体的案例介绍本地缓存存储访问机制和文件系统存储访问机制的原理和使用方法。

本章学习目标

- 了解小程序本地存储与访问数据的原理；
- 掌握数据缓存 API 和文件 API 的使用方法；
- 掌握 wx.chooseImage()、wx.getImageInfo()、wx.saveImageToPhotosAlbum()、wx.previewImage()等图片管理 API 的使用方法和应用场景；
- 掌握 wx.getLocation()、wx.openLocation()、wx.chooseLocation()等位置信息 API 的使用方法和应用场景。

## 5.1 概述

进行各类应用开发时，涉及的数据存储访问方式主要有两类：本地存储和网络存储。本地存储方式多用于离线应用开发，网络存储方式多用于需要及时更新数据的重要项目事务，比如在线售票、天气预报等应用中的实时数据需要通过网络传输到数据处理中心存储和处理。

5.1

微信小程开发框架提供的本地存储主要包含以下两种存储访问机制。

### 5.1.1 本地缓存存储访问机制

每个微信小程序都有自己的本地缓存，同一个微信用户、同一个小程序拥有不超过 10MB 的本地缓存空间。同一台设备上不同用户的同一个小程序都分别拥有自己的本地缓存空间，该缓存空间不仅互相隔离，而且不能互相访问。

如果设备存储空间不足，微信小程序会清空最近最久未使用的本地缓存。因此开发者进行微信小程序开发时，通常只能使用本地缓存机制存储数据量不大的一些非关键信息，以防备设备存储空间不足，导致数据丢失、用户更换设备导致数据不能迁移等问题。

### 5.1.2 文件系统存储访问机制

微信小程序的文件系统管理操作的文件分为代码包文件和本地文件两类。

（1）代码包文件。

代码包文件指的是微信小程序项目开发时向项目目录中添加的文件，用户对该类文件只具有读权限。对于需要动态替换或占用存储空间较大的文件，尽量不要使用这种存储访问机制。如 image 组件引用的本地图片文件，需要保存到项目的指定目录中才能由 src 属性引用。

代码包文件的访问路径必须从项目根目录开始写文件路径，不支持相对路径的写法。如：/a/b/c、a/b/c 都是合法的，./a/b/c 、../a/b/c 则不合法。

（2）本地文件。

本地文件是指通过微信小程序开发框架提供的接口 API 在本地创建或 HTTPS 请求网络下载并存储到本地的文件。具体包括：

① 本地临时文件：它是临时产生，又可能随时会被回收的文件，文件大小不受限制；本地临时文件的访问路径为{{协议名}}://tmp/文件名。

② 本地缓存文件：微信小程序通过调用接口，把本地临时文件缓存后产生的文件，不能自定义文件夹名称和文件名称，它会随小程序的删除而删除。普通小程序的本地缓存文件大小与本地用户文件大小合计最多 10MB，游戏类小程序的本地缓存文件大小与本地用户文件大小合计最多 50MB；本地缓存文件的访问路径为{{协议名}}:// store/文件名。

③ 本地用户文件：微信小程序通过调用接口，把本地临时文件缓存后产生的文件，允许自定义文件夹名称和文件名称，文件大小与本地缓存文件一样；本地用户文件的访问路径为{{协议名}}:// usr/文件名。

其中，协议名在 iOS/Android 客户端为 wxfile，而在开发者工具上为 http，开发者不用关注这个差异。

当微信小程序被用户添加到设备后，会有一块独立的文件存储区域，并与用户维度隔离。即同一个设备，每个微信用户不能访问到其他登录用户的文件，同一个用户不同 appId 之间的文件也不能互相访问。每个微信用户对本地临时文件和本地缓存文件只具有读权限，而对本地用户文件既有读权限，又有写权限。

微信小程开发框架提供的网络存储方式有 HTTPS 网络请求和云数据库存储访问机制两种。关于网络数据存储访问机制，将在第 8 章介绍。

## 5.2 随手拍的设计与实现

现在越来越多的人喜欢用手机、平板电脑等智能终端设备拍照，但拍完照片后，时间长了容易忘记拍的地点、时间或具体内容等。“随手拍”小程序可以让使用者随时随地拍下精彩瞬间，并且可以同时记录下拍摄的地点、时间，也可以给照片添加详细的说明信息。本节以开发设计“随手拍”的案例介绍小程序实现本地缓存存储访问机制的原理和使用方法。

5.2.1.1

### 5.2.1 预备知识

#### 1 图片 API

小程序的图片应用是一个常用的技术，比如调用设备的摄像头拍摄图片，选择喜欢的图片发朋友圈、保存图片等。微信小程序开发框架提供了专门对图片进行处理的 API。下面以实现图 5.1 所示小程序为例，介绍选择/拍摄图片、预览图片、获取图片信息、压缩图片、保存图片到系统相册等 API 的使用方法。

单击图 5.1 所示界面的“拍照”按钮，调用设备的摄像头拍照，完成后照片显示在界面下部的图片显示区域；单击“选择图片”按钮，弹出“相册选择”对话框，在对话框中选择

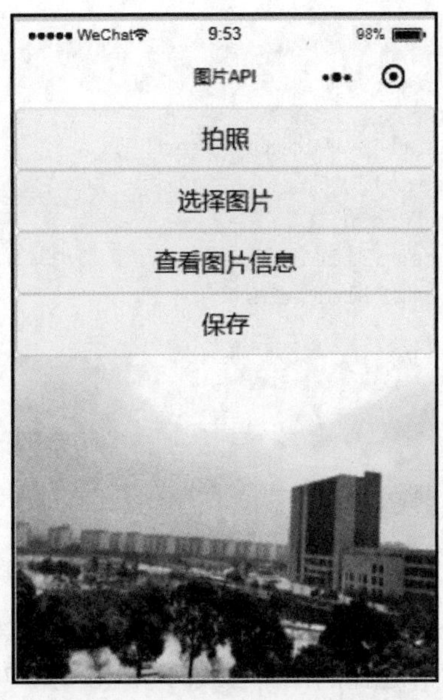


图 5.1　图片 API 应用（1）

需要的图片，其显示在界面下部的图片显示区域；单击“查看图片信息”按钮，在控制台打印图片的长和宽的像素值及图片文件的路径；单击“保存”按钮，将图片保存到系统相册中；单击 image 组件，在新页面进行图片预览。页面结构文件代码如下：

```
<!--pages/photo/photo.wxml-->
<button bindtap='getPic'>拍照</button>
<button bindtap='choosePic'>选择图片</button>
<button bindtap='showPicInfo'>查看图片信息</button>
<button bindtap='savePic'>保存</button>
<image bindtap='viewPic' src='{{picPath}}'></image>
```

（1）wx.chooseImage（Object object）：从本地相册选择图片或使用相机拍照。object 参数及功能说明如表 5-1 所示。

表 5-1　object 参数及功能说明

| 属　性 | 类　型 | 功　能 |
|---|---|---|
| count | Number | 最多可选择的图片张数，默认值为 9 |
| sizeType | Array<string> | 所选的图片类型，默认值为['original', 'compressed'] |
| sourceType | Array<string> | 所选的图片来源，默认值为['album', 'camera'] |
| success | Function | 接口调用成功的回调函数 |
| fail | Function | 接口调用失败的回调函数 |
| complete | Function | 接口调用结束的回调函数 |

original 表示原图，compressed 表示压缩图，album 表示相册，camera 表示相机。success(res)回调函数的 res.tempFilePaths 返回图片的本地临时文件路径列表、res.tempFiles 返回图片的本地临时文件列表、res.tempFiles[index].path 返回本地临时文件列表中下标为 index 的图片文件路径、res.tempFiles[index].size 返回图片的本地临时文件列表中下标为 index 的图片文件大小（单位：Byte）。因此，实现拍照功能的 getPic()函数代码如下：

```
  getPic() {
```

```
2      var that = this
3      wx.chooseImage({
4        count: 4,
5        sizeType: ['original', 'compressed'],
6        sourceType: ['camera'],
7        success: function (res) {
8          var imgs = res.tempFilePaths
9          var tem = res.tempFilePaths[0]
10         that.setData({
11           picPath: tem,
12           imgUrls: imgs
13         })
14       }
15     })
16   },
```

其中第 4 行代码表示可选择的图片数最多为 4 张；第 5 行代码表示选择的图片为原图或压缩图类型；第 6 行代码表示可选择的图片来源于相机；第 7~14 行代码表示调用成功后，将图片文件路径列表下标为 0 的元素（即当前照片的文件路径）及图片文件路径列表通过 setData()函数更新。

wx.chooseImage()函数也可以从相册选择图片，所以实现选择图片功能的 choosePic() 函数代码与 getPic()函数类似，只要将上述代码第 6 行的 camera 修改为 album 即可。当然，如果选择图片时既可以从“相册”也可以从“相机”，就可以将上述第 6 行代码修改为 sourceType: ['album', 'camera']，这样在单击“选择图片”按钮后，界面底部会弹出图 5.2 所示的选择按钮。

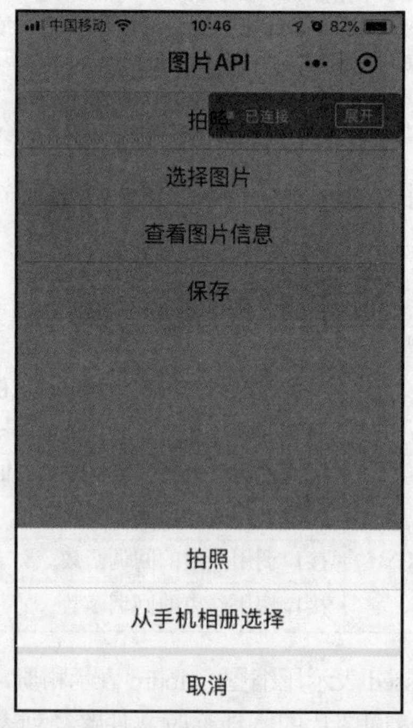


图 5.2　图片 API 应用（2）

（2）wx.getImageInfo（Object object）：获取图片信息。object 参数及功能说明如表 5-2 所示。

表 5-2　object 参数及功能说明

| 属　性 | 类　型 | 功　能 |
| --- | --- | --- |
| src | String | 图片的路径 |
| success | Function | 接口调用成功的回调函数 |
| fail | Function | 接口调用失败的回调函数 |
| complete | Function | 接口调用结束的回调函数 |

src 表示要获得图片信息的图片文件路径，该路径可以是相对路径、临时文件路径、存储文件路径、网络图片路径。网络图片需配置 download 域名后才能生效，其内容会在后面网络应用开发章节介绍。success(res)回调函数的 res.width 和 res.height 返回图片的原始宽度和高度（单位：px），res.path 返回图片的本地路径，res.orientation 返回拍照时的设备方向，res.type 返回图片格式。因此，实现显示图片信息功能的 showPicInfo ()函数代码如下：

```
1     showPicInfo: function () {
2       var that = this
3       wx.getImageInfo({
4         src: that.data.picPath,
5         success: function (res) {
6           console.log('图片宽：', res.width, "图片高：", res.height, "图片路径：",
res.path)
7         }
8       })
9     },
```

其中第 4 行代码指定图片路径的 src 为 picPath（由 data 定义）；第 6 行代码表示在控制台容器输出图片的宽度、高度和图片的路径。

（3）wx.saveImageToPhotosAlbum(Object object)：保存图片到系统相册。object 参数及功能说明如表 5-3 所示。

表 5-3　object 参数及功能说明

| 属　性 | 类　型 | 功　能 |
| --- | --- | --- |
| filePath | String | 图片文件路径 |
| success | Function | 接口调用成功的回调函数 |
| fail | Function | 接口调用失败的回调函数 |
| complete | Function | 接口调用结束的回调函数 |

filePath 表示要保存到系统相册的图片文件路径，该路径可以是临时文件路径或永久文件路径，但不支持网络图片路径；success(res)和 fail(res)回调函数的 res.errMsg 返回保存图片的返回信息。因此，实现保存图片功能的 savePic ()函数代码如下：

```
savePic: function () {
  var that = this
  wx.saveImageToPhotosAlbum({
    filePath: that.data.picPath,//要保存图片的路径
    success: function (res) {
      console.log(res.errMsg)    //输出保存成功的回调信息
      wx.showToast({
        title: '保存成功！',
```

```
        })
      },
      fail: function (res) {
        console.log(res.errMsg)     //输出保存失败的回调信息
        wx.showToast({
          title: '保存失败！',
        })
      }
    })
  },
```

（4）wx.previewImage(Object object)：在新页面中全屏预览图片。预览的过程中，用户可以进行保存图片、发送给朋友等操作。object 参数及功能说明如表 5-4 所示。

表 5-4 object 参数及功能说明

| 属 性 | 类 型 | 功 能 |
|---|---|---|
| urls | Array<string> | 要预览的图片链接列表 |
| current | String | 当前显示的图片链接，默认值为 urls 中的第一项 |
| success | Function | 接口调用成功的回调函数 |
| fail | Function | 接口调用失败的回调函数 |
| complete | Function | 接口调用结束的回调函数 |

urls 表示要全屏预览图片的链接地址列表，该列表中必须存放网络地址。因此，实现在新页面预览图片功能的 viewPic ()函数代码如下：

```
  viewPic: function () {
    var that = this
    wx.previewImage({
      current: that.data.imgUrls[0], //当前显示图片的 http 链接
      urls: that.data.imgUrls         //需要预览的图片 http 链接列表
    })
  },
```

### 2 位置 API

5.2.1.2

位置应用也是微信小程序的一种常用功能，微信小程序框架提供了使用微信内置地图查看位置、获得当前位置及选择位置的 API。

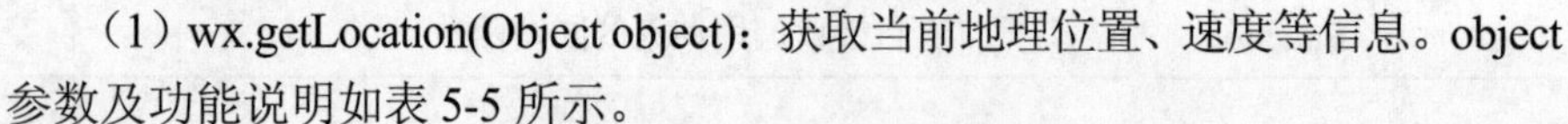

（1）wx.getLocation(Object object)：获取当前地理位置、速度等信息。object 参数及功能说明如表 5-5 所示。

表 5-5 object 参数及功能说明

| 属 性 | 类 型 | 功 能 |
|---|---|---|
| type | String | 坐标类型，wgs84 类型返回 gps 坐标，gcj02 类型返回国测局坐标，默认值为 wgs84 |
| altitude | Boolean | 是否返回海拔高度，true 返回高度信息，由于获取高度需要较高精确度，因此会减慢接口返回速度，默认值为 false |
| success | Function | 接口调用成功的回调函数 |
| fail | Function | 接口调用失败的回调函数 |
| complete | Function | 接口调用结束的回调函数 |

空间测量都需要一个特定的坐标系作为基准，微信小程序使用的坐标系统有 wgs84 和 gcj02 两种标准：wgs84 的全称是 World Geodetic System 1984，它是美国国防局为 GPS（全球定位系统）在 1984 年建立的一种地心坐标系统；gcj02 的全称是国家测量局 02 标准，它是中国国家测量局定制的信息系统坐标系统。目前，微信 Web 开发者工具仅支持 gcj02 坐标，并且 gcj02 国测局坐标可用于 wx.openLocation()函数的坐标。其代码使用格式如下：

```
1        wx.getLocation({
2          type: 'gcj02',  //设置坐标类型
3          altitude:true,  //设置返回高度信息
4          success(res) {
5            const latitude = res.latitude    //纬度
6            const longitude = res.longitude  //经度
7            const speed = res.speed          //速度
8            const accuracy = res.accuracy    //位置精确度
9            const altitude = res.altitude    //位置高度
10         }
11       })
```

wx.getLocation()函数中 success(res)回调函数的 res.latitude 和 res.longitude 返回当前位置的纬度（范围为-90~90，负数表示南纬）和经度（范围为-180~180，负数表示西经），res.speed 返回速度（单位为 m/s），res.accuracy 返回精确度，res.altitude（返回当前位置高度，单位为 m，开发中必须使用上述第 3 行代码）。

（2）wx.openLocation(Object object)：根据纬度、经度，在微信内置地图查看位置。object 参数及功能说明如表 5-6 所示。

表 5-6　object 参数及功能说明

| 属　性 | 类　型 | 功　能 |
| --- | --- | --- |
| latitude | Number | 设置要查看位置的纬度 |
| longitude | Number | 设置要查看位置的经度 |
| scale | Number | 设置地图缩放比例，范围为 5~18，默认值为 18 |
| name | String | 设置查看位置的位置名 |
| address | String | 设置查看位置的地址详细说明 |
| success | Function | 接口调用成功的回调函数 |
| fail | Function | 接口调用失败的回调函数 |
| complete | Function | 接口调用结束的回调函数 |

wx.openLocation()函数的使用代码格式如下：

```
wx.openLocation({
  latitude: latitude,      //设置要查看位置的纬度
  longitude: longitude,    //设置要查看位置的经度
  scale: 6,                //设置地图缩放比例
  name: '我的位置',          //设置要查看位置的名称
  address: '图书馆大楼 9 楼', //设置要查看位置的详细地址信息
  success: function(res) {
    console.log(res.errMsg) //输出函数调用结果信息
  }
})
```

上述代码第 2 行用于指定要查看位置的纬度值；第 3 行用于指定要查看位置的经度值；第 5~6 行用于指定在地图底部显示的“名称”和“地址信息”，运行效果如图 5.3 所示。

图 5.3 位置 API 应用（1）

（3）wx.chooseLocation(Object object)：打开微信内嵌地图选择位置。object 参数及功能说明如表 5-7 所示。

表 5-7 object 参数及功能说明

| 属 性 | 类 型 | 功 能 |
|---|---|---|
| success | Function | 接口调用成功的回调函数 |
| fail | Function | 接口调用失败的回调函数 |
| complete | Function | 接口调用结束的回调函数 |

wx.chooseLocation()函数的使用代码格式如下：

```
wx.chooseLocation({
  success: function(res) {
    var name = res.name                    //返回位置名称
    var address = res.address              //返回位置详细信息
    var latitude = res.latitude            //返回位置纬度
    var longitude=  res.longitude          //返回位置经度
    console.log( name, address,latitude,longitude)
  },
})
```

运行上述代码后，根据当前位置列出附近地址信息，供用户选择。用户选择地址后，success(res)回调函数的 res.name 返回选中位置的名称，res.address 返回选中位置的详细信息，

res.latitude 和 res.longitude 分别返回选中位置的纬度和经度。运行效果如图 5.4 所示。

图 5.4　位置 API 应用（2）

## 3 数据缓存 API

5.2.1.3

移动端应用程序经常需要访问一些业务数据，这些数据通常数量较大、访问频率较高。如果都使用网络访问机制存储和访问这些数据，一方面会浪费网络带宽，另一方面也会降低小程序的运行效率。HTML5 开始提供了一种在客户端存储数据的新方法——localstorage，它突破了传统的 cookie 存储数据的 4KB 限制。使用它进行数据存储，就相当于针对前端页面的小型数据库。

微信小程序开发框架也提供了 localstorage 的数据存储访问机制，该机制将数据存储在本地缓存的指定 key 中。数据存储生命周期跟小程序本身一致，即除用户主动删除或超过一定时间被自动清理，数据都一直可以使用。单个 key 允许存储的最大数据长度为 1MB，所有数据存储上限为 10MB。

（1）wx.setStorage（Object object）：向本地缓存中异步存储数据。object 参数及功能说明如表 5-8 所示。

表 5-8　object 参数及功能说明

| 属　性 | 类　型 | 功　　能 |
| --- | --- | --- |
| key | String | 设置本地缓存中用于存储数据的键（key） |
| data | Any | 设置本地缓存中存储的数据值（value） |
| success | Function | 接口调用成功的回调函数 |
| fail | Function | 接口调用失败的回调函数 |
| complete | Function | 接口调用结束的回调函数 |

wx.setStorage()函数的使用代码格式如下：

```
wx.setStorage({
```

```
    key: 'age',   //保存的 key 名为 age
    data: 20,     //保存的数据为 20
    success(res) {//保存成功的回调函数
      wx.showToast({
        title: '保存成功',
      }),
    }
  })
```

上述代码表示在本地缓存中存放 1 个 key 为 age，值为 20 的数值；如果存放成功，调用 wx.showToast()函数给出提示信息。代码运行后调试窗口显示结果如图 5.5 所示。

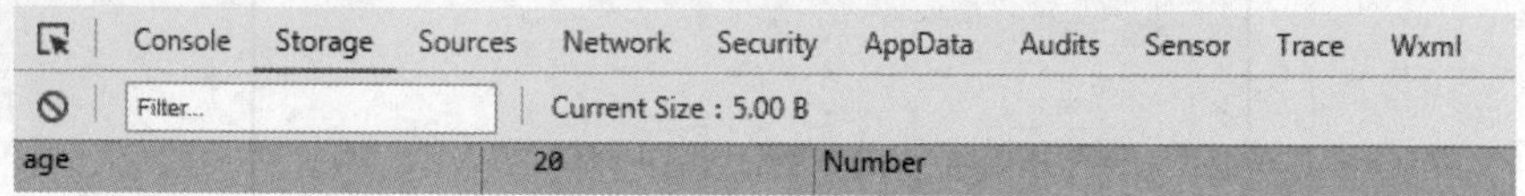


图 5.5　本地缓存数据

（2）wx.setStorageSync(string key, any data)：向本地缓存中同步存储数据。该函数的使用代码格式如下：

```
wx.setStorageSync('name', 'kate')
```

上述代码表示在本地缓存中存放 1 个 key 为 name，值为 kate 的字符串。

（3）wx.getStorage(Object object)：从本地缓存中异步读取数据。object 参数及功能说明如表 5-9 所示。

表 5-9　object 参数及功能说明

| 属　性 | 类　型 | 功　能 |
| --- | --- | --- |
| key | String | 设置从本地缓存中读取键(key)对应的数据 |
| success | Function | 接口调用成功的回调函数 |
| fail | Function | 接口调用失败的回调函数 |
| complete | Function | 接口调用结束的回调函数 |

success(res)回调函数的 res.data 返回 key 对应的数据。wx.getStorage()函数的使用代码格式如下：

```
1    wx.getStorage({
2      key: 'age',
3      success: function(res) {
4        console.log(res.data)
5      },
6      fail:function(res){
7        console.log(res.errMsg)
8      }
9    })
```

上述代码第 2 行指定要读本地缓存中 key 为 age 的值；第 3~5 行代码表示读取成功后，在控制台窗口输出 age 的值；第 6~8 行代码表示读取失败后，在控制台窗口输出错误信息。

（4）wx.getStorageSync(string key, any data)：从本地缓存中同步读取数据。该函数的使用代码格式如下：

```
1    var age = wx.getStorageSync('age')
2    if (age) {
3      console.log(age)
4    } else {
5      console.log('对不起，没有读到该键对应的数据')
6    }
```

上述代码第 1 行表示从本地缓存中读取 key 为 age 的值；第 2~6 行表示如果读到数据，在控制台输出数据，否则输出“对不起，没有读到该键对应的数据”。

（5）wx.getStorageInfo(Object object)：异步读取本地缓存中的 key、占用空间大小和限制空间大小等信息。object 参数及功能说明如表 5-10 所示。

表 5-10　object 参数及功能说明

| 属　性 | 类　型 | 功　能 |
| --- | --- | --- |
| success | Function | 接口调用成功的回调函数 |
| fail | Function | 接口调用失败的回调函数 |
| complete | Function | 接口调用结束的回调函数 |

success(res)回调函数的 res.keys 返回当前本地缓存中的所有 key，res.currentSize 返回当前占用空间大小（单位：KB），res.limitSize 返回限制空间大小。wx.getStorageInfo()函数的使用代码格式如下：

```
wx.getStorageInfo({
  success: function(res) {
    var keys =  res.keys
    var cSize = res.currentSize
    var cLSize = res.limitSize
    console.log(keys,cSize,cLSize)
  },
})
```

（6）wx.getStorageInfoSync()：同步读取本地缓存中的 key、占用空间大小和限制空间大小等信息。该函数的使用代码格式如下：

```
var res = wx.getStorageInfoSync()
var keys = res.keys
var cSize = res.currentSize
var cLSize = res.limitSize
console.log(keys, cSize, cLSize)
```

（7）wx.removeStorage(Object object)：从本地缓存中异步删除数据。object 参数及功能说明如表 5-11 所示。

表 5-11　object 参数及功能说明

| 属　性 | 类　型 | 功　能 |
| --- | --- | --- |
| key | String | 设置从本地缓存中删除键(key)对应的数据 |
| success | Function | 接口调用成功的回调函数 |
| fail | Function | 接口调用失败的回调函数 |
| complete | Function | 接口调用结束的回调函数 |

success(res)回调函数的 res.errMsg 返回删除成功信息。wx.removeStorage()函数的使用代码格式如下：

```
1    wx.removeStorage({
2      key: 'age',
3      success: function(res) {
4        console.log(res.errMsg)
5      },
6    })
```

上述代码第 1 行表示从本地缓存中删除 key 为“age”的值。

（8）wx.removeStorageSync(string key)：从本地缓存中同步删除指定 key 的数据。该函数的使用代码格式如下：

```
wx.removeStorageSync('name')
```

（9）wx.clearStorage(Object object)：异步清除本地缓存数据。object 参数及功能说明如表 5-12 所示。

表 5-12 object 参数及功能说明

| 属 性 | 类 型 | 功 能 |
| --- | --- | --- |
| key | String | 设置从本地缓存中删除键(key)对应的数据 |
| success | Function | 接口调用成功的回调函数 |
| fail | Function | 接口调用失败的回调函数 |
| complete | Function | 接口调用结束的回调函数 |

wx.clearStorage()函数的使用代码格式如下：

```
wx.clearStorage()
```

（10）wx.clearStorageSync(Object object)：同步清除本地缓存数据。该函数的使用代码格式如下：

```
wx.clearStorageSync()
```

## 5.2.2 随手拍的实现

本项目一共包含首页（图 5.6）、拍照（图 5.7）和收藏（图 5.8）3 个页面，3 个页面需要以 tabBar 的形式展示。

5.2.2.1

首页页面用于展示已经保存在本地缓存中的图片、标题和内容描述；拍照页面可以调用设备的拍照功能拍摄照片，获取当前拍照位置，输入标题和内容描述信息，并保存；收藏页面用于展示收藏的图片、标题和内容描述信息，也可以通过向左滑动取消收藏，如图 5.9 所示。

### 1 创建项目

根据随手拍功能需求的介绍，需要在小程序项目下创建 images 文件夹，用于存放随手拍小程序开发中用到的图片资源文件；在 pages 文件夹下创建 3 个文件夹，分别用于存放首页页面（home）、拍照页面（get）和收藏页面（collect）。

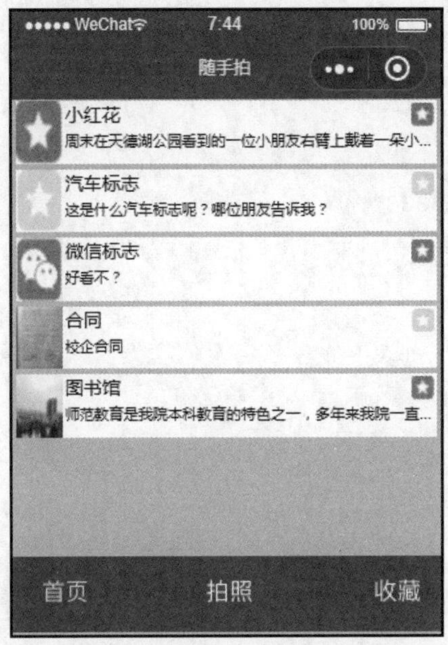


图 5.6　首页界面

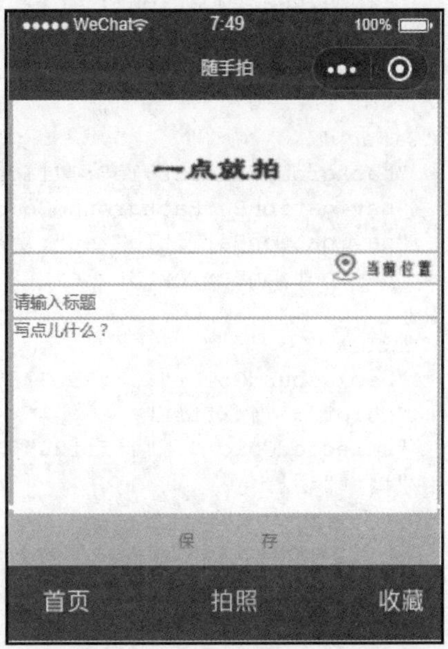


图 5.7　拍照记事界面

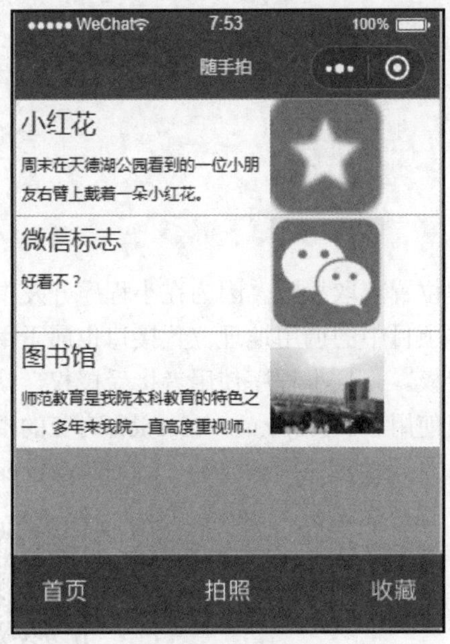


图 5.8　收藏界面

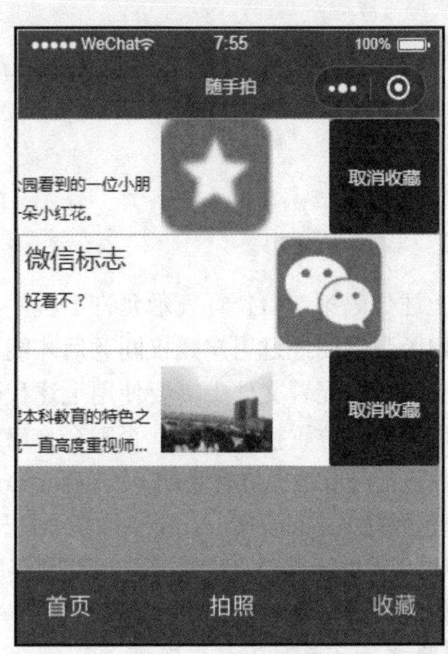


图 5.9　取消收藏界面

## 2 tabBar 底部标签的设计

修改 app.json 全局配置文件，其详细代码如下：

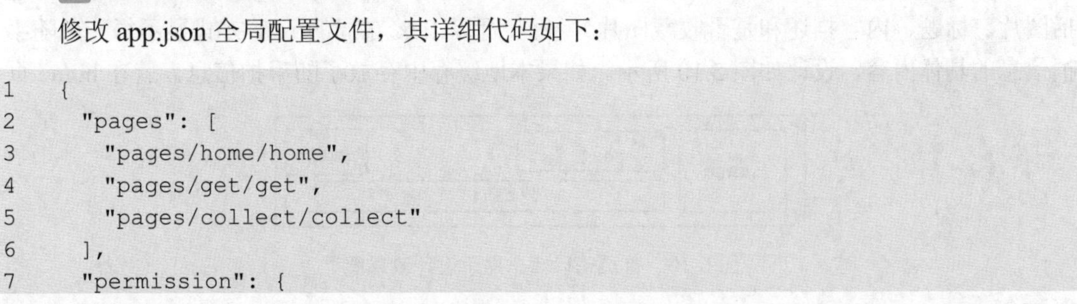

```
{
  "pages": [
    "pages/home/home",
    "pages/get/get",
    "pages/collect/collect"
  ],
  "permission": {
```

```
8        "scope.userLocation": {
9          "desc": "随手拍用于获取地址！"
10       }
11     },
12     "window": {
13       "backgroundTextStyle": "light",
14       "navigationBarBackgroundColor": "#F53333",
15       "navigationBarTitleText": "随手拍",
16       "navigationBarTextStyle": "white"
17     },
18     "tabBar": {
19       "backgroundColor": "#F53333",
20       "color": "#ffffff",
21       "selectedColor": "#ffff00",
22       "list": [
23         {
24           "pagePath": "pages/home/home",
25           "text": "首页"
26         },
27         {
28           "pagePath": "pages/get/get",
29           "text": "拍照"
30         },
31         {
32           "pagePath": "pages/collect/collect",
33           "text": "收藏"
34         }
35       ]
36     }
37   }
```

上述代码第 7~11 行表示允许小程序具有地理位置获取权限。因为在小程序开发中，部分接口函数需要经过用户授权同意后才能调用，本项目中的调用地理位置接口也属于用户授权范围，所以配置文件中需要使用上述代码进行授权。一旦小程序使用者接受授权，就可以直接调用地理位置接口函数，否则会弹出窗口询问使用者。scope.userLocation 对应的授权接口函数包括获取地理位置函数——wx.getLocation()和选择地理位置函数——wx.chooseLocation()。在需要授权 scope.userLocation 时，必须配置地理位置用途说明，代码格式如上述代码第 9 行所示，其表示在小程序获取地理位置接口权限时显示的用途说明信息，最长不超过 30 个字符。

5.2.2.4

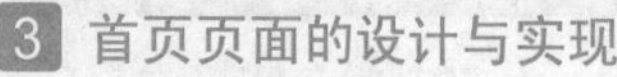

### 3 首页页面的设计与实现

（1）首页界面设计。

从图 5.6 可以看出，整个首页页面以 flex 布局的 column 方式显示每一条随手拍信息（包括图片、标题、内容描述和是否收藏图片），每一行以 flex 布局的 row 方式显示每一条随手拍信息的具体内容，设计如图 5.10 所示。如果本地缓存中存放了随手拍信息，就在 home 页

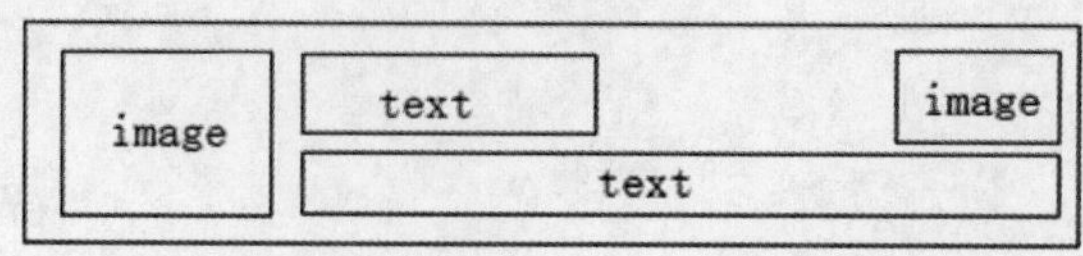


图 5.10 首页每行信息显示设计效果图

面上按照指定的展示样式显示随手拍信息，否则就在页面显示“你还没有随手拍！”。

① 页面结构文件代码。

```
1   <!--pages/home/home.wxml-->
2   <view class='container' wx:if='{{isHave}}'>
3     <scroll-view class='scrollview' style='height:100%' scroll-y>
4       <view class='info' wx:for="{{infos}}">
5         <image class='img' src='{{item.imgPath}}'></image>
6         <view>
7           <view class='infotop'>
8             <text class='txttitle'>{{item.title}}</text>
9             <image bindtap='imgSave' wx:if='{{item.isSave}}' data-i='{{index}}' class='imgsave' src='/images/light.png'></image>
10            <image bindtap='imgSave' wx:else class='imgsave' data-i='{{index}}' src='/images/black.png'></image>
11          </view>
12          <view class='txtcontent'>
13            <text>{{item.content}}</text>
14          </view>
15        </view>
16      </view>
17    </scroll-view>
18  </view>
19  <view class='container' wx:else>你还没有随手拍！</view>
```

上述代码第 2~18 行表示如果本地缓存中存放了随手拍信息，就按照图 5.6 所示的每一行样式显示图片、标题、内容描述和表示是否收藏的图片。第 2 行代码用条件渲染语句 wx:if 绑定 isHave 变量，isHave 的值由本页面的逻辑功能代码控制，如果在本地缓存中读到数据，isHave 的值为 true，否则为 false。第 4 行代码用 scroll-view 组件的 scroll-y 属性指定页面沿垂直方向滚动。根据图 5.10 所示的设计效果图，每行的左侧由 image 组件绑定图片存放路径，右侧分为上下两个部分：上部左侧用 text 组件绑定标题，右侧根据收藏标志 isSave 变量，使用条件渲染语句控制 image 组件是绑定代表“已收藏”的图片（light.png）还是代表“未收藏”的图片（black.png），下部用 text 组件绑定内容描述信息。由于页面上显示信息的行数由本地缓存中存放的信息条数决定，所以在页面逻辑文件代码中通过读取本地缓存信息的方法读出信息后存放在 infos 数组中，然后用上述第 4 行代码，通过绑定 infos 数组的方法进行列表渲染后显示在页面上。

② 页面样式文件代码。

```
/* pages/home/home.wxss */
.container {
  display: flex;
  flex-direction: column;
  align-items: center;
}
.scrollview {
  margin-top: 3rpx;
  width: 98%;
  height: 100%;
}
/* 每行随手拍信息样式 */
```

```
13  .info {
14    display: flex;
15    flex-direction: row;
16    margin-bottom: 10rpx;
17    background: white;
18    height: 10%;
19  }
20  /* 每行左侧图片样式 */
21  .img {
22    width: 100rpx;
23    height: 100%;
24    margin-right: 5rpx;
25  }
26  /* 每行右上侧样式 */
27  .infotop {
28    display: flex;
29    flex-direction: row;
30  }
31  /* 每行右上侧的标题样式 */
32  .txttitle {
33    font-size: 35rpx;
34    flex: 1;
35  }
36  /* 每行右上侧的已收藏/未收藏图片样式 */
37  .imgsave {
38    padding: 5rpx 5rpx 5rpx 5rpx;
39    width: 40rpx;
40    height: 40rpx;
41  }
42  /* 每行右下侧内容描述信息样式 */
43  .txtcontent {
44    font-size: 28rpx;
45    width: 650rpx;
46    display: -webkit-box;
47    -webkit-line-clamp: 1;
48    overflow: hidden;
49    text-overflow: ellipsis;
50    -webkit-box-orient: vertical;
51    word-break: break-all;
52  }
```

上述第46~51行代码表示强制文本在一行内显示，超出文本用省略号代替。

（2）首页页面功能实现。

5.2.2.5

当显示首页页面时，首先读取本地缓存并判断本地缓存有没有指定 key（本项目为 infos）的数据，然后根据判断结果，按照页面布局格式更新页面内容。

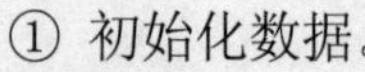

① 初始化数据。

```
  data: {
    isHave: false,//判断是否有数据，用于控制页面上的显示内容
    infos: []     //存放本地缓存中读出的随手拍信息
  },
```

② 监听页面显示事件。

```
  onShow: function () {
    var temp = wx.getStorageSync("infos") //读出缓存中的数据
    var isHave = false
    if (temp) {                           //数组不为空
      isHave = true
    }
    this.setData({
      infos: temp,
      isHave: isHave
    })
  },
```

在页面显示或切换到前台时，首先需要从本地缓存中读出 key 为 infos 的数据，然后判断 infos 是否为空，如果不为空，则更新 infos、isHave 数据内容。读者需要注意：该业务处理代码应该放在 onShow()函数中，而不应该放在 onLoad()函数中，因为 onLoad()仅在小程序开始运行时执行一次，而 onShow()函数在每次页面切换到前台时都会执行，这样可以保证即使在拍照页面或收藏页面对本地缓存中的数据进行了更新，当页面切换到首页时，首页显示的内容也会一起更新。

③ 单击每行最右侧“收藏”图片事件。

```
  imgSave: function (e) {
    var i = e.currentTarget.dataset.i    //获得收藏传递来的下标
    var infos = this.data.infos          //获得原存放数据
    infos[i].isSave = !this.data.infos[i].isSave //将下标对应数组元素的保存状态修改
    this.setData({
      infos: infos
    })
    wx.setStorageSync("infos", this.data.infos)  //更新后继续保存
  },
```

### 4 拍照页面的设计与实现

（1）拍照界面设计。

从图 5.7 可以看出，整个拍照页面从上到下分为照片预览、地理位置、标题、详细内容和保存 5 部分，并以 flex 布局的 column 方式显示在页面上。“照片预览”用 image 组件实现；“地理位置”用 text 组件显示（并在其右侧用 image 组件显示当前位置图片）；“标题”用 input 组件实现；“详细内容”用 textarea 组件实现；“保存”用 text 组件实现。

5.2.2.2

① 页面结构文件代码。

```
<!--pages/get/get.wxml-->
<view class='container'>
  <image bindtap='getImg' class='imgCamera' mode='aspectFit' src= '{{imgPath}}'></image>
  <view class='location'>
    <text>{{position}}</text>
    <image bindtap='getLocation' class='imgLocation' mode='scaleToFill' src='/images/location.jpg'></image>
  </view>
  <view class='content'>
    <input value='{{title}}' bindinput='getTitle' class='title' placeholder='请输入标题'></input>
```

```
10      <textarea value='{{content}}' bindinput='getContent' class='info' maxlength= '800' placeholder='写点儿什么？'></textarea>
11      <text bindtap='write' class='save' space='nbsp'>保      存</text>
12    </view>
13  </view>
```

上述代码第 3 行用 image 组件的 bindtap 属性绑定单击事件，用于调用相机拍摄照片，用 src 属性绑定 image 组件上显示的照片路径，用 mode 属性指定图片为保持纵横比缩放图片的显示模式；第 4~7 行用于实现地理位置显示功能，其中第 5 行用 text 组件显示位置信息，第 6 行用 image 组件显示当前位置图标，并用 bindtap 属性绑定单击事件，用于调用地图 API，获得地理位置信息。

② 页面样式文件代码。

```
/* pages/get/get.wxss */
/* container 样式与首页页面样式文件一样，此处省略 */
/* 照片预览区样式 */
.imgCamera {
  background-color: white;
  width: 98%;
  height: 40%;
}
/* 位置显示区样式 */
.location {
  margin-top: 5rpx;
  background-color: white;
  display: flex;
  flex-direction: row;
  width: 98%;
  height: 50rpx;
}
/* 位置显示区当前位置图片样式 */
.imgLocation {
  background-color: white;
  width: 25%;
  height: 50rpx;
}
/* 位置显示区位置信息样式 */
text {
  font-size: 30rpx;
  width: 75%;
  height: 50rpx;
}
/* 标题以下区域样式 */
.content {
  margin-top: 5rpx;
  width: 98%;
  height: 55%;
}
/* 标题样式 */
.title {
  background-color: white;
  width: 100%;
```

```
  height: 50rpx;
  font-size: 30rpx;
}
/* 详细内容样式 */
.info {
  margin-top: 5rpx;
  background-color: white;
  width: 100%;
  height: 75%;
  font-size: 30rpx;
}
/* 保存文本样式 */
.save {
  display: flex;
  flex-direction: row;
  justify-content: center;
  align-items: center;
  width: 100%;
  height: 15%;
  font-size: 30rpx;
  color: rgb(145, 139, 139);
}
```

（2）拍照页面功能实现。

启动拍照页面时，首先读取本地缓存，并判断本地缓存有没有指定 key（本项目为 infos）的数据，然后根据判断结果更新 infos 内容。当单击“一点就拍”后，调用图片 API 拍照；当单击“当前位置”后，调用位置 API 获取位置信息；也可以在页面的对应位置处输入标题、详细内容后单击“保存”按钮，将当前页面的所有信息以{图片路径，所在位置，标题，详细内容，收藏与否}的格式保存在 infos 数组中。如果没有输入标题信息，系统默认以当前日期时间作为标题。

5.2.2.3

① 初始化数据。

```
  data: {
    infos: [],                          //所有数据
    imgPath: "/images/sample.jpg",      //默认照片路径
    position: "",                       //当前位置
    title: '',                          //默认年月日时分秒作标题
    content: '',                        //默认为空
    isSave: false                       //收藏与否，默认没有收藏
  },
```

② 页面加载事件。

```
  onLoad: function (options) {
    var temp = wx.getStorageSync("infos")//同步获取数据
    if (temp) {
      this.setData({
        infos: temp
      })
    }
  },
```

上述第 3~7 行代码表示，如果页面加载时从本地缓存中读取 key 为 infos 的数据不为空，则将该数据更新给本页面定义的 infos 数组变量，以便在原有数据上追加新数据信息。

③ 拍照事件。

```
1   getImg: function (res) {
2     var that = this
3     wx.chooseImage({
4       count: 1,
5       sizeType: ['original', 'compressed'],
6       sourceType: ['album', 'camera'],
7       success: function (res) {
8         var imgPath = res.tempFilePaths[0]
9         that.setData({
10          imgPath: imgPath
11        })
12      }
13    })
14  },
```

上述代码第 3~13 行表示使用 chooseImage()函数调用设备照相机拍照，或从本地相册选取照片，并将照片的存放路径更新到页面照片预览区绑定的 imgPath 变量。

④ 获取当前位置事件。

```
getLocation: function (res) {
  var that = this
  wx.chooseLocation({
    success: function (res) {
      var position = res.address
      that.setData({
        position: position
      })
    },
  })
},
```

⑤ 自定义用日期时间表示的默认标题函数。

```
getDefaultTitle: function () {
  var oDate = new Date();
  var oYear = oDate.getFullYear();      //获取年
  var oMonth = oDate.getMonth() + 1;    //获取月
  var oDay = oDate.getDate();           //获取日
  var oHours = oDate.getHours();        //获取小时
  var oMinute = oDate.getMinutes();     //获取分钟
  var oSeconds = oDate.getSeconds();    //获取秒
  var oMill = oDate.getMilliseconds(); //获取毫秒
  var defaultTitle = oYear + "" + oMonth + oDay + "" + oHours + "" + oMinute + "" + oSeconds;
  return defaultTitle
},
```

⑥ 保存事件。

```
write: function (e) {
```

```
2       var that = this
3       wx.showModal({
4         title: '保存',
5         content: '确认保存？',
6         success(res) {
7           if (res.confirm) {                  //用户单击“确定”按钮
8             if (that.data.title == '') {      //标题为空，取日期时间值作为标题
9               that.data.title = that.getDefaultTitle()
10            }
11            var info = {
12              imgPath: that.data.imgPath,     //图片路径
13              position: that.data.position, //所在位置
14              title: that.data.title,         //标题
15              content: that.data.content,     //详细内容
16              isSave: false                   //没有收藏(默认)
17            }
18            that.data.infos.push(info)        //将当前的 info 对象存入 infos 数组
19            wx.setStorageSync("infos", that.data.infos) //同步存储数据
20    that.setData({                            //保存后，将位置、标题和内容清空
21              position: "",
22              title: '',
23              content: ''
24            })
25          } else if (res.cancel) {            //用户单击“取消”按钮
26            console.log('用户单击取消')
27          }
28        }
29      })
30    },
```

上述代码第 11~17 行用于将当前页面上的数据组装成 info 对象；第 18~19 行代码表示将 info 对象存入 infos 数组后，将 infos 数组存入本地缓存（如果已有，则覆盖原有数据）。

另外，获取标题事件 getTitle()和获取详细内容事件 getContent()比较简单，不再赘述。本案例的详细代码，读者可以参阅代码包 lesson5_camera 文件夹中的内容。

## 5 收藏页面的设计与实现

（1）收藏界面设计。

5.2.2.6

从图 5.8、图 5.9 可以看出，整个收藏页面以 flex 布局的 column 方式显示每一条随手拍信息（包括标题、内容描述、图片和取消收藏按钮），每一行以 flex 布局的 row 方式显示每一条收藏信息的具体内容，设计如图 5.8 所示。如果本地缓存中存放的随手拍信息中包含收藏条目，就在 collect 页面上按照指定的展示样式显示信息，否则就在页面显示“还没有收藏信息！”。

① 页面结构文件代码。

```
<!--pages/collect/collect.wxml-->
<view wx:if='{{isHave}}' class='container'>
  <scroll-view class='container' scroll-y>
    <block wx:for='{{infos}}'>
      <block wx:if='{{item.isSave}}'>
        <scroll-view scroll-x>
          <view class='linecontent'>
            <view class='left'>
```

```
9            <text class='txttitle'  style='color:blue'>{{item.title}}</text>
10           <text class='txtcontent'>{{item.content}}</text>
11         </view>
12         <view class='img'>
13           <image mode='aspectFit' src="{{item.imgPath}}"></image>
14         </view>
15         <view class='btnclass' >
16           <button class='btn' bindtap='btnDel' data-delid='{{index}}'>取消收藏</button>
17         </view>
18       </view>
19     </scroll-view>
20   </block>
21  </block>
22  </scroll-view>
23 </view>
24 <view wx:else class='container'>还没有收藏信息</view>
```

上述代码第 2~23 行表示，如果本地缓存中存放了收藏的随手拍信息，就按照图 5.11 所示的每一行样式显示标题、内容描述、图片和取消收藏按钮。第 2 行代码用条件渲染语句 wx:if 绑定 isHave 变量，isHave 的值由本页面的逻辑功能代码控制，如果在本地缓存中读到数据，isHave 的值为 true，否则为 false。第 3 行代码用 scroll-view 组件的 scroll-y 属性指定页面沿垂直方向滚动；根据图 5.11 所示的设计效果图，每行的左侧分上下两个部分：上部用 text 组件绑定标题，下部用 text 组件绑定内容描述（如果两行显示不下，用省略号代替）；每行的中间用 image 组件绑定图片存放路径；每行右侧用 button 组件实现“取消收藏”效果。由于正常情况下每行不显示“取消收藏”，只有向左滑动每行时才会显示“取消收藏”按钮，所以上述代码第 6 行用 scroll-view 组件的 scroll-x 属性指定页面沿水平方向滚动。由于页面上显示信息的行数由本地缓存中存放的收藏信息条数决定，所以在页面逻辑文件代码中通过读取本地缓存信息的方法读出信息后存放在 infos 数组中，然后用上述第 4~5 行代码通过绑定 infos 数组的方法进行列表渲染，取出每个数组元素的 isSave 值，进行条件渲染后显示在页面上。

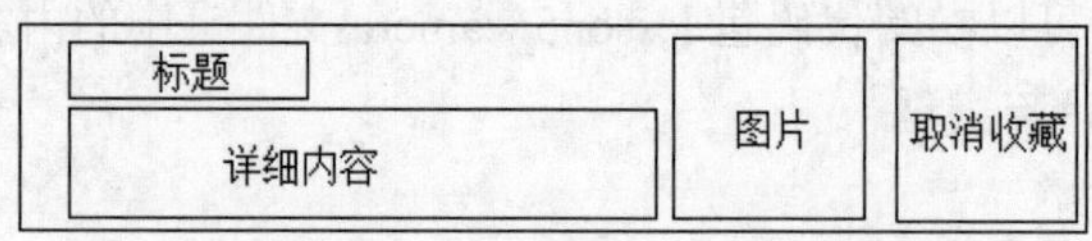


图 5.11　收藏页每行显示设计效果图

② 页面样式文件代码。

```
/* pages/collect/collect.wxss */
/* container 样式与首页页面样式文件一样，此处省略 */
/* 每行的样式 */
.linecontent {
  width: 100%;
  height: 200rpx;
  background: white;
  margin: 4rpx;
  display: flex;
  flex-direction: row;
}
/* 每行左侧的样式 */
```

```
.left {
 display: flex;
 flex-direction: column;
 width: 60%;
 flex: none; /*容器项不放大、不缩小*/
}
/* 每行标题的样式 */
.txttitle {
 margin: 10rpx;
 color: blue;
 font-size: 45rpx;
 width: 100%;
 display: -webkit-box;
 -webkit-line-clamp: 1;
 overflow: hidden;
 text-overflow: ellipsis;
 -webkit-box-orient: vertical;
 word-break: break-all;
}
/* 每行内容描述的样式 */
.txtcontent {
 margin: 10rpx;
 font-size: 30rpx;
 line-height: 50rpx;
 display: -webkit-box;
 -webkit-line-clamp: 2;
 overflow: hidden;
 text-overflow: ellipsis;
 -webkit-box-orient: vertical;
 word-break: break-all;
}
/* 每行中间图片的样式 */
.img {
 width: 40%;
 height: 100%;
 flex: none;
}
image {
 width: 200rpx;
 height: 100%;
}
/* 每行右侧取消收藏按钮的样式 */
.btn {
 display: flex;
 flex-direction: column;
 align-items: center;
 justify-content: center;
 width: 200rpx;
 height: 100%;
 background: red;
 color: white;
 font-size: 35rpx;
}
```

上述代码第20~31行用来设置标题一行显示不下时用省略号代替的样式；第33~43行用来设置内容描述两行显示不下时用省略号代替的样式。

5.2.2.7

（2）收藏页面功能实现。

启动收藏页面时，首先读取本地缓存，并判断本地缓存有没有指定key（本项目为infos）的数据，然后根据判断结果更新infos的内容。在页面渲染时，根据infos数组中的内容，依据isSave值判断是否要显示在收藏页面上。向左滑动每一行信息时，每一行右侧会露出“取消收藏”按钮，单击“取消收藏”按钮，可以取消收藏当前这一行的信息。

① 初始化数据。

```
data: {
  isHave: false, //判断是否有数据，用于控制页面上的显示内容
  infos: []
},
```

② 取消收藏事件。

```
1  btnDel: function(e) {
2    var delid = e.currentTarget.dataset.delid
3    var infos = this.data.infos //获得原存放数据
4    infos[delid].isSave = false
5    this.setData({
6      infos: infos
7    })
8    wx.setStorageSync("infos", this.data.infos) //更新后继续保存
9  },
```

单击“取消收藏”按钮时，首先使用上述代码第2行获得该按钮绑定的data-delid，以便将存放随手拍信息infos数组中对应元素的isSave修改为false（即不再收藏该条信息）；然后更新页面绑定的infos数组内容，最后将infos数组内容重新保存在本地缓存中。

另外，监听页面显示事件与首页页面的监听显示事件完全一样，不再赘述。本案例的详细代码，读者可以参阅代码包lesson5_camera文件夹中的内容。

## 5.3 文本阅读器的设计与实现

随着社会的发展，人们对阅读的要求越来越高，对环境保护越来越重视。伴随着现代科技的发展，电子书应运而生。可以想象，电子书凭借其成本低廉、便于携带和交流方便的特点，势必成为人们阅读的主要媒介。目前，越来越多的用户把手机、平板电脑等智能终端设备作为便携式的电子阅读设备。本节以开发设计一个基本微信平台的文本阅读器小程序为例，介绍微信小程序读写本地文件的方法。

5.3.1.1

### 5.3.1 预备知识

#### 1 文件操作API

文件操作在小程序开发中主要应用于从网络下载文件或从指定位置选择文件，并作为本地文件保存等场景，这个保存的本地文件可以是本地缓存文件，也可以是本地用户文件。微

信小程序开发框架提供了保存文件、获取文件信息、获取本地文件列表、获取本地文件信息、删除本地文件、打开文档等操作文件的 API。下面以实现图 5.12 所示小程序为例，介绍这些 API 的使用方法。

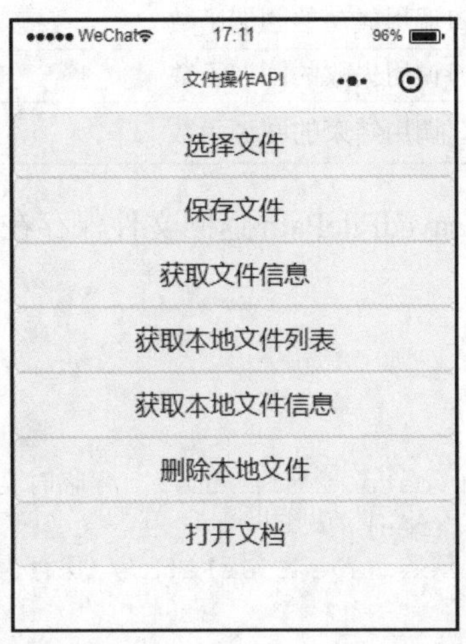


图 5.12　文件 API 应用

单击图 5.12 所示界面的“选择文件”按钮，弹出“打开”对话框，在对话框中选择需要操作的文件；单击“保存文件”按钮，将打开的文件保存到本地；单击“获取文件信息”按钮，可以获得文件（文件可以是临时文件，也可以是本地文件）的大小和摘要；单击“获取本地文件列表”，可以获得保存在本地的文件列表信息（包括本地路径、文件保存时的时间戳、大小）；单击“获取本地文件信息”，可以获得本地的文件信息（包括文件保存时的时间戳、大小）；单击“删除本地文件”按钮，可以删除指定的本地文件；单击“打开文档”按钮，可以在新的页面打开指定类型的文档（包括 Word、Excel、PowerPoint 和 PDF 类型）。页面结构文件代码如下：

```
<button bindtap='selectFile'>选择文件</button>
<button bindtap='saveFile'>保存文件</button>
<button bindtap='getFileInfo'>获取文件信息</button>
<button bindtap='getLocalFileList'>获取本地文件列表</button>
<button bindtap='getLocalFileInfo'>获取本地文件信息</button>
<button bindtap='delLocalFile'>删除本地文件</button>
<button bindtap='openLocalFile'>打开文档</button>
```

另外，逻辑代码文件中定义了如下两个变量，分别用于存放选择的待操作文件路径和保存到本地的文件路径，代码如下：

```
  data: {
        oFileName: '',//选择的临时文件路径
        sFileName: '',//保存的本地文件路径
  },
```

（1）wx.saveFile(Object object)：保存文件到本地，该文件为本地缓存文件。object 参数及功能说明如表 5-13 所示。

表 5-13 object 参数及功能说明

| 属　性 | 类　型 | 功　能 |
|---|---|---|
| tempFilePath | String | 需要保存到本地的文件的临时路径，调用成功后，临时路径不可再用 |
| success | Function | 接口调用成功的回调函数 |
| fail | Function | 接口调用失败的回调函数 |
| complete | Function | 接口调用结束的回调函数 |

success(res)回调函数的 res.savedFilePath 返回文件保存在本地的路径。因此保存文件功能的 saveFile()函数代码如下：

```
saveFile: function (e) {
   var that = this
   wx.saveFile({
     tempFilePath: that.data.oFileName,  //临时文件路径
     success: function (res) {
       var sFileName = res.savedFilePath //保存为本地文件的路径
       that.setData({
         sFileName: sFileName
       })
     }
   })
 },
```

（2）wx.getFileInfo(Object object)：获取文件信息，该方法既可以获取本地文件信息，也可以获取本地临时文件信息。object 参数及功能说明如表 5-14 所示。

表 5-14 object 参数及功能说明

| 属　性 | 类　型 | 功　能 |
|---|---|---|
| filePath | String | 文件路径（本地文件、临时文件均可） |
| digestAlgorithm | String | 计算文件摘要的算法，默认值为 md5，也可以为 sha1 |
| success | Function | 接口调用成功的回调函数 |
| fail | Function | 接口调用失败的回调函数 |
| complete | Function | 接口调用结束的回调函数 |

success(res)回调函数的 res.size 返回文件大小（单位：字节），res.digest 返回文件摘要，res.errMsg 返回调用结果信息。因此获取文件信息功能的 getFileInfo ()函数代码如下：

```
getFileInfo: function (e) {
   var that = this
   wx.getFileInfo({
     filePath: that.data.sFileName,
     success(res) {
       console.log(res.size)     //文件大小（字节）
       console.log(res.digest)   //文件摘要
       console.log(res.errMsg)
     }
   })
 },
```

（3）wx.getSavedFileList(Object object)：获取该小程序下本地已保存的文件列表。object

参数及功能说明如表 5-15 所示。

表 5-15　object 参数及功能说明

| 属　性 | 类　型 | 功　能 |
| --- | --- | --- |
| success | Function | 接口调用成功的回调函数 |
| fail | Function | 接口调用失败的回调函数 |
| complete | Function | 接口调用结束的回调函数 |

success(res)回调函数的 res.fileList 返回 Object Array 类型的文件列表（fileList 包括 filePath：文件的本地路径，createTime：文件保存时的时间戳，size：文件大小）。因此获取本地文件列表功能的 getLocalFileList ()函数代码如下：

```
getLocalFileList:function(e){
  wx.getSavedFileList({
    success(res) {
      console.log(res.fileList)  //输出本地文件列表
    }
  })
},
```

5.3.1.2

（4）wx.getSavedFileInfo(Object object)：获取本地文件信息。object 参数及功能说明如表 5-16 所示。

表 5-16　object 参数及功能说明

| 属　性 | 类　型 | 功　能 |
| --- | --- | --- |
| filePath | String | 本地文件路径 |
| success | Function | 接口调用成功的回调函数 |
| fail | Function | 接口调用失败的回调函数 |
| complete | Function | 接口调用结束的回调函数 |

success(res)回调函数的 res.size 返回文件大小（单位：字节），res.createTime 返回文件保存时的时间戳。因此获取本地文件信息功能的 getLocalFileInfo ()函数代码如下：

```
getLocalFileInfo:function(e){
    var that = this
    wx.getSavedFileInfo({
      filePath: that.data.sFileName, //本地文件路径
      success: function (res) {
        console.log(res.createTime)   //文件的保存时间戳
        console.log(res.size)         //文件大小（字节）
      }
    })
  },
```

（5）wx.removeSavedFile(Object object)：删除本地文件。object 参数及功能说明如表 5-17 所示。

表 5-17 object 参数及功能说明

| 属　性 | 类　型 | 功　能 |
| --- | --- | --- |
| filePath | String | 本地文件路径 |
| success | Function | 接口调用成功的回调函数 |
| fail | Function | 接口调用失败的回调函数 |
| complete | Function | 接口调用结束的回调函数 |

删除本地文件功能的 delLocalFile ()函数代码如下：

```
delLocalFile:function(e){
    var that = this
    wx.removeSavedFile({
      filePath: that.data.sFileName,  //本地文件路径
      success:function(res){
        console.log('删除成功！',res)
      },
      fail:function(res){
        console.log('删除失败！',res)
      }
    })
  },
```

（6）wx.openDocument(Object object)：在新页面打开 Word 类型、Excel 类型、PowerPoint 类型和 PDF 类型的文档。object 参数及功能说明如表 5-18 所示。

表 5-18 object 参数及功能说明

| 属　性 | 类　型 | 功　能 |
| --- | --- | --- |
| filePath | String | 本地文件路径 |
| fileType | String | 指定要打开的文件类型(doc、docx、xls、xlsx、ppt、pptx、pdf) |
| success | Function | 接口调用成功的回调函数 |
| fail | Function | 接口调用失败的回调函数 |
| complete | Function | 接口调用结束的回调函数 |

打开文档功能的 openLocalFile ()函数代码如下：

```
openLocalFile:function(e){
    var that = this
    wx.openDocument({
      filePath: that.data.sFileName, //本地文件路径
      success: function (res) {
        console.log('打开文档成功')
      },
      fail:function(res){
        console.log('打开文档失败',res)
      }
    })
  },
```

## 2 文件管理器

文件系统是小程序提供的一套以小程序和用户维度隔离的存储以及一

5.3.1.3

套相应的管理接口。通过 wx.getFileSystemManager()可以获取到全局唯一的文件系统管理器，所有文件系统的管理操作通过 FileSystemManager 来调用。代码如下：

```
var fs = wx.getFileSystemManager( )
```

（1）本地临时文件。

本地临时文件只能通过调用特定接口产生，不能直接写入内容。本地临时文件产生后，仅在当前生命周期内有效，重启之后即不可用。因此，开发者不能把本地临时文件路径存储起来下次使用。如果下次再使用，可以通过 FileSystemManager.saveFile(Object object)函数或 FileSystemManager.copyFile(Object object)函数保存本地临时文件为本地缓存文件或本地用户文件。FileSystemManager.saveFile() 函数的 object 参数及功能说明如表 5-19 所示，FileSystemManager. copyFile () 函数的 object 参数及功能说明如表 5-20 所示。

表 5-19　object 参数及功能说明

| 属　性 | 类　型 | 功　能 |
| --- | --- | --- |
| tempFilePath | String | 临时文件路径 |
| filePath | String | 存储的目标文件路径（可以省略，若省略，默认保存为本地缓存文件） |
| success | Function | 接口调用成功的回调函数 |
| fail | Function | 接口调用失败的回调函数 |
| complete | Function | 接口调用结束的回调函数 |

success(res)回调函数的 res.savedFilePath 返回存储后的文件路径，若指定了 filePath 属性值，则返回值与 filePath 属性值相同。

表 5-20　object 参数及功能说明

| 属　性 | 类　型 | 功　能 |
| --- | --- | --- |
| srcPath | String | 源文件路径 |
| destPath | String | 存储的目标文件路径（不能省略） |
| success | Function | 接口调用成功的回调函数 |
| fail | Function | 接口调用失败的回调函数 |
| complete | Function | 接口调用结束的回调函数 |

fail(res)回调函数的 res.errMsg 返回错误信息。

（2）本地缓存文件。

本地缓存文件只能通过调用特定接口产生，不能直接写入内容。本地缓存文件产生后，重启之后仍可用。本地缓存文件可以通过 wx.saveFile()方法或 FileSystemManager.saveFile() 函数，保存本地临时文件获得。将临时文件保存为本地缓存文件的代码如下：

```
    fs.saveFile({
      tempFilePath: that.data.oFileName, //本地临时文件路径
      success(res) {
        console.log(res.savedFilePath)    //输出默认保存的本地缓存文件路径
      }
    })
```

（3）本地用户文件。

本地用户文件是从 1.7.0 版本开始新增的概念。它提供了一个用户文件目录给开发者，开发者对这个目录有完全自由的读写权限。开发者可以使用 wx.env.USER_DATA_PATH 获取到本地用户文件目录的路径，并且对这个目录具有完全自由的读写权限。将临时文件保存为本地用户文件的代码如下：

```
var filename='rr.txt'
var usrPath = wx.env.USER_DATA_PATH + '/' + filename
fs.copyFile({
    srcPath:that.data.oFileName, //本地临时文件路径
    destPath: usrPath,             //目标文件路径
    success(res){
      console.log(res)
    },
    fail(res){
      console.log(res)
    }
  })
```

5.3.1.4

（4）读文件内容。

FileSystemManager.readFile(Object object)函数用于读取本地文件的内容，其 object 参数及功能说明如表 5-21 所示。

表 5-21 object 参数及功能说明

| 属 性 | 类 型 | 功 能 |
|---|---|---|
| filePath | String | 文件路径 |
| encoding | String | 指定读取文件的字符编码（可省略，若省略，则以读取文件的二进制内容） |
| success | Function | 接口调用成功的回调函数 |
| fail | Function | 接口调用失败的回调函数 |
| complete | Function | 接口调用结束的回调函数 |

encoding 属性值可以为 ascii、base64、binary、hex、ucs2、ucs-2、utf16le、utf-16le、utf-8、utf8 或 latin1 等编码；success(res)回调函数的 res.data 返回读出的文件内容（string 类型）。例如，要读出 ucs2 编码格式的文本文件，可以使用如下代码：

```
fs.readFile({
    filePath:that.data.readfile,    //要读的文件路径
    encoding: 'ucs2',               //文件编码类型
    success(res){
      console.log(res.data)         //输出读出的文件内容
    }
  })
```

另外，小程序开发框架还提供了一个 readFile() 函数的同步版本方法，即 FileSystemManager.readFileSync(string filePath, string encoding)，其中 filePath 指定要读取的文件的路径；encoding 指定读取文件的字符编码。

（5）判断文件/目录是否存在。

FileSystemManager.access(Object object)函数用于判断文件/目录是否存在，其 object 参数

及功能说明如表 5-22 所示。

表 5-22 object 参数及功能说明

| 属 性 | 类 型 | 功 能 |
| --- | --- | --- |
| path | String | 要判断是否存在的文件/目录路径 |
| success | Function | 接口调用成功的回调函数 |
| fail | Function | 接口调用失败的回调函数 |
| complete | Function | 接口调用结束的回调函数 |

fail (res)回调函数的 res.errMsg 返回错误信息。要判断的文件/目录存在，执行 success(res)回调函数，否则执行 fail(res)回调函数。代码如下：

```
fs.access({
  path:that.data.sFileName,  //要判断的文件/目录
  success:function(res){
    console.log('若存在，则实现功能！')
  },
  fail:function(res){
    console.log(res.errMsg)
  }
})
```

FileSystemManager.accessSync(string path) 函数是 FileSystemManager.access() 函数的同步版本，path 指定要判断是否存在的文件/目录路径。

（6）写文件内容。

FileSystemManager.writeFile(Object object)函数用于向本地文件写入内容，其 object 参数及功能说明如表 5-23 所示。

表 5-23 object 参数及功能说明

| 属 性 | 类 型 | 功 能 |
| --- | --- | --- |
| filePath | String | 要写入的文件路径 |
| data | String/ArrayBuffer | 要写入的文本或二进制数据 |
| encoding | String | 指定读取文件的字符编码（可省略，若省略，则默认为 utf8） |
| success | Function | 接口调用成功的回调函数 |
| fail | Function | 接口调用失败的回调函数 |
| complete | Function | 接口调用结束的回调函数 |

encoding 属性值与读文件内容的 readFile () 函数一样；fail (res)回调函数的 res.errMsg 返回错误信息。例如，要写入本地用户文件，其代码如下：

```
var usrPath = wx.env.USER_DATA_PATH + '/rrr.txt'
fs.writeFile({
  filePath: usrPath,                  //写入的文件路径
  data:'这是一个新写入的文件内容',       //写入的文件内容
  success: function (res) {
    console.log('写入成功！')
  },
  fail: function (res) {
    console.log(res.errMsg)
```

```
      }
    })
```

FileSystemManager.writeFileSync(string filePath, string|ArrayBuffer data, string encoding)函数是 FileSystemManager.writeFile() 函数的同步版本。其中，filePath 指定要写入的文件路径；data 指定要写入的文本或二进制数据；encoding 指定写入文件的字符编码。

（7）文件末尾追加文件内容。

FileSystemManager. appendFile (Object object) 函数用于向本地文件末尾追加内容，其Object 参数及功能说明如表 5-23 所示。向文件中追加内容的代码如下：

```
var usrPath = wx.env.USER_DATA_PATH + '/rrr.txt'
    fs.appendFile({
      filePath: usrPath,
      data: '这是一个新写入的文件内容',
      success: function (res) {
        console.log('追加成功！')
      },
      fail: function (res) {
        console.log(res.errMsg)
      }
    })
```

FileSystemManager.appendFileSync(string filePath, string|ArrayBuffer data, string encoding)函数是 FileSystemManager.appendFile() 函数的同步版本。其中 filePath 指定要追加内容的文件路径；data 指定要追加的文本或二进制数据；encoding 指定写入文件的字符编码。

## 5.3.2 文本阅读器的实现

5.3.2.1

文本阅读器小程序仅有一个如图 5.13 所示的页面，单击页面空白区域，弹出图 5.14 所示的页面底部工具栏。通过页面底部工具栏，可以实现文本阅读器三个功能模块，即文件模块、字体/背景模块和白天/黑夜模块。

图 5.13 文本阅读器页面

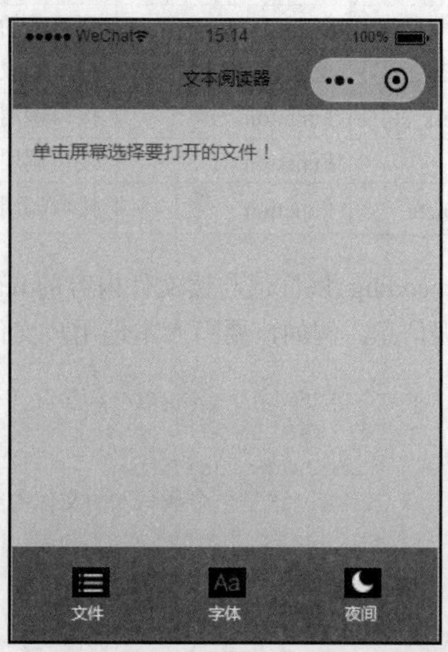


图 5.14 底部工具栏

单击底部工具栏的“文件”图标，可以弹出图 5.15 所示的显示效果，单击“打开文件”，可以弹出“选择文件”对话框，选中要打开的文件，就可以将文件内容显示在页面上；也可以直接单击下方的文本名称，将文件内容显示在页面上。单击底部工具栏的“字体”图标，可以弹出图 5.16 所示的显示效果，单击“字号”后的按钮，可以放大、缩小页面上显示文本字号；单击“背景”后的按钮，可以设置页面的背景色。单击底部工具栏的“夜间”图标，可以切换页面背景色，同时将图标切换为“白天”图标；也可以单击“白天”图标，切换页面的背景色，并将图标切换为“夜间”图标。

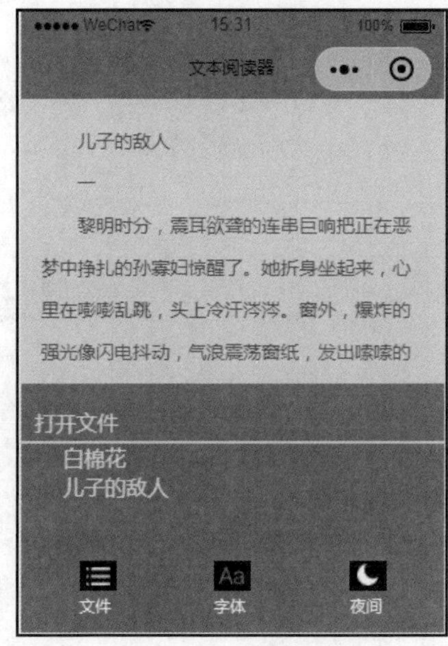


图 5.15　文件工具效果

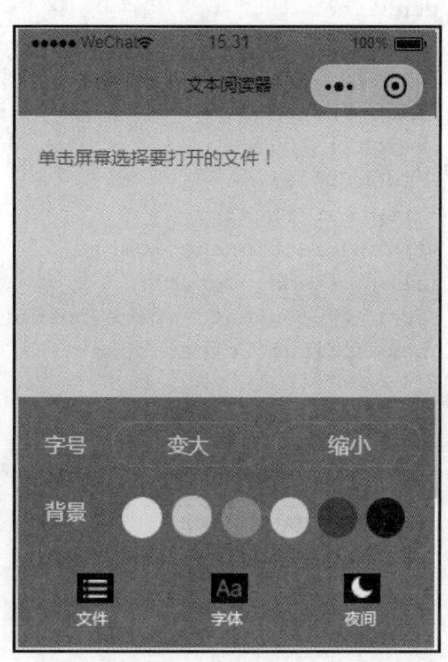


图 5.16　字体工具效果

## 1 项目创建

根据文本阅读器功能需求的介绍，需要在小程序项目下创建 images 文件夹，用于存放文本阅读器小程序开发中用到的图片资源文件。在 pages 文件夹下创建 1 个文件夹，用于存放主页页面（home）。

## 2 主界面的设计

为了达到文本阅读器的功能需求，把整个界面设计分为四个部分：文本内容显示区、底部工具栏显示区、文件工具显示区和字体工具显示区。单击文本内容显示区时，可以通过逻辑代码返回的 display 属性值控制底部工具栏的显示（隐藏）效果；单击“文件”图标和“字体”图标时，也可以通过逻辑代码返回的 display 属性值控制文件工具显示区和字体工具区的显示（隐藏）效果。

（1）文本内容显示区。

① 页面结构文件代码。

```
<!--pages/main/main.wxml-->
<view class="container" style="background:{{bodyColor}}" bindtap= "midaction">
  <!-- 主体内容 -->
  <scroll-view scroll-top="{{scrolltop}}" class="m-read-content" scroll-y style= "height: 100%">
    <text style="font-size:{{initFontSize}}px;">{{txtInfo}}</text>
  </scroll-view>
```

```
7  </view>
```

上述代码第 2 行用 bodyColor 值控制文本显示区的背景色；第 2 行用 bindtap 属性绑定单击事件 midaction 控制底部工具区、文件工具区和字体工具区的显示（隐藏）效果；第 4 行用 scrolltop 值控制竖向滚动条位置；第 5 行用 initFontSize 值控制显示文本的字号、用 txtInfo 值控制显示的文本内容。

② 页面样式文件代码。

```
1   .container {
2    position: fixed;
3    top:0;
4    left:0;
5    height: 100%;
6    width:100%;
7    display: flex;
8    flex-direction: column;
9    align-items: center;
10   justify-content: space-between;
11   box-sizing: border-box;
12  }
13  .m-read-content {
14   font-size: 14px;
15   color: #555;
16   line-height: 31px;
17   padding: 15px;
18   box-sizing: border-box;
19  }
```

上述第 2 行代码的 fixed 属性值表示页面元素相对于窗口固定，滚动窗口时并不会使页面移动；第 14 行代码和第 15 行代码分别指定了页面上显示内容的字号和字的颜色。

（2）底部工具栏显示区。

① 页面结构文件代码。

```
<view class="bottom-nav" style="display:{{nav}}">
  <view class="item" bindtap="openaction">
    <view class="item-warp">
      <view class="icon" style='background:url(/images/list.jpg)'></view>
      <view class="icon-text">文件</view>
    </view>
  </view>
  <view class="item" bindtap="zitiaction">
    <view class="item-warp">
      <view class="icon" style='background:url(/images/font.jpg)'></view>
      <view class="icon-text">字体</view>
    </view>
  </view>
  <view class="item" bindtap="dayNight">
    <view class="item-warp" wx:if="{{daynight}}">
      <view class="icon" style='background:url(/images/sun.jpg)'></view>
      <view class="icon-text">白天</view>
    </view>
    <view class="item-warp" wx:else>
```

```
20        <view class="icon" style='background:url(/images/dark.jpg)'></view>
21        <view class="icon-text">夜间</view>
22      </view>
23    </view>
24  </view>
```

上述代码第 1 行用 nav 值控制底部工具栏显示区的显示（隐藏）效果；第 2 行、第 8 行和第 14 行用 bindtap 属性绑定单击事件 openaction、zitiaction 和 dayNight 用于分别实现“文件”“字体”和“白天/黑夜”的控制功能；第 15~22 行代码使用条件渲染语句控制在底部工具栏显示“白天/黑夜”的图标和文字。

② 页面样式文件代码。

```
1   .bottom-nav {
2     position: fixed;
3     bottom: 0px;
4     height: 70px;
5     background:  #2989C3;
6     width: 100%;
7     opacity: 1;
8     z-index: 10004;
9     margin: 10 auto;
10    text-align: center;
11  }
12  .item {
13    display: inline-block;
14    width: 32%;
15    color: #fff;
16    text-align: center;
17    margin-top: 15px;
18  }
19  .item-warp {
20    width: 26px;
21    margin: 0 auto;
22    position: relative;
23  }
24  .icon {
25    width: 28px;
26    height: 22px;
27  }
28  .icon-text {
29    position: absolute;
30    top: 25px;
31    font-size: 12px;
32  }
```

上述代码第 4 行用 height 属性设定底部工具栏高度为 70px；第 8 行用 z-index 属性设定元素的堆叠顺序，值越大，越显示在前面；第 13 行用于指定块级元素能够在同一行显示。

5.3.2.2

（3）文件工具显示区。

① 页面结构文件代码。

```
<view class="top-file-pannel" style="display:{{wenjian}}">
```

```
2     <view class="child-mod" bindtap='openfile'>打开文件</view>
3     <view style='background:#E0E3DA; width:100%; height:5rpx;'></view>
4     <!-- 在文件列表中显示已保存过的文本 -->
5     <scroll-view scroll-top="{{scrolltop}}" scroll-y style="height: 90%">
6       <view wx:for="{{novelinfo}}">
7         <view bindtap='menufile' data-fileno='{{index}}' style=' width:100%; height:50rpx;'>{{item.txtname}}</view>
8       </view>
9     </scroll-view>
10  </view>
```

上述代码第 1 行用 wenjian 值控制文件工具显示区的显示（隐藏）效果；第 2 行用 bindtap 属性绑定单击事件 openfile，用于打开选择文件的对话框；第 3 行画一条分隔线；第 5~9 行使用列表渲染语句，把已保存的本地文件名称按列表方式显示出来，其中 novelinfo 为用于存放本地文件的存放路径和文件名称的数组。

② 页面样式文件代码。

```
1   .top-file-pannel {
2     position: fixed;
3     bottom: 70px;
4     height: 115px;
5     background: #2989C3;
6     width: 100%;
7     color: yellow;
8     z-index: 10004;
9   }
10  .child-mod {
11    padding: 3px 10px;
12    margin-top: 15px;
13  }
```

上述代码第 3 行用 bottom 属性设定文本工具显示区的底部位置在 70px 处，以便于底部工具栏不重叠。

（4）字体工具显示区。

① 页面结构文件代码。

```
1   <view class="top-nav-pannel" style="display:{{ziti}}">
2     <view class="child-mod">
3       <view class="span">字号</view>
4       <text bindtap="fontBigAction">变大</text>
5       <text style="margin-left:10px;" bindtap="fontSmallAction">缩小</text>
6     </view>
7     <view class="child-mod">
8       <view class="span">背景</view>
9       <block wx:for="{{colorArr}}" wx:for-item="color" wx:key="this">
10        <view class="bk-container {{_num ==index?'bk-container-current':''}}" data-num="{{index}}" style="background-color:{{color.value}}" bindtap="bgChange"></view>
11      </block>
12    </view>
13  </view>
```

上述代码第 1 行用 ziti 值控制字体工具显示区的显示（隐藏）效果；第 2 行、第 4 行分别用 bindtap 属性绑定单击事件 fontBigAction、fontSmallAction，用于控制字号变大和变小；第 9~11 行用列表渲染语句把 colorArr 数组中的背景颜色分别列出来；其中第 10 行根据选择的背景色控制背景色的样式。

② 页面样式文件代码。

```
.top-nav-pannel {
  position: fixed;
  bottom: 70px;
  height: 115px;
  background: #2989C3;
  width: 100%;
  color: yellow;
  z-index: 10004;
}
.top-nav-pannel text {
  background: none;
  border: 1px #8c8c8c solid;
  padding: 5px 40px;
  color: yellow;
  display: inline-block;
  border-radius: 16px;
}
.span {
  display: inline-block;
  padding-right: 20px;
  padding-left: 10px;
}
.bk-container {
  position: relative;
  height: 30px;
  width: 30px;
  background: #fff;
  border-radius: 15px;
  display: inline-block;
  vertical-align: -14px;
  margin-left: 7px;
}
.bk-container-current {
  border: 1px #ff7800 solid;
}
```

## 3 功能实现

5.3.2.3

(1) 初始化数据。

```
data: {
   bodyColor: '#a4a4a4',                  //背景色
   txtInfo: '单击屏幕选择要打开的文件！',  //文件内容
   initFontSize: '14',                    //字号
   colorArr: [{                           //字体属性数组
     value: '#f7eee5',  //背景色（页面的背景色）
     name: '米白',       //名称
     font: ''           //前景色（字显示的颜色）
```

```
9      },
10     /**省略其他字体属性值*/
11     {
12       value: '#0f1410',
13       name: '冷黑',
14       font: '#4e534f'
15     }],
16     _num: 1,                //选中的字体属性数组下标
17     nav: 'none',            //控制底部工具栏
18     wenjian: 'none',        //控制文件工具栏
19     ziti: 'none',           //控制字体工具栏
20     daynight: true,         //白天/黑夜
21     scrolltop: 0,           //垂直滚动条位置
22     novelinfo: []           //本地保存文件数组
23   },
```

上述代码第 10 行省略了其他字体的属性值，其定义格式类似，不再赘述。读者可以参阅代码包 lesson5_readtxt 文件夹中的内容。

（2）单击页面区域显示（隐藏）底部工具栏。

```
  midaction: function () {
    if (this.data.nav == 'none') {
      this.setData({
        nav: 'block'
      })
    } else {
      this.setData({
        nav: 'none',
        ziti: 'none',
        wenjian: 'none'
      })
    }
  },
```

上述代码表示单击页面区域时，如果底部工具栏没有显示，即 nav 的值为 none，则将 nav 的值设置为 block，即显示底部工具栏。如果底部工具栏处于显示状态，则将 nav、ziti、wenjian 的值设置为 none，即底部工具栏、字体工具显示区、文件工具显示区都隐藏。

（3）选择并打开文件。

在本功能模块中，单击图 5.15 所示的“打开文件”，即可打开选择文件对话框，从对话框中选择临时文件后，调用 wx.saveFile() 函数，将临时文件作为本地缓存文件保存，并调用 FileSystemManager.readFile()函数读出文件内容。

```
  openfile: function (res) {
    var that = this
    wx.chooseImage({
      success: function (res) {
        var tempFilePaths = res.tempFilePaths    //返回本地临时文件路径列表
        wx.saveFile({
          tempFilePath: tempFilePaths[0],        //需要保存文件的临时路径
          success: function (res) {              //返回文件的保存路径
            var savedFilePath = res.savedFilePath //文件的保存路径
            var fs = wx.getFileSystemManager()
```

```
11            fs.readFile({
12              filePath: savedFilePath,
13              encoding: 'ucs2',
14              success(res) {
15                var txtpath = savedFilePath                       //文件路径
16                var txtdetail = res.data                          //文件内容
17                var txtname = txtdetail.split(/[\r\n]/)          //按回车分隔成数组
18                var temp = {
19                  txtpath: txtpath,      //保存文件路径
20                  txtname: txtname[0]  //保存文件名
21                }
22                that.data.novelinfo.push(temp)
23                that.setData({
24                  txtInfo: res.data,
25                  novelinfo: that.data.novelinfo,
26                  scrolltop: 0
27                })
28              }
29            })
30          },
31          complete: function (res) {
32          }
33        })
34      }
35    })
36  },
```

上述第 4~30 行代码表示调用 wx.chooseImage()函数选择文件成功后，将临时文件保存为本地文件（文件路径保存在 savedFilePath 中），然后调用 readFile()方法读出文件内容，并指明文件编码为 ucs2，本案例中使用的文本文件编码格式统一为 ucs-2 格式，文件内容格式如图 5.17 所示，第一行为文本的“标题”，即小说名称。其中第 17 行表示读出文件内容后，按回车换行符将文件内容分隔成数组元素，并将保存在本地的本地文件路径、小说名称（txtname 数组中的第一个元素）组合成对象，放入 novelinfo 数组中。novelinfo 数组中元素的 txtname 属性用于在图 5.15 的“打开文件”下方显示文件列表（即已保存过的小说名称）。

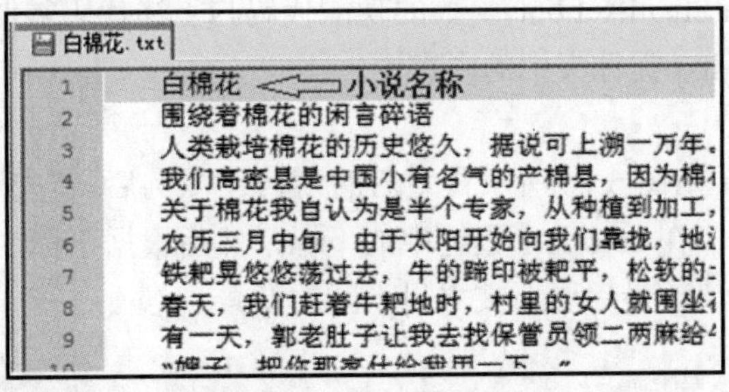

白棉花.txt

1 白棉花 ⟸ 小说名称
2 围绕着棉花的闲言碎语
3 人类栽培棉花的历史悠久，据说可上溯一万年。
4 我们高密县是中国小有名气的产棉县，因为棉
5 关于棉花我自认为是半个专家，从种植到加工，
6 农历三月中旬，由于太阳开始向我们靠拢，地
7 铁耙晃悠悠荡过去，牛的蹄印被耙平，松软的
8 春天，我们赶着牛耙地时，村里的女人就围坐
9 有一天，郭老肚子让我去找保管员领二两麻给

图 5.17 文本内容格式

（4）单击列表中的文件并打开文件。

在本功能模块中，单击图 5.15 所示文件列表中的某个文件后，首先通过 e.currentTarget.dataset.fileno 获取从页面返回的该文件在 novelinfo 数组中的下标，然后根据下标，从 novelinfo 数组中获取该文件的存放路径，最后使用 FileSystemManager.readFile()方法读出文件内容。

```
menufile:function(e){
  var that = this
  var fileno = e.currentTarget.dataset.fileno
  var fs = wx.getFileSystemManager()
  fs.readFile({
    filePath: that.data.novelinfo[fileno].txtpath,
    encoding: 'ucs2',
    success(res) {
      var txtdetail = res.data
      var txtname = txtdetail.split(/[\r\n]/)
      that.setData({
        txtInfo: res.data,
        scrolltop: 0
      })
    }
  })
},
```

（5）字号变大/字号变小。

在本功能模块中，单击图 5.16 所示字号“变大”后，若当前字号值不大于 20，则将当前字号值加 1，即 initFontSize 值加 1。

```
fontBigAction: function () {
  var that = this;
  if (that.data.initFontSize > 20) {
    return;
  }
  var FontSize = parseInt(that.data.initFontSize)
  that.setData({
    initFontSize: FontSize += 1
  })

},
```

单击图 5.16 所示字号“变小”后，若当前字号不小于 12，则将当前字号值减 1，即 initFontSize 值减 1。fontSmallAction()函数的功能代码与上述代码类似，不再赘述。读者可以参阅代码包 lesson5_readtxt 文件夹中的内容。

（6）选择背景色。

在本功能模块中，单击图 5.16 所示背景后的“背景”图例后，首先通过 e. target.dataset.num 获取页面返回该背景图例在 colorArr 数组中的下标，然后根据下标，从 colorArr 数组中获取该背景图像的背景颜色值，最后更新文本显示区的背景。

```
bgChange: function (e) {
  this.setData({
    _num: e.target.dataset.num,
    bodyColor: this.data.colorArr[e.target.dataset.num].value
  })
},
```

（7）切换白天夜晚。

在本功能模块中，单击底部工具栏区的“夜间（白天）”，可以实现底部图标和文字的切换，同时指定相对应的文本显示区背景色。

```
dayNight: function () {
  if (this.data.daynight == true) {
    this.setData({
      daynight: false,
      bodyColor: '#e9dfc7',
      _num: 1
    })
  } else {
    this.setData({
      daynight: true,
      bodyColor: '#000',
      _num: 5
    })
  }
},
```

另外，单击底部工具栏的“文件”显示（隐藏）文件工具显示区、隐藏字体工具显示区，或单击底部工具栏的“字体”显示（隐藏）字体工具显示区、隐藏文件工具显示区的功能代码与单击页面区域显示（隐藏）底部工具栏代码类似，不再赘述。读者可以参阅代码包 lesson5_readtxt 文件夹中的内容。

至此，文本阅读器全部设计和开发完毕，读者可以根据本案例的设计思路进行扩展，进一步提升文本阅读器的功能。

## 本章小结

本章主要介绍了数据缓存 API、图片 API、位置 API 和文件 API 的用法，并结合两个项目案例阐述了它们的应用场景和方法。读者通过对本章的学习，能够掌握基本的数据存储知识，对编写一些数据密集型的软件很有帮助。

# 第6章 Chapter 6

# 多媒体应用开发

在移动终端迅速发展的今天，一个明显的趋势是它们支持的多媒体与网络功能不断增强。用户经常使用手机录制声音、播放音乐和观看视频等。本章将结合具体的案例介绍这些功能的开发过程和实现方法。

本章学习目标

- 掌握 audio、video、camera 组件在音频、视频播放和音频、视频录制场景中的使用方法；
- 掌握动画 API、音频 API 和视频 API 在小程序开发中的应用。

## 6.1 概述

音乐和视频是小程序使用中不可缺少的部分，微信小程序开发框架既提供了 audio 音频播放组件、video 视频播放组件以及 live-player 实时音视频播放和 live-pusher 实时音视频录制的直播组件，又提供了能够进行灵活应用开发的音频和视频 API。由于直播权限暂时只针对国内社交、教育、医疗、金融、汽车、政府及工具类的特定主体的小程序开放，并且需要先通过相关类目的审核，再在小程序管理后台的“开发”→“接口设置”中自助开通直播组件的权限才可以使用，即直播权限需要相关资质的账号才能开通，所以本书不作介绍。

6.1

微信小程序开发框架提供用于播放音频的 API 包含以下两种：

（1）普通音频 API：wx.createInnerAudioContext( ) API 用于获取 InnerAudioContext 实例；wx.createAudioContext() API 用于获取 AudioContext 实例，AudioContext 实例可以通过 id 与一个 audio 组件绑定，然后通过它操作对应的 audio 组件。audio 组件用于播放音频资源，从 1.6.0 版本开始，官方已不再对其进行维护，所以推荐开发者使用能力更强的 wx.createInnerAudioContext ( ) API。

（2）背景音频 API：wx.getBackgroundAudioManager( ) API 用于获取 BackgroundAudioManager 实例，即获取全局唯一的背景音频管理器。小程序切入后台后，如果音频处于播放状态，可以继续播放。但是后台状态不能通过调用 API 来操作音频的播放状态。

微信小程序开发框架提供的 video 组件用于播放视频，并提供了 wx.createVideoContext( ) API 获取 VideoContext 实例，VideoContext 实例可以通过 id 与一个 video 组件绑定，然后通过它操作对应的 video 组件。

微信小程序开发框架提供了 wx.getRecorderManager( ) API 获取全局唯一的录音管理器 RecorderManager 实例，通过调用 RecorderManager 实例的相应方法来控制录音过程。

微信小程序开发框架提供了 camera 组件实现系统相机功能，并提供 wx.createCameraContext( ) API 获取 CameraContext 实例，CameraContext 实例可以与页面内唯一的 camera 组件绑定，然后通过它操作对应的 camera 组件。

# 6.2 影音盒子（音乐播放器）的设计与实现

随着移动网络技术的飞速发展，移动智能终端软件和硬件不断更新换代，人们越来越多地使用移动终端来享受移动网络提供的各种各样的信息服务。近年来，流媒体技术向移动终端的延伸和微信小程序的出现，极大地促进了移动终端音频、视频应用的发展，使人们能够随时随地通过移动网络播放、录制和上传音乐、视频信息。本节及 6.3 节将通过影音盒子案例的实现过程介绍利用微信小程序开发框架提供的组件和 API 开发设计基于微信平台的音视频播放器和音视频录制器的小程序。

6.2.1.1

## 6.2.1 预备知识

### 1 普通音频 API

由于官方已不再维护播放音频资源的 audio 组件，所以本书仅介绍能力更强的 wx.createInnerAudioContext( ) API。wx.createInnerAudioContext( )用于创建内部 audio 上下文 InnerAudioContext 实例对象，InnerAudioContext 实例对象的常用属性及功能说明如表 6-1 所示，InnerAudioContext 实例对象的常用方法及功能说明如表 6-2 所示，InnerAudioContext 实例对象支持播放的音频格式如表 6-3 所示。创建 InnerAudioContext 实例对象的代码如下：

```
var iAudioContext = wx.createInnerAudioContext()
```

表 6-1 InnerAudioContext 实例对象的常用属性及功能

| 属 性 | 类 型 | 功 能 |
|---|---|---|
| src | String | 音频资源的地址，自 2.2.3 开始支持云文件 ID |
| startTime | Number | 开始播放的位置（单位：s），默认为 0 |
| autoplay | Boolean | 是否自动播放，默认为 false |
| loop | Boolean | 是否循环播放，默认为 false |
| obeyMuteSwitch | Boolean | 是否遵循系统静音开关，默认为 true。当此参数为 false 时，即使用户打开了静音开关，也能继续发出声音 |
| volume | Number | 音量值，范围为 0~1，默认为 1 |
| duration | Number | 当前音频的长度（单位：s） |
| currentTime | Number | 当前音频的播放位置（单位：s） |
| paused | Boolean | 当前是否处于暂停或停止状态 |
| buffered | Number | 音频缓冲的时间点 |

表 6-2 InnerAudioContext 实例对象的常用方法及功能

| 方 法 | 参数类型 | 功 能 |
|---|---|---|
| play( ) | 无 | 播放音频资源 |
| pause( ) | 无 | 暂停播放，暂停后的音频再播放，会从暂停处开始播放 |
| stop( ) | 无 | 停止播放，停止后的音频再播放，会从头开始播放 |

续表

| 方 法 | 参数类型 | 功 能 |
|---|---|---|
| seek(position) | Number | 跳转到指定位置 |
| destroy( ) | 无 | 销毁当前 InnerAudioContext 实例对象 |
| onCanplay(callback) | Function | 监听音频进入可播放状态的事件 |
| offCanplay(callback) | Function | 取消监听音频进入可以播放状态的事件 |
| onPlay(callback) | Function | 监听音频播放事件 |
| offPlay(callback) | Function | 取消监听音频播放事件 |
| onPause(callback) | Function | 监听音频暂停事件 |
| offPause(callback) | Function | 取消监听音频暂停事件 |
| onStop(callback) | Function | 监听音频停止事件 |
| offStop(callback) | Function | 取消监听音频停止事件 |
| onEnded(callback) | Function | 监听音频自然播放至结束的事件 |
| offEnded(callback) | Function | 取消监听音频自然播放至结束的事件 |
| onTimeUpdate(callback) | Function | 监听音频播放进度更新事件 |
| offTimeUpdate(callback) | Function | 取消监听音频播放进度更新事件 |
| onError(callback) | Function | 监听音频播放错误事件 |
| offError(callback) | Function | 取消监听音频播放错误事件 |
| onWaiting(callback) | Function | 监听音频加载中事件。当音频因为数据量不足，需要停下来加载时触发 |
| offWaiting(callback) | Function | 取消监听音频加载中事件 |
| onSeeking(callback) | Function | 监听音频进行跳转操作的事件 |
| offSeeking(callback) | Function | 取消监听音频进行跳转操作的事件 |
| onSeeked(callback) | Function | 监听音频完成跳转操作的事件 |
| offSeeked(callback) | Function | 取消监听音频完成跳转操作的事件 |

表 6-3 InnerAudioContext 实例对象支持的音频格式

| 格 式 | iOS | Android | 格 式 | iOS | Android |
|---|---|---|---|---|---|
| flac | × | √ | m4a | √ | √ |
| ogg | × | √ | ape | × | √ |
| amr | × | √ | wma | × | √ |
| wav | √ | √ | mp3 | √ | √ |
| mp4 | × | √ | aac | √ | √ |
| aiff | √ | × | caf | √ | × |

下面以实现图 6.1 所示的音乐播放小程序为例，介绍 InnerAudioContext 实例及与其相关的属性和方法在实际开发中的用法。

单击图 6.1 所示界面的“播放”“暂停”“停止”“重放”按钮，可以对音乐的播放情况进行控制，同时“进度条”的进度和“当前时间”能根据播放进度进行改变。拖动进度条时，也能够改变当前的音乐播放进度和当前的时间显示效果。其效果如图 6.2 所示。页面结构文件代码如下：

图 6.1　音乐播放小程序（1）

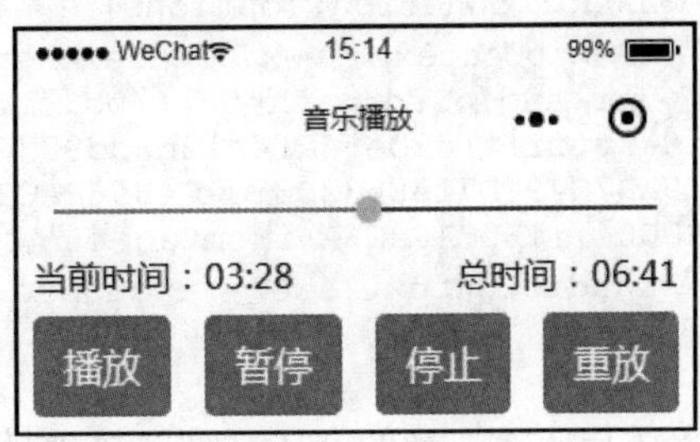


图 6.2　音乐播放小程序（2）

```
1  <slider bindchange="sliderChange" backgroundColor="#ff00ff" block-color="#00ffff" block-size="12px" step="2" value="{{offset}}" max="{{max}}" selected-color="#4c9dee"></slider>
2  <view class='pttime'>
3    <view>当前时间：{{currentTime}}</view>
4    <view>总时间：{{totalTime}}</view>
5  </view>
6  <view class='ptbtn'>
7    <button type="primary" bindtap="audioPlay">播放</button>
8    <button type="primary" bindtap="audioPause">暂停</button>
9    <button type="primary" bindtap="audioStop">停止</button>
10   <button type="primary" bindtap="audioAgain">重放</button>
11 </view>
```

上述代码第 1 行用 bindchange 属性绑定拖动进度条事件 sliderChange( )，step 属性指定进度条的改变步长为 2，value 属性绑定 offset 变量表示进度值，max 属性绑定 max 变量表示进度条的最大值。为了达到图 6.1 的显示效果，还需要定义页面样式文件，其代码如下：

```
.pttime {
  display: flex;
  flex-direction: row;
  justify-content:  space-between;
  margin: 20rpx;
}
.ptbtn {
  display: flex;
  flex-direction: row;
}
```

由于 InnerAudioContext 实例对象在当前页面函数中都要求可以直接调用，所以需要在 page 顶部定义其为全局变量，此处定义的变量名为 iAudioContext。另外，逻辑代码文件中定义了如下 4 个变量，分别用于存放音乐播放的当前时间、播放音乐的总时间、进度条的最大值和进度条的当前进度值。代码如下：

```
data: {
  currentTime: "00:00",    //当前时间
  totalTime: "00:00",      //总时间
  max: 0,                  //进度条最大值
  offset: 0                //进度条当前值
},
```

（1）页面加载监听事件。

一旦运行音乐播放小程序，首先需要创建 InnerAudioContext 实例对象，并初始化待播放音乐文件的链接地址，页面加载监听事件代码如下：

```
1  onLoad: function (options) {
2    iAudioContext = wx.createInnerAudioContext();//实例化 InnerAudioContext 对象
3    var audioSrc = 'http://ws.stream.qqmusic.qq.com/M500001VfvsJ21xFqb.mp3
?guid=ffffffff82def4af4b12b3cd9337d5e7&uin=346897220&vkey=6292F51E1E384E06D
CBDC9AB7C49FD713D632D313AC4858BACB8DDD29067D3C601481D36E62053BF8DFEAF74C0A5
CCFADD6471160CAF3E6A&fromtag=46'
4    iAudioContext.src = audioSrc                    //设定音乐文件链接地址
5  },
```

上述代码第 3 行的音乐文件链接地址可以根据实际情况设置。

（2）播放按钮事件。

单击“播放”按钮时，首先运行音乐播放进度更新事件，该事件主要通过 InnerAudioContext 的相关属性获得当前音乐播放的总时间、正在播放音乐的当前时间，并将获取的时间按照“00:00”格式进行处理；然后调用 InnerAudioContext 的 play( )方法播放音乐；最后实现音乐进行 seek 操作事件和音乐自然播放结束事件。播放按钮事件代码如下：

```
1  audioPlay: function (e) {
2    /**音乐播放进度更新事件*/
3    iAudioContext.onTimeUpdate(() => {
4      var duration = iAudioContext.duration;    //获取当前音乐的总时间
5      var max = parseInt(duration);             //总时间
6      var tmin = "0" + parseInt(max / 60);      //分钟
7      var tsec = max % 60;                      //秒
8      if (tsec < 10) {
9        tsec = "0" + tsec;
10     };
11      var totalTime = tmin + ':' + tsec;      //00:00 格式
12      var offset = iAudioContext.currentTime;//获取正在播放音乐的当前时间
13      var currentTime = parseInt(offset);     //当前时间
14      /**处理当前时间按 00:00 格式显示代码与第 6~10 行类似，此处略*/
15      var currentTime = cmin + ':' + csec;
16      this.setData({
17        currentTime: currentTime,  //更新当前时间
18        totalTime: totalTime,      //更新总时间
19        max: max,                  //更新进度条最大值
20        offset: offset             //更新进度条当前值
21      })
22    })
23    iAudioContext.play()           //开始播放
24    /**音乐进行 Seek 操作事件*/
25    iAudioContext.onSeeking(() => {
26       var i = iAudioContext.currentTime
27    })
28    /**音乐自然播放结束事件*/
29    iAudioContext.onEnded(()=>{
30      this.setData({
31        offset: 0,                  //更新进度条当前值为 0
32        currentTime: '00:00'        //更新当前时间
33      })
34    })
35  },
```

（3）暂停按钮事件。

单击“暂停”按钮时，直接调用 InnerAudioContext 的 pause( )方法暂停当前正在播放的音乐，暂停后的音乐再播放时，会从暂停处开始播放。暂停按钮事件代码如下：

```
audioPause: function (e) {
  iAudioContext.pause()           //暂停播放
},
```

（4）停止按钮事件。

6.2.1.2

单击“停止”按钮时，直接调用 InnerAudioContext 的 stop( )方法停止当前正在播放的音乐，然后更新进度条的值和当前时间。停止后的音频再播放，会从头开始播放。停止按钮事件代码如下：

```
audioStop: function (e) {
  iAudioContext.stop()              //停止播放
  this.setData({
    offset: 0,                      //更新进度条当前值
    currentTime: '00:00'            //更新当前时间
  })
},
```

（5）重放按钮事件。

单击“重放”按钮时，首先需要调用 InnerAudioContext 的 seek( )方法，将当前播放进度跳转到 0，然后更新当前时间和进度条的当前值，最后调用 play( )方法开始播放。重放按钮事件代码如下：

```
audioAgain: function (e) {
  iAudioContext.seek(0)             //当前音乐进度跳转到 0
  this.setData({
    offset: 0,                      //更新进度条当前值
    currentTime: '00:00'            //更新当前时间
  })
  iAudioContext.play()              //开始播放
},
```

（6）进度条拖曳事件。

拖曳进度条时，首先获取进度条的当前值，然后调用 InnerAudioContext 的 seek( )方法，将当前播放进度跳转到此值对应位置处，以便音乐从拖曳到的目标位置开始播放。进度条拖曳事件代码如下：

```
sliderChange(e) {
  var offset = parseInt(e.detail.value);
  iAudioContext.seek(offset);
},
```

### 2 背景音频 API

6.2.1.3

背景音频可以在小程序切入后台后保持继续播放状态，背景音频对象由 BackgroundAudioManager 实例对象进行管理。getBackgroundAudioManager( )用于获取一个 BackgroundAudioManager 实例对象。BackgroundAudioManager 实例对象的常用属性及功能说明如表 6-4 所示，BackgroundAudioManager 实例对象的常用方法及功能说明如表 6-5 所示，其代码如下：

```
var bgAudioManager= wx.getBackgroundAudioManager( )
```

表 6-4 BackgroundAudioManager 实例对象的常用属性及功能

| 属 性 | 类 型 | 功 能 |
| --- | --- | --- |
| src | String | 音频资源的地址，自 2.2.3 开始支持云文件 ID。只要设置该属性值就会自动开始播放。目前仅支持 m4a、aac、mp3 和 wav 格式 |
| startTime | Number | 开始播放的位置（单位：s），默认为 0 |
| title | String | 音频资源标题，必填 |
| epname | String | 音频资源专辑名称 |
| singer | String | 音频资源歌手名称 |
| coverImgUrl | String | 原生音频播放器背景图的 URL |
| webUrl | String | 页面链接 URL |
| protocol | String | 音频资源协议，默认为 HTTP。设置 hls 可以支持播放 HLS 协议的直接音频 |
| duration | Number | 当前音频资源的长度（单位：s） |
| currentTime | Number | 当前音频资源的播放位置（单位：s） |
| paused | Boolean | 当前是否暂停或停止状态 |
| buffered | Number | 音频资源已缓冲的时间点 |

表 6-5 BackgroundAudioManager 实例对象的常用方法及功能

| 方法 | 参数类型 | 功 能 |
| --- | --- | --- |
| play( ) | 无 | 播放背景音频资源 |
| pause( ) | 无 | 暂停播放，暂停后的音频再播放会从暂停处开始播放 |
| stop( ) | 无 | 停止播放，停止后的音频再播放会从头开始播放 |
| seek( position) | Number | 跳转到指定位置（单位：s） |
| onCanplay(callback) | Function | 监听背景音频进入可播放状态的事件 |
| onPlay(callback) | Function | 监听背景音频播放事件 |
| onPause(callback) | Function | 监听背景音频暂停事件 |
| onStop(callback) | Function | 监听背景音频停止事件 |
| onEnded(callback) | Function | 监听背景音频自然播放至结束的事件 |
| onTimeUpdate(callback) | Function | 监听背景音频播放进度更新事件，只有小程序在前台时会回调 |
| onError(callback) | Function | 监听背景音频播放错误事件 |
| onWaiting(callback) | Function | 监听背景音频加载中事件。当音频因为数据量不足，需要停下来加载时触发 |
| onSeeking(callback) | Function | 监听背景音频进行跳转操作的事件 |
| onSeeked(callback) | Function | 监听背景音频完成跳转操作的事件 |
| onNext(callback) | Function | 监听用户在系统音乐播放面板单击下一首事件（仅 iOS） |
| onPrev(callback) | Function | 监听用户在系统音乐播放面板单击上一首事件（仅 iOS） |

从微信客户端 6.7.2 版本开始，若需要在小程序切换到后台后仍能继续播放音频，需要在 app.json 中配置 requiredBackgroundModes 属性。开发版和体验版上可以直接生效，正式版还需通过审核。requiredBackgroundModes 属性用于声明需要后台运行的能力，类型为数组。目前仅支持 audio 项目，即后台音乐播放。在 app.json 文件中设置的代码格式如下：

```
{
```

```
  "pages": ["pages/index/index"],
  "requiredBackgroundModes": ["audio"]
}
```

下面以实现图 6.3 所示的背景音乐播放小程序为例介绍 BackgroundAudioManager 实例及与其相关的属性和方法在实际开发中的用法。

当背景音乐播放小程序运行后，单击“播放”按钮，可以将要播放的音频相关信息（歌曲名称、歌手姓名等）显示在页面的对应位置；单击“暂停”按钮，可以暂停当前正在播放的音乐；单击“停止”按钮，可以结束当前音乐播放。当一首歌播放完毕，可以自动切换到下一首歌播放，并更新相关信息。

图 6.3 是背景音乐播放小程序在模拟器中的运行效果，图 6.4 是背景音乐小程序在真机上切换到后台的运行效果。

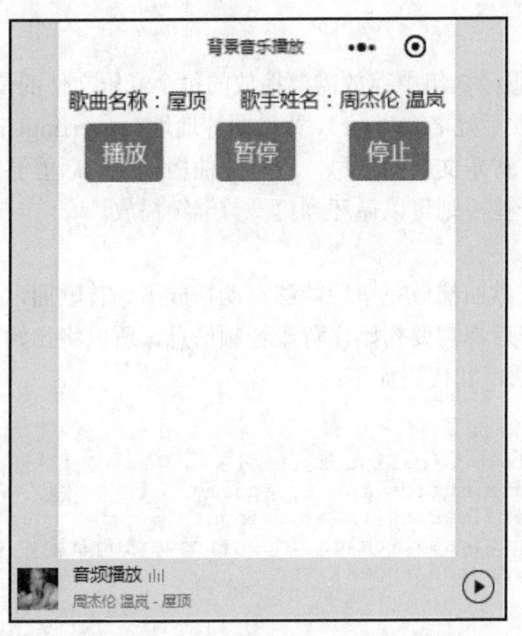

图 6.3　背景音乐播放小程序模拟器效果

图 6.4　背景音乐播放小程序真机效果

图 6.3 的页面样式文件代码与图 6.2 的页面一样，页面结构文件代码如下：

```
<view class='pttime'>
  <view>歌曲名称：{{songName}}</view>
  <view>歌手姓名：{{singerName }}</view>
</view>
<view class='ptbtn'>
  <button type="primary" bindtap="audioPlay">播放</button>
  <button type="primary" bindtap="audioPause">暂停</button>
  <button type="primary" bindtap="audioStop">停止</button>
</view>
```

由于 BackgroundAudioManager 实例对象在当前页面函数中都需要直接调用，所以在页面顶部定义其为全局变量，代码如下：

```
 var bgAudioManager = wx.getBackgroundAudioManager()
```

另外，逻辑代码文件中定义了如下 4 个变量，分别用于存放当前正在播放歌曲的名称、歌手姓名、要播放的歌曲及当前播放歌曲的索引号。代码如下：

```
1   data: {
2       songName: "",        //歌曲名称
3       singerName: "",      //歌手姓名
4       musics: [{ title: '屋顶', epname: '爱回温', singer: '周杰伦 温岚',
coverImgUrl: 'http://qukufile2.qianqian.com/data2/pic/3607b47f39b47a19cd32c
abcd90f1d4b/614329449/614329449.jpg', src: 'http://audio01.dmhmusic.com/71_
53_T10046221359_128_4_1_0_sdk-cpm/0207/M00/66/34/ChR47Fsrnn6Aa2kfAE8NyU6LX-
0162.mp3?xcode=3e3c40fc7ea049224bedd0fac8e9e13639d0be2'},{title: '无问西东',
epname: '无问西东', singer: '王菲', coverImgUrl: 'http://qukufile2.qianqian.com/
data2/pic/4865939a77b87edc79789df87b6f22d8/569080825/569080825.png', src:
'http://audio01.dmhmusic.com/71_53_T10045931166_128_4_1_0_sdk-cpm/0206/M00/
6A/94/ChR47FsYGhOAek8PAEbCWGvjpuY962.mp3?xcode=a70f15140ed9bdfe4bf0f55d89bd
8772ccf711b' }],
5       index: 0                 //歌曲索引号
6     },
```

上述第 4 行代码定义了 1 个 musics 数组，数组中存放需要播放的每个音乐文件的信息，包括歌曲名称（title）、专辑名称（epname）、歌手姓名（singer）、背景图片地址（coverImgUrl）、歌曲资源地址（src）。本案例中存放了 2 首音乐文件的信息，一首歌曲播放完毕后能够自动切换到下一首继续播放，如果已经为最后一首，则可以循环到第一首继续播放。

（1）初始化背景音频事件。

由于单击“播放”按钮播放歌曲和一首歌曲播放完毕后能够自动播放下一首歌曲，也就是在“播放”按钮事件和歌曲播放自然完毕后都需要初始化背景音频信息，所以将初始化背景音频信息单独定义为一个 playSongs( )方法，其代码如下：

```
1   playSongs: function (index) {
2     bgAudioManager.title = this.data.musics[index].title
3     bgAudioManager.epname = this.data.musics[index].epname
4     bgAudioManager.singer = this.data.musics[index].singer
5     bgAudioManager.coverImgUrl = this.data.musics[index].coverImgUrl
6     bgAudioManager.src = this.data.musics[index].src
7     bgAudioManager.play()
8     this.setData({
9       index: index,                                      //更新歌曲索引号
10       songName: this.data.musics[index].title,          //更新页面歌曲名称
11       singerName: this.data.musics[index].singer        //更新页面歌手姓名
12    })
13  },
```

上述第 2~6 行代码根据 index 参数值，从 musics 数组中取出相关歌曲的音频信息，包括歌曲名称、专辑名称、歌手姓名、背景图片地址及歌曲资源地址，并分别指定给 BackgroundAudioManager 实例对象 bgAudioManager 的相关属性。

（2）页面加载监听事件。

一旦运行背景音乐播放小程序，需要加载 BackgroundAudioManager 实例对象的 onEnded( )，以便歌曲自然播放完毕后加载下一首歌曲继续播放，其代码如下：

```
onLoad: function (options) {
  bgAudioManager.onEnded(() => {
    var i = ++this.data.index
    if (i >= this.data.musics.length) {
      i = 0
    }
```

```
7      this.playSongs(i)
8    })
9  },
```

上述第 4~6 行代码表示下一首歌曲的索引号 i 如果超过 musics 数组长度，则将索引号 i 值设置为 0；然后根据 i 值调用初始化背景音乐事件 playSongs( )，以便加载并播放下一首背景音乐。

（3）播放按钮事件。

播放按钮事件比较简单，直接根据歌曲的索引号 index 调用初始化背景音乐事件 playSongs( )，其代码如下：

```
audioPlay: function (e) {
  this.playSongs(this.data.index)
},
```

暂停按钮事件和停止按钮事件直接调用 BackgroundAudioManager 实例对象的 pause( )方法和 stop( )方法，其代码如下：

```
 /**暂停按钮事件*/
audioPause: function (e) {
    bgAudioManager.pause()
},
  /**停止按钮事件*/
audioStop: function (e) {
    bgAudioManager.stop()
},
```

## 3 动画 API

微信小程序通过 animation 实例对象显示动画，其动画效果的实现通常以下面的步骤完成。

6.2.1.4

（1）创建动画实例对象。

微信小程序开发框架提供 wx.createAnimation(Object object)方法创建一个 animation 实例对象。object 参数及功能说明如表 6-6 所示。

表 6-6　object 参数及功能说明

| 属　性 | 类　型 | 功　能 |
|---|---|---|
| duration | number | 动画持续时间（单位：ms），默认为 400 |
| timingFunction | string | 动画效果，其值如表 6-7 所示，默认为 linear |
| delay | number | 动画延迟时间（单位：ms），默认为 0 |
| transform-Origin | string | 设置 transform-Origin 的属性值，表示允许更改转换元素的位置，默认为 50%、50%、0 |

表 6-7　timingFunction 属性值

| 属　性 | 功　能 |
|---|---|
| linear | 动画从头到尾的速度是相同的 |
| ease | 动画以低速开始，然后加快，在结束前变慢 |
| ease-in | 动画以低速开始 |
| ease-in-out | 动画以低速开始和结束 |

续表

| 属　性 | 功　能 |
|---|---|
| ease-out | 动画以低速结束 |
| step-start | 动画第一帧就跳至结束状态，直到结束 |
| step-end | 动画一直保持开始状态，最后一帧跳到结束状态 |

例如，创建一个持续 5 秒、从头到尾速度相同的动画代码如下：

```
var animation = wx.createAnimation({
  duration:5000,                //动画持续 5s
  timimgFunction:'linear'    //从头至尾速度相同
})
```

（2）调用动画实例方法描述动画。

动画实例可以调用 animation 对象的方法来描述动画，包括样式、旋转、缩放、偏移、倾斜和矩阵变形等设置不同动画类别的方法。animation 方法及功能说明如表 6-8 所示。

表 6-8　animation 实例对象的常用方法及功能

| 类别 | 方　法 | 参数类型 | 功　能 |
|---|---|---|---|
| 样式 | opacity(value) | Number | 透明度，参数范围为 0~1 |
| | backgroundColor(color) | Number | 颜色值 |
| | width(length) | Number\|String | 长度值，如果传入 Number 类型，则默认单位为 px |
| | height(length) | Number\|String | 长度值，如果传入 Number 类型，则默认单位为 px |
| | top(length) | Number\|String | 长度值，如果传入 Number 类型，则默认单位为 px |
| | left(length) | Number\|String | 长度值，如果传入 Number 类型，则默认单位为 px |
| | bottom(length) | Number\|String | 长度值，如果传入 Number 类型，则默认单位为 px |
| | right(length) | Number\|String | 长度值，如果传入 Number 类型，则默认单位为 px |
| 旋转 | rotate(deg) | Number | 从原点顺时针旋转一个 deg 角度，deg 范围为-180~180 |
| | rotateX(deg) | Number | 在 X 轴旋转一个 deg 角度，deg 范围为-180 ~ 180 |
| | rotateY(deg) | Number | 在 Y 轴旋转一个 deg 角度，deg 范围为-180 ~ 180 |
| | rotateZ(deg) | Number | 在 Z 轴旋转一个 deg 角度，deg 范围为-180 ~ 180 |
| | rotate3d(x,y,z,deg) | Number | 在(x,y,z)位置旋转一个 deg 角度，deg 范围为-180 ~ 180 |
| 缩放 | scale(sx,[sy]) | Number | 当仅有 sx 参数时，表示在 X 轴、Y 轴同时缩放 sx 倍数；在 Y 轴缩放 sy 倍数 |
| | scaleX(sx) | Number | 在 X 轴缩放 sx 倍 |
| | scaleY(sy) | Number | 在 Y 轴缩放 sy 倍 |
| | scaleZ(sz) | Number | 在 Z 轴缩放 sz 倍 |
| | scale3d(sx,sy,sz) | Number | 在 X 轴缩放 sx 倍，在 Y 轴缩放 sy 倍，在 Z 轴缩放 sz 倍 |
| 偏移 | translate(sx,[sy]) | Number | 只有一个参数时，表示在 X 轴偏移 sx；两个参数时，表示在 X 轴偏移 sx，在 Y 轴偏移 sy，单位均为 px |
| | translateX(tx) | Number | 在 X 轴偏移 tx(单位：px) |
| | translateY(ty) | Number | 在 Y 轴偏移 ty(单位：px) |
| | translateZ(tz) | Number | 在 Z 轴偏移 tz(单位：px) |
| | translate3d(tx,ty,tz) | Number | 在 X 轴偏移 tx，在 Y 轴偏移 ty，在 Z 轴偏移 tz |

续表

| 类别 | 方　法 | 参数类型 | 功　能 |
|---|---|---|---|
| 倾斜 | skew(ax,[ay]) | Number | 只有一个参数时，Y 轴坐标不变，X 轴坐标沿顺时针倾斜 ax 度；当有两个参数时，分别在 X 轴、Y 轴倾斜 ax、ay 度。ax、ay 的范围为−180～180 |
| | skewX(ax) | Number | 对 X 轴坐标倾斜的角度，ax 的范围为−180～180 |
| | skewY(ay) | Number | 对 Y 轴坐标倾斜的角度，ay 的范围为−180～180 |
| 矩阵变形 | matrix (a,b,c,d,tx,ty) | Number | 同 transform-function matrix |
| | matrix3d( ) | 无 | 同 transform-function matrix3d |

例如：

- 旋转同时放大对象，代码如下。

```
animation.rotate(60).scale(2).step()
```

- 先旋转后放大对象，代码如下。

```
animation.rotate(60).step().scale(3, 3).step()
```

- 先旋转放大，后平移，代码如下。

```
animation.rotate(60).scale(3, 3).step()
animation.translate(100, 100).step({ duration: 2000 })
```

animation 对象允许将多个动画方法追加在同一行代码中，表示同时开始这一组动画内容，调用动画操作方法后，最后需要调用 step( )方法，表示一组动画完成，如上述旋转同时放大对象的代码。如果希望多个动画按顺序依次执行，每组动画之间都需要用 step( )方法隔开，如上述先旋转后放大对象的代码。

Animation.step(Object object)表示一组动画完成。可以在一组动画中调用任意多个动画方法，一组动画中的所有动画会同时开始，一组动画完成后才会进行下一组动画。object 参数及功能与 wx.createAnimation(Object object)方法一样。

（3）调用 export 方法导出动画。

动画实例可以调用 animation 对象的 export( )方法导出动画数据并传递给组件的 animation 属性。

例如，单击页面上的“创建动画对象”按钮，可以创建动画对象 animation；单击页面上的“旋转同时放大”按钮，可以实现 image 对象产生旋转并同时放大的动画效果；单击“先旋转后放大”按钮，可以实现 image 对象产生先旋转后放大的动画效果；单击页面上的“先旋转同时放大，后平移”按钮，可以实现 image 对象先产生旋转同时放大，后产生平移的动画效果。页面结构文件代码如下：

```
1  <button bindtap='cAnimation'>创建动画对象</button>
2  <button bindtap='rotateAscale'>旋转同时放大</button>
3  <button bindtap='rotateLscale'>先旋转后放大</button>
4  <button bindtap='rotateTscale'>先旋转同时放大，后平移</button>
5  <image animation='{{mAnimation}}' src='/images/play.jpg '></image>
```

上述第 5 行代码用 animation 属性绑定动画实例对象 mAnimation。

（1）初始化数据。

```
data: {
  mAnimation: {}
},
```

另外，还需要定义一个页面全局变量 animation，用于存放创建的动画对象，以便页面逻辑代码随时可以调用。

（2）创建动画对象事件。

```
cAnimation: function (e) {
  animation = wx.createAnimation({            //创建 animation 对象
    duration: 5000,
    timingFunction: 'ease-in-out'
  })
},
```

（3）旋转同时放大事件。

```
rotateAscale: function (e) {
  animation.rotate(60).scale(3, 3).step(); //动画描述
  this.setData({
    mAnimation: animation.export(),        //动画导出
  });
},
```

（4）先旋转后放大事件。

```
rotateLscale: function (e) {
  animation.rotate(60).step();
  animation.scale(3, 3).step();
  this.setData({
    mAnimation: animation.export(),
  });
},
```

（5）先旋转同时放大，后平移事件。

```
rotateTscale: function (e) {
    animation.rotate(60).scale(3, 3).step();
    animation.translate(100, 100).step({ duration: 2000 });
    this.setData({
      mAnimation: animation.export()
    });
  },
```

## 6.2.2 音乐播放器的实现

音乐播放器是影音盒子小程序的一个子功能模块，主要包含音乐榜单页面（图 6.5）、歌手榜单页面（图 6.6）、歌曲列表页面（图 6.7）和播放歌曲页面（图 6.8）等 4 个页面。音乐榜单页面、歌手榜单页面和个人中心 3 个页面需要以 tabBar 的形式展示。个人中心页面是影音盒子小程序的另一个子功能模块，该页面一方面用于呈现录制的音频文件和视频文件，另一方面可以实现音频、视频文件的录制和播放等功能，后面章节会详细介绍。

6.2.2.1

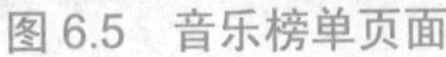
图 6.5　音乐榜单页面

图 6.6　歌手榜单页面

音乐榜单页面用于展示可供用户选择的音乐榜图片，本项目列出了“新歌榜”“热歌榜”“hit 中文榜”和“飙升榜”等 4 个榜单供用户选择；歌手榜单页面用于展示可供用户选择的歌手图片，本项目列出了 20 位歌手供用户选择；单击音乐榜单页面的某个榜单或单击歌手榜单页面的某个歌手后，可以打开歌曲列表页面，该页面列出了歌曲名称、专辑名和歌手姓名等信息。单击歌曲列表页面的某首歌曲后，打开播放歌曲页面，在播放歌曲页面可以实现“播放”“暂停”“上一首”“下一首”“单曲循环”“随机播放”和“顺序播放”等功能。

WeChat　10:30　100%

影音盒子

1．红豆　唱游　王菲
2．女人花　女人花　梅艳芳
3．至少还有你　林忆莲's　林忆莲
4．江南　第二天堂　林俊杰
5．离歌　天高地厚　信乐团
6．K 歌之王　陈奕迅 广东精选 EASON CHAN CANTONESE COLLECTION　陈奕迅
7．泡沫　Xposed　G.E.M.邓紫棋
8．可惜不是你　丝路 通往爱的路途　梁静茹
9．五环之歌　煎饼侠 电影原声带　岳云鹏,MCHOTDOG
10．曹操　曹操　林俊杰
11．因为爱情　Stranger Under My Skin　王菲,陈奕迅

图 6.7　歌曲列表页面

图 6.8　播放歌曲页面

### 1 项目创建

根据影音盒子小程序的音乐播放器功能需求介绍，需要在小程序项目下创建 images 文件夹，用于存放影音盒子小程序开发中用到的图片资源文件；在 pages 文件夹下创建 5 个文件夹，分别用于存放音乐榜单页面（home）、歌手榜单页面（singer）、歌曲列表页面（songlist）、播放歌曲页面（play）和个人中心页面（me）。

### 2 tabBar 顶部标签的设计

修改 app.json 全局配置文件的 tabBar 项，其详细代码如下：

```
1  "tabBar": {
2    "position":"top",
3    "list": [{
4      "pagePath": "pages/home/home",
5      "text": "音乐榜单"
6    },{
7      "pagePath": "pages/singer/singer",
8      "text": "歌手榜单"
9    },
10     {
11       "pagePath": "pages/me/me",
12       "text": "个人中心"
13     }]
14   },
```

上述第 2 行代码设置 position 属性值为 top，表示 tabBar 标签位于页面的顶部。

### 3 音乐榜单页面的设计与实现

（1）音乐榜单界面设计。

从图 6.5 可以看出，4 个代表不同榜单的图片分两行放置在页面的正中心，整个页面以 flex 方式布局，并通过样式控制图片的显示格式。

6.2.2.2

① 页面结构文件代码。

```
1  <view class="container">
2    <view class="inner-box" bindtap="jumpToSongList">
3      <image src="/images/newsong.jpg" id="1"></image>
4      <image src="/images/hotsong.jpg" id="2"></image>
5      <image src="/images/meisong.jpg" id="18"></image>
6      <image src="/images/biaosong.jpg" id="6"></image>
7    </view>
8  </view>
```

上述代码第 2 行用 bindtap 属性绑定单击不同榜单图片的 jumpToSongList( )事件，通过第 3~6 行代码中的 id 属性值来区别单击的图片资源。本项目根据音乐榜单类型（即上述代码的 id 值）访问百度音乐服务器，其地址为“http://tingapi.ting.baidu.com/v1/restserver/ting?from=android&version=5.9.0.0&channel=ppzs&operator=0&method=baidu.ting.billboard.billList&format=json&offset=0&size=20&fields=song_id%2Ctitle%2Cauthor%2Calbum_title%2Cpic_big%2Cpic_small%2Chavehigh%2Call_rate%2Ccharge%2Chas_mv_mobile%2Clearn%2Csong_source%2Ckorean_bb_song&type=listType”，其中 listType 为音乐榜单类型值（1 表示新歌榜、2 表示热歌榜、18 表示 hit 中文榜、6 表示飙升榜）。

② 页面样式文件代码。

```
page{
  height:100%;
```

```
}
.container{
  height:100%;
  display:flex;
  justify-content: center;
  align-items: center;
}
.inner-box{
 width:600rpx;
}
.inner-box image{
 width:300rpx;
 height:300rpx;
}
```

（2）音乐榜单页面功能实现。

影音盒子小程序运行时，加载音乐榜单页面（home.wxml），通过单击页面上的“新歌榜”“热歌榜”“hit 中文榜”或“飙升榜”跳转到歌曲列表页面（songlist.wxml）。

跳转到歌曲列表页面事件。

```
1  jumpToSongList: function (e) {
2    wx.navigateTo({
3      url: '/pages/songlist/songlist?listType=' + e.target.id,
4    })
5  },
```

上述第 2~4 行代码实现带 listType 参数的页面跳转，listType 的值为用户单击的音乐榜 id 值，即音乐榜单类型，以便加载歌曲列表页面时在页面上显示相应的歌曲清单。

6.2.2.3

**4 歌曲列表页面的设计与实现**

（1）歌曲列表界面设计。

从图 6.7 可以看出歌曲列表页面每行显示的歌曲信息包括歌曲名称、专辑名及歌手姓名，设计如图 6.9 所示。

图 6.9　歌曲列表页面每行歌曲信息显示设计效果图

① 页面结构文件代码。

```
1  <view id="{{index}}" wx:for="{{songList}}" bindtap="chooseMusic">
2    <view class="song">
3      <view class="song-title">
4        {{index+1}}. {{item.title}}
5      </view>
6      <view class="song-album">
7        <view>{{item.album_title}} </view>
8        <view> {{item.author}}</view>
9      </view>
10   </view>
11 </view>
```

上述第 1 行代码用 wx:for 语句绑定 songList 数组进行列表渲染，songList 数组中存放歌曲的相关信息，每个数组元素由表 6-9 所示的主要属性域组成。

表 6-9　歌曲的主要属性域

| 属 性 名 | 说　明 | 属 性 名 | 说　明 |
|---|---|---|---|
| song_id | 歌曲编号 | album_title | 专辑名 |
| title | 歌曲名称 | lrclink | 歌词地址 |
| author | 歌手姓名 | pic_big | 背景图片地址 |

② 页面样式文件代码。

```
1  .song-title {
2    font-size: 40rpx;
3  }
4  .song-album {
5   display: flex;
6   flex-direction: row;
7   justify-content: space-between;
8   font-size: 30rpx;
9   color: grey;
10  }
11 .song {
12  padding-left: 20rpx;
13  padding-right: 20rpx;
14  border-bottom: 2rpx dotted grey;
15  }
```

上述第 14 行代码用于定义每行歌曲信息的底部显示点虚线。

（2）歌曲列表页面功能实现。

歌曲列表页面（songlist.wxml）加载时，会根据音乐榜单页面传递的榜单类型参数值从百度音乐服务器端获取歌曲资源信息。

① 初始化数据。

```
data: {
  songList: [], //存储歌曲资源信息的数组
},
```

② 页面加载监听事件。

```
  onLoad: function (options) {
    var that = this;
    var listType = options.listType; //音乐榜单页面传递的参数(榜单类型)
    var myurl = 'http://tingapi.ting.baidu.com/v1/restserver/ting?from=android&
version=5.9.0.0&channel=ppzs&operator=0&method=baidu.ting.billboard.billList&form
at=json&offset=0&size=20&fields=song_id%2Ctitle%2Cauthor%2Calbum_title%2Cpic_big%
2Cpic_small%2Chavehigh%2Call_rate%2Ccharge%2Chas_mv_mobile%2Clearn%2Csong_source%
2Ckorean_bb_song&type=' + listType;
    wx.request({        //根据百度音乐 url 获取歌曲信息数据
      url: myurl,
      success: function (res) {
        that.setData({
          songList: res.data.song_list
        })
        var app = getApp();
        app.globalData.songList = res.data.song_list;//小程序全局变量
      }
    })
  },
```

上述第 5~14 行代码根据百度音乐 url，用 wx.request( )函数访问网络获取歌曲资源数据，如果获取数据成功，则保存在本页面的 songList 数组和小程序的全局数组变量 songList，以便在其他页面可以直接通过 app.globalData.songList 调用。关于网络访问的内容，将在本书第 8 章详细介绍。

③ 单击歌曲信息行事件。

单击歌曲列表中的某首歌曲时，会切换到歌曲播放页面，并将该歌曲在 songList 数组中的下标作为参数传递到歌曲播放页面。

```
chooseMusic: function (e) {
  wx.navigateTo({
    url: '/pages/play/play?index=' + e.currentTarget.id,
  })
},
```

## 5 播放歌曲页面的设计与实现

6.2.2.4

（1）播放歌曲界面设计。

从图 6.8 可以看出播放歌曲页面自上至下分别显示背景图片、歌曲名称、播放进度条和控制播放图标，设计如图 6.10 所示。

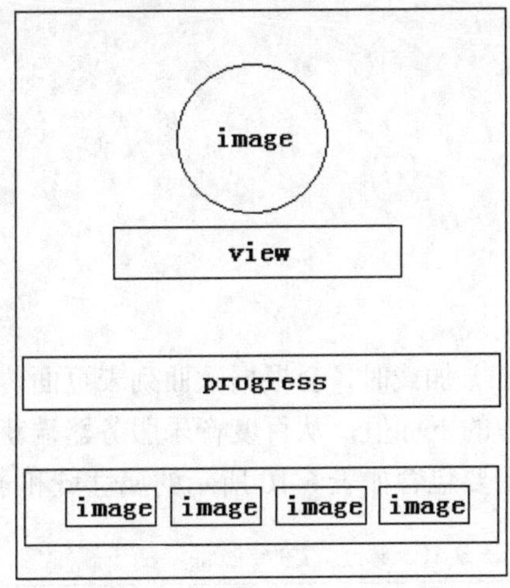


图 6.10　歌曲播放页面设计效果图

① 页面结构文件代码。

```
 <view class="music">
   <image animation="{{animationData}}" class="bgImage" src="{{bgImage}}"></image>
 </view>
 <view class="classname1">
   {{musicName}}
 </view>
 <progress stroke-width="8" percent="{{percent}}" color="green" />
 <view class="classname2"></view>
 <view class="music">
  <image class="con" src="{{playTypeUrl}}" bindtap="playType"></image>
  <image class="con" src="/images/last.png" bindtap="last"></image>
  <image class="con" src="{{playOrPause}}" bindtap="play"></image>
  <image class="con" src="/images/next.png" bindtap="next"></image>
</view>
```

上述第 2 行代码用 animation 属性设定 image 组件显示图片的动态效果(本项目中让图片顺时针旋转)；第 10 行代码用 src 属性设定用户选择的播放类型而加载的图片（单曲循环、顺序播放、随机播放)；第 12 行代码用 src 属性设定用户单击 image 组件而加载的图片（播放图片、暂停图片)。

② 页面样式文件代码。

```
 .music {
  height: 100%;
  display: flex;
  justify-content: center;
  align-items: center;
 }
 .bgImage {
  height: 400rpx;
  width: 400rpx;
  border-radius: 50%;
}
.con {
 width: 100rpx;
 height: 100rpx;
 margin-left: 20rpx;
}
.classname1 {
 height: 400rpx;
 padding-top: 50rpx;
 text-align: center;
}
.classname2 {
 height: 100rpx;
}
```

（2）播放歌曲页面功能实现。

6.2.2.5

播放歌曲页面（play.wxml）加载时，会根据歌曲列表页面传递的由用户所单击歌曲在 songList 数组中的下标值，从百度音乐服务器端获取本首歌曲的相关资源信息。每首歌曲主要包含如表 6-10 所示的属性域和子属性域。

表 6-10　歌曲的主要属性域和子属性域

| 属性名 | 子属性名 | 说　明 | 属性名 | 子属性名 | 说　明 |
|---|---|---|---|---|---|
| | file_extension | 歌曲文件扩展名 | | album_title | 专辑名 |
| | file_link | 歌曲文件 http 地址 | | author | 歌手姓名 |
| bitrate | file_duration | 歌曲播放时长(单位：s) | songinfo | title | 歌曲名称 |
| | file_size | 歌曲资源文件大小(单位：B) | | song_id | 歌曲编号 |
| | file_bitrate | 歌曲文件码率 | | pic_big | 背景图片 |

① 定义页面全局变量。

```
var that;
var isPlay;                     //歌曲是否为播放状态(true)或暂停状态(false)
var iAudioContext = wx.createInnerAudioContext();//创建音频对象
var animationContext;           //背景图片动画
var n;                          //背景图片旋转角度
var timer;                      //定时调用的函数
var songList;                   //存放歌曲信息数组
```

```
8   var index;                        //songList 数组元素下标
9   var songId;                       //歌曲编号 id
10  var tool = require('../../utils/tools.js')//引用 js 代码
11  var arr = ['/images/shunxu.png', '/images/xunhuan.png', '/images/suiji.png']    //播放类型图片数组
12  var i = 0;                        //当前播放类型 0-顺序、1-循环、2-随机
```

上述第 10 行代码引用 utils 文件夹下的 tools.js 文件，该文件中定义了一个 playMusic( ) 方法，用于创建 animation 对象，以便在播放页面中让背景图片产生动画效果。tools.js 文件的代码如下：

```
1   function playMusic(animationContext) {
2     animationContext = wx.createAnimation({
3       duration: 100,
4       timingFunction: 'linear'
5     })
6     return animationContext
7   }
8   module.exports = {
9     playMusic: playMusic
10  }
```

上述第 1~7 行代码定义一个创建 animation 对象的功能模块；第 8~10 行通过 module.exports 对外暴露 playMusic( )接口，以便其他模块可以直接调用。

② 初始化数据。

```
data: {
  percent: 0,                           //进度条值
  musicUrl: '',                         //歌曲资源文件 Url
  musicName: '',                        //歌曲名
  playOrPause: '/images/play.png',//控制播放/暂停图标
  animationData: {},                    //背景图片动画
  playTypeUrl: arr[i],                  //播放类型 0-顺序、1-循环、2-随机
  bgImage: ''                           //背景图片文件 Url
},
```

③ 创建音频文件方法。

音频对象会根据用户在歌曲列表页面单击选择的歌曲从百度音乐服务器端获取，或在播放歌曲页面单击“上一首”“下一首”按钮图片后从百度音乐服务器端获取，所以本项目用自定义方法 getSongFromNet( )实现该功能。其代码如下：

```
getSongFromNet: function (songId) {
  wx.request({//根据所选歌曲的 id 向百度音乐服务器请求歌曲的详细信息
    url: 'http://tingapi.ting.baidu.com/v1/restserver/ting?size=2&type=2&format=json&method=baidu.ting.song.play&songid=' + songId,
    success: function (e) {
      that.setData({
        musicUrl: e.data.bitrate.file_link,      //音频文件 url
        bgImage: e.data.songinfo.pic_big,        //背景图片
        percent: 0,                              //进度条值
        musicName: e.data.songinfo.title         //歌曲名称
      })
      iAudioContext.src = that.data.musicUrl    //设置音频对象数据源
      that.play();                              //调用播放按钮图片事件
```

```
13     }
14   })
15   return iAudioContext                                //返回 InnerAudioContext 对象
16 },
```

上述第 1 行代码的 songId 根据当前待播放歌曲的 index 下标从 songList 数组获得，使用 wx.request( )方法从百度音乐服务器获取待播放歌曲的音频文件地址、背景图片地址及歌曲名称等信息。

④ 页面加载监听事件。

播放歌曲页面加载时，首先根据从歌曲列表页面传递来的 index 参数值获得待播放歌曲的 song_id 值（每首歌的唯一编号），并存放到 songId 中；然后根据 songId 调用自定义方法 getSongFromNet( )，创建 InnerAudioContext 实例对象 iAudioContext；最后，为了能够将播放歌曲的进度及时更新到进度条上、在当前歌曲播放完毕能够自动播放下一首歌曲，还需要实现监听音频播放进度更新事件 onTimeUpdate( )、监听音频播放自然结束事件 onEnded( )。

```
1  onLoad: function (options) {
2      isPlay = false;
3      n = 0;
4      that = this;
5      index = options.index;                          //从歌曲列表页面获取参数值
6      var app = getApp();
7      songList = app.globalData.songList;
8      songId = songList[index].song_id;          //根据 index 取出歌曲 song_id 值
9      animationContext = tool.playMusic(animationContext)//创建 animation 对象
10     iAudioContext = that.getSongFromNet(songId);         //创建普通音频对象
11     /*监听音频进入可播放状态 */
12     iAudioContext.onCanplay(() => {
13       setTimeout(() => {
14         iAudioContext.duration        //此句不能少，如果少，则进度条不会更新
15       }, 1000)
16     })
17     /**监听音频播放进度更新 */
18     iAudioContext.onTimeUpdate(() => {
19       var mypercent = iAudioContext.currentTime / iAudioContext.duration * 100;
20       that.setData({
21         percent: mypercent
22       })
23     })
24     /**监听音频播放自然结束 */
25     iAudioContext.onEnded(() => {
26       that.next();                          //播放下一首
27     })
28   },
```

上述第 5 行代码表示从歌曲列表页（songlist.wxml）获取传递到播放歌曲页的参数 index，index 值为歌曲列表页单击的待播放歌曲在 songList 数组中的下标；第 9 行代码表示调用暴露接口 playMusic( )方法创建动画实例对象 animationContext；第 26 行代码表示在当前歌曲播放自然结束自动调用“下一首”按钮图片事件 next( )。

⑤ 播放/暂停按钮图片事件。

歌曲正在播放时，此图片按钮对应的 image 组件加载 pause.png 图片；歌曲播放暂停时，此图片按钮对应的 image 组件加载 play.png 图片。页面结构文件中将该 image 组件的 src 属性绑定 playOrPause 变量，并结合页面逻辑代码实现此效果。其详细代码如下：

```
  play: function () {
    if (isPlay) {                              //正在播放
      iAudioContext.pause();                   //暂停
      that.setData({
        playOrPause: '/images/play.png'        //加载播放图片
      })
      isPlay = false;
      clearInterval(timer);                    //暂停状态停止图片旋转
    } else {                                   //播放暂停
      iAudioContext.play();                    //播放
      that.setData({
        playOrPause: '/images/pause.png'       //加载暂停图片
      })
      timer = setInterval(function () {        //每隔 50ms 旋转 1 度
        animationContext.rotate(1 * n++);
        animationContext.step();
        that.setData({
          animationData: animationContext.export()
        })
      }, 50)
      isPlay = true;
    }
  },
```

⑥ 播放类型按钮图片事件。

单击播放歌曲页面的播放类型按钮图片时，在顺序播放、单曲循环和随机播放 3 种类型间切换，并且根据切换的类型加载不同的图片到 image 组件上。为了达到此效果，本项目用 i 值对应不同的播放类型，即 0 代表顺序播放，1 代表单曲循环，2 代表随机播放，单击播放类型图片时，如果 i 的值小于 3，那么 i 值自增 1，否则 i 值为 0。其详细代码如下：

```
1   playType: function (e) {
2     i++;
3     if (i == 3) {
4       i = 0;
5     }
6     this.setData({
7       playTypeUrl: arr[i]
8     })
9     var info = ''
10    switch (i) {
11      case 0:
12        info = '循环播放'
13        break
14      case 1:
15        info = '单曲循环'
16        break
17      case 2:
18        info = '随机播放'
19        break
20    }
21    wx.showToast({
22      title: info,
23    })
24  },
```

上述第 7 行代码根据 i 值返回 arr 数组中对应下标的图片资源文件路径，然后根据页面结构文件对应 image 组件 src 属性绑定的 playTypeUrl 变量来实现页面上播放类型图片的切换。

⑦ 上一首按钮图片事件。

6.2.2.6

单击“上一首”按钮图片时，小程序会根据当前选择的播放类型（由 i 变量的值决定：0——顺序播放、1——单曲循环、2——随机播放）决定上一首歌曲的 songId 值。i 的值为 0 时，表示顺序播放，如果当前歌曲的 index 值为 0，表示已经到第一首歌曲，songId 的值仍然为当前 index 下标对应歌曲的 song_id 值；否则将 index 值自减 1 后，再取对应下标歌曲的 song_id 值。其详细代码如下：

```
1   last: function () {
2     if (i == 0) {                                   //顺序播放
3       if (index > 0) {
4         songId = songList[--index].song_id;
5       } else {
6         songId = songList[index].song_id;
7       }
8     } else if (i == 2) {                            //随机播放
9       index = parseInt(Math.random() * 20)    //产生[0,20)随机整数
10      songId = songList[index].song_id;
11    } else if (i == 1) {                            //单曲循环
12      songId = songList[index].song_id;
13    }
14    animationContext = tool.playMusic(animationContext)
15    that.play();                                    //调用播放图片事件
16    iAudioContext = that.getSongFromNet(songId);
17    clearInterval(timer);                           //停止当前背景图片旋转
18  },
```

上述第 9 行代码表示如果当前播放类型为随机播放，则产生[0,20)间的随机整数作为 songList 数组的 index 下标；第 15 行代码表示调用播放/暂停按钮图片事件切换图片；第 16 行代码表示创建音频实例对象。

“下一首”按钮图片事件与“上一首”按钮图片事件类似，不再赘述。本案例的详细代码，读者可以参阅代码包 lesson6_music 文件夹中的内容。

## 6 歌手榜单页面的设计与实现

（1）歌手榜单界面设计。

① 页面结构文件代码。

6.2.2.7

从图 6.6 可以看出歌手榜单页面每行显示两位歌手信息（歌手照片、歌手姓名），页面使用 float 布局实现，代码如下：

```
1  <view class="singers" wx:for="{{singers}}">
2    <view class="singer" id="{{item.ting_uid}}" bindtap="chooseSinger">
3      <image src="{{item.avatar_middle}}"></image>
4      <view class="singerName">
5        {{item.name}}
6      </view>
7    </view>
8  </view>
```

上述第 1 行代码用 wx:for 语句绑定 singers 数组进行列表渲染，singers 数组中存放歌手的相关信息，每个数组元素由表 6-11 所示的主要属性域组成。

表 6-11　歌手的主要属性域

| 属性名 | 说　明 | 属性名 | 说　明 |
| --- | --- | --- | --- |
| ting_uid | 歌手编号 | firstchar | 姓的首字母 |
| avatar_middle | 歌手照片 | songs_total | 歌曲总数 |
| name | 歌手姓名 | albums_total | 专辑总数 |

② 页面结构文件代码。

```
.singers{
  width:45%;
  float:left;
  margin-left:20rpx;
 }
.singers image{
  width:100%;
  height:300rpx;
 }
```

（2）歌手榜单页面功能实现。

当加载歌手榜单页面（singer.wxml）时，访问百度音乐服务器获取歌手的信息并保存在 singers 数组中。

① 初始化数据。

```
data: {
  singers: []        //歌手信息数组
 },
```

② 页面加载监听事件。

```
1  onLoad: function (options) {
2   var that = this;
3   wx.request({
4    url: 'http://tingapi.ting.baidu.com/v1/restserver/ting?from=qianqian&
version=2.1.0&method=baidu.ting.artist.get72HotArtist&format=json?=1&offset
=0&limit=20',
5    success: function (e) {
6      that.setData({
7       singers: e.data.artist
8     })
9    }
10   })
11 },
```

上述第 4 行代码表示使用 wx.request( )方法访问百度音乐服务器获取歌手信息，“limit=20”表示一次获取 20 位歌手信息，此值可以根据实际需要设置；第 7 行代码表示将访问网络返回的 e.data.artist 值给 singers 数组，以便将歌手的照片、姓名通过列表渲染显示在页面上。

③ 单击歌手信息事件。

当用户单击歌手榜单页面上的歌手信息时，切换到该歌手歌曲列表页面，并将该歌手的编号 ting_uid 作为参数 uid 传递到歌手歌曲列表页面（select.wxml）。

```
chooseSinger: function (e) {
  wx.navigateTo({
   url: '/pages/select/select?uid=' + e.currentTarget.id,
  })
```

```
},
```

### 7 歌手歌曲列表页面的设计与实现

6.2.2.8

歌手歌曲列表页面结构代码(select.wxml)与歌曲列表页面(songlist.wxml)完全一样，由于根据歌手编号和歌曲类别从百度音乐服务器获取歌曲信息的访问接口不一样，所以此部分仅介绍歌手歌曲列表页面的功能实现。

① 初始化数据。

```
data: {
  songList: [], //存储歌曲资源信息的数组
},
```

② 页面加载监听事件。

加载歌手歌曲列表页面时，首先根据歌手榜单页面传递的歌手编号 uid 向百度音乐服务器获取该歌手对应歌曲的信息。详细代码如下：

```
1  onLoad: function (options) {
2      var that = this;
3      var tinguid = options.uid;        //歌手榜单页面传递的参数(歌手编号)
4      var myurl = 'http://tingapi.ting.baidu.com/v1/restserver/ting?from=
qianqian&version=2.1.0&method=baidu.ting.artist.getSongList&format=json&ord
er=2&tinguid=' + tinguid+'&offset=0&limits=50'  ;
5      wx.request({
6        url: myurl,
7        success: function (res) {
8          that.setData({
9            songList: res.data.songlist
10         })
11         var app = getApp();
12         app.globalData.songList = res.data.songlist;
13       }
14     })
15  },
```

上述第 5~14 行代码根据百度音乐 url，用 wx.request( )函数访问网络获取该歌手对应的歌曲资源数据，如果获取数据成功，则保存在本页面的 songList 数组和小程序的全局数组变量 songList，以便在其他页面可以直接通过 app.globalData.songList 调用。其中第 4 行代码的 tinguid、offset、limits 参数分别表示歌手编号、歌曲信息偏移量、获取歌曲信息的最大条数。

在歌手歌曲列表页面单击歌曲信息行事件代码与歌曲列表页面完全一样，当在该页面单击某行歌曲后，切换到播放歌曲页面。不再赘述。本案例的详细代码，读者可以参阅代码包 lesson6_music 文件夹中的内容。

至此，影音盒子的音乐播放器功能设计完成，感兴趣的读者可以在本项目案例的基础上增加快进、快退或歌词显示功能。

## 6.3 影音盒子（音视频录制器）的设计与实现

本节以实现影音盒子的另一个功能模块——音视频录制器的设计与实现为例，介绍微信小程序中实现音频、视频的录制和播放的方法。

## 6.3.1　预备知识

### 1 录音管理器

微信小程序开发框架提供一个 wx.getRecorderManager( )接口 API 来获取全局唯一的录音管理器 RecorderManager 实例，通过调用 RecorderManager 实例对象的方法实现开始录音、暂停录音、继续录音、停止录音及监听录音过程中的相关事件。RecorderManager 实例对象常用方法及功能说明如表 6-12 所示。获取 RecorderManager 实例对象的代码如下：

6.3.1.1

```
var recorderManager = wx.getRecorderManager()
```

表 6-12　recorderManager 实例对象的常用方法

| 方　法 | 参数类型 | 功　能 |
|---|---|---|
| start(object) | Object | 开始录音，object 参数及功能说明如表 6-13 所示 |
| pause( ) | 无 | 暂停录音 |
| resume( ) | 无 | 继续录音 |
| stop( ) | 无 | 停止录音 |
| onStart(callback) | Function | 监听录音开始事件 |
| onPause(callback) | Function | 监听录音暂停事件 |
| onResume(callback) | Function | 监听录音继续事件 |
| onStop(callback) | Function | 监听录音停止事件。callback 回调函数返回值包含 3 个属性：tempFilePath——录音文件的临时路径；duration——录音总时长（单位：ms）；fileSize——录音文件大小（单位：Byte） |
| onFrameRecorded(callback) | Function | 监听已录制完指定帧大小的文件事件。若设置了 frameSize，则会回调此事件 |
| onError(callback) | Function | 监听录音错误事件 |
| onInterruptionBegin(callback) | Function | 监听录音因受到系统占用而被中断开始事件。触发场景：微信语音聊天、视频聊天。一旦触发，录音会暂停。pause 事件在此事件后触发 |
| onInterruptionEnd(callback) | Function | 监听录音中断结束事件。收到 interruptionBegin 事件之后，小程序内所有录音会暂停，收到此事件后才可再次录音成功 |

表 6-13　object 参数及功能说明

| 属　性 | 类　型 | 功　能 |
|---|---|---|
| duration | Number | 录音的时长（单位：ms），默认为 600 000（最大值） |
| sampleRate | Number | 采样频率，默认值为 8000 |
| numberOfChannels | Number | 接录音通道数，默认值为 2，即 2 个通道；也可以为 1，即 1 个通道 |
| encodeBitRate | Function | 编码码率，默认值为 48 000；采样率与编码码率限制如表 6-14 所示 |
| format | String | 音频格式，默认值为 aac；也可以为 aac/mp3 |
| frameSize | Number | 指定帧大小（单位：KB）。设置该参数后，每录制指定帧大小的内容后，会回调录制的文件内容；若不设置该参数，则不会回调。暂仅支持 mp3 格式 |
| audioSource | String | 指定录音的音频输入源，默认值为 auto；可通过 wx.getAvailableAudioSources( )接口 API 获取当前可用的音频源。合法的音频源如表 6-15 所示 |

表 6-14　采样率（sampleRate）与编码码率（encodeBitRate）限制关系表

| 采样率 | 编码码率 | 采样率 | 编码码率 | 采样率 | 编码码率 |
|---|---|---|---|---|---|
| 8000 | 16000 ~ 48000 | 12000 | 24000 ~ 64000 | 22050 | 32000 ~ 128000 |
| 11025 | 16000 ~ 48000 | 16000 | 24000 ~ 64000 | 24000 | 32000 ~ 128000 |
| 32000 | 48000 ~ 192000 | 44100 | 64000 ~ 320000 | 48000 | 64000 ~ 320000 |

表 6-15　音频源（audioSource）的合法值

| 值 | 说　明 |
|---|---|
| auto | 自动设置，默认使用手机麦克风，插上耳麦后自动切换使用耳机麦克风 |
| buildInMic | 手机麦克风，仅限 iOS |
| headsetMic | 耳机麦克风，仅限 iOS |
| mic | 麦克风（没插耳麦时是手机麦克风，插耳麦时是耳机麦克风），仅限 Android |
| camcorder | 同 mic，适用于录制音视频内容，仅限 Android |
| voice_communication | 同 mic，适用于实时沟通，仅限 Android |
| voice_recognition | 同 mic，适用于语音识别，仅限 Android |

下面以实现图 6.11 所示的录音机小程序为例介绍 RecorderManager 实例及其相关方法在实际开发中的应用。

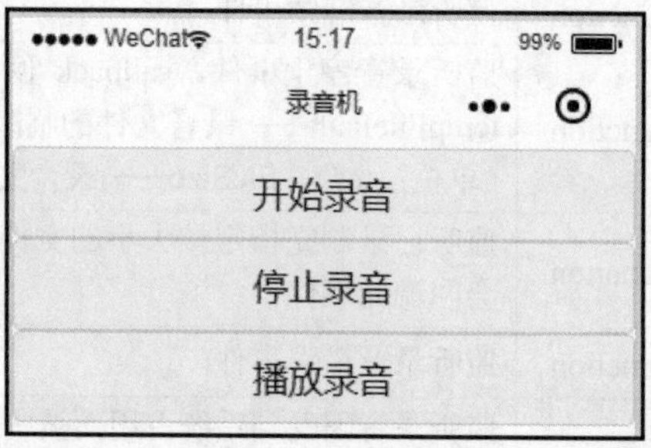

图 6.11　录音机

当用户单击图 6.11 所示界面的“开始录音”时，可以开启移动终端设备的录音功能，并按照设定的音频参数进行录音；单击“停止录音”按钮时，可以将当前录制的音频保存在本地缓存中，并返回保存地址；单击“播放录音”按钮时，可以将当前保存的录音内容播放出来。页面结构文件代码比较简单，不再赘述。

由于录音机包含录音和播放两个功能，所以需要 InnerAudioContext 实例对象用于播放音频文件，需要 RecorderManager 实例对象用于录制音频文件，本案例定义了 recorderManager、innerAudioContext 页面全局变量来管理 InnerAudioContext 和 RecorderManager 实例对象，其代码如下：

```
var recorderManager = wx.getRecorderManager()
var innerAudioContext = wx.createInnerAudioContext()
```

（1）开始录音按钮事件。

当用户单击“开始录音”按钮后，首先设定录音参数 options，包括录音的最大时长、采样率、录音通道数、编码码率、音频格式和帧大小，然后开启录音功能。其代码如下：

```
start: function () {
  var options = {
    duration: 10000,                    //指定录音的时长，单位 ms
    sampleRate: 16000,                  //采样率
    numberOfChannels: 1,                //录音通道数
    encodeBitRate: 96000,               //编码码率
    format: 'mp3',                      //音频格式
    frameSize: 50,                      //指定帧大小，单位 KB
  }
  recorderManager.start(options);      //按照音频参数开始录音
  recorderManager.onStart(() => {/
    /**监听开始录音事件*/
  });
  //错误回调
  recorderManager.onError((res) => {
     /**监听录音错误事件*/
    console.log(res.errMsg);            //输出错误信息
  })
},
```

（2）停止录音按钮事件。

当用户单击“停止录音”按钮后，首先调用 stop( )方法停止录音，然后调用监听停止录音事件 onStop( )方法处理后续工作，本案例将该方法回调参数的 tempFilePath（音频文件临时保存路径）更新给页面变量 voicePath（在 data 中进行定义）。

```
stop: function () {
  recorderManager.stop();                //停止录音
  recorderManager.onStop((res) => {
   this.setData({
    voicePath:res.tempFilePath        //将录音文件的临时路径更新给页面变量
   })
  })
},
```

（3）播放录音按钮事件。

```
play: function () {
  innerAudioContext.autoplay = true                        //设置可自动播放
  innerAudioContext.src = this.data.voicepath, //设置音频数据源
   innerAudioContext.onPlay(() => {
     /**监听正在播放事件*/
   })
  innerAudioContext.onError((res) => {
     /**监听播放出错事件*/
  })
 },
```

## 2 video

（1）video 组件。

6.3.1.2

video 是微信小程序开发框架提供的用于播放、暂停、停止视频等的组件，可以使用 wx.createVideoContext( )接口 API 创建 video 组件的上下文对象 VideoContext 来控制视频。该组件在页面结构文件中引用时，可以使用表 6-16 所示的常用属性。

表 6-16　video 组件的属性及功能说明

| 属　性 | 类　型 | 功　能 |
| --- | --- | --- |
| src | String | 待播放视频的资源地址，支持云文件 ID |
| duration | Number | 视频时长 |
| controls | Boolean | 是否显示默认播放控件（播放/暂停按钮、播放进度、播放时间），默认值为 true |
| danmu-list | Array.<object> | 弹幕列表 |
| danmu-btn | Boolean | 是否显示弹幕按钮，默认值为 false。只在初始化时有效，不能动态变更 |
| enable-danmu | Boolean | 是否展示弹幕，默认值为 false。只在初始化时有效，不能动态变更 |
| autoplay | Boolean | 是否自动播放，默认值为 false |
| muted | Boolean | 是否静音播放，默认值为 false |
| initial-time | Number | 设定视频初始播放位置，默认值为 0 |
| direction | Number | 设置全屏时视频的方向，若不指定则根据宽高比自动判断。其值可以为：0——正常竖向，90——屏幕逆时针 90 度，-90——屏幕顺时针 90 度 |
| show-progress | Boolean | 是否显示播放进度条，默认值为 true。若不设置，宽度大于 240 时才会显示 |
| show-fullscreen-btn | Boolean | 是否显示全屏按钮，默认值为 true |
| show-play-btn | Boolean | 是否显示视频底部控制栏的播放按钮，默认值为 true |
| show-center-play-btn | Boolean | 是否显示视频中间的播放按钮，默认值为 true |
| enable-progress-gesture | Boolean | 是否开启控制进度的手势，默认值为 true |
| enable-play-gesture | Boolean | 是否开启播放手势，即双击切换播放/暂停，默认值为 false |
| object-fit | String | 当视频大小与 video 容器大小不一致时，视频的表现形式，默认值为 contain（包含）。其值也可以为：fill——填充，cover——覆盖 |
| poster | String | 视频封面的图片网络资源地址或云文件 ID。若 controls 属性值为 false，则设置 poster 无效 |
| show-mute-btn | Boolean | 是否显示静音按钮，默认值为 false |
| title | String | 视频的标题，全屏时在顶部展示 |
| play-btn-position | String | 播放按钮的位置，默认值为 bottom（controls bar 上）。其值也可以为 center——视频中间 |
| auto-pause-if-navigate | Boolean | 当跳转到其他小程序页面时，是否自动暂停本页面的视频，默认值为 true |
| auto-pause-if-open-native | Boolean | 当跳转到其他微信原生页面时，是否自动暂停本页面的视频，默认值为 true |
| vslide-gesture | Boolean | 在非全屏模式下，是否开启亮度与音量调节手势，默认值为 false |
| vslide-gesture-in-fullscreen | Boolean | 在全屏模式下，是否开启亮度与音量调节手势，默认值为 true |
| bindplay | EventHandle | 当开始/继续播放时触发 play 事件 |
| bindpause | EventHandle | 当暂停播放时触发 pause 事件 |
| bindended | EventHandle | 当播放到末尾时触发 ended 事件 |

续表

| 属 性 | 类 型 | 功 能 |
| --- | --- | --- |
| bindtimeupdate | EventHandle | 播放进度变化时触发（每隔 250ms 一次），event.detail = {currentTime, duration} |
| bindfullscreenchange | EventHandle | 视频进入和退出全屏时触发，event.detail = {fullScreen, direction}，direction 有效值为：vertical——垂直，horizontal——水平 |
| bindwaiting | EventHandle | 视频出现缓冲时触发 |
| binderror | EventHandle | 视频播放出错时触发 |
| bindprogress | EventHandle | 加载进度变化时触发，只支持一段加载。Event.detail = {buffered}，百分比 |

video 组件在页面上显示时，默认宽度为 300px、高度为 225px；开发者也可以通过样式文件（wxss）设置宽度和高度的值。它支持播放的视频格式如表 6-17 所示，支持的编码格式如表 6-18 所示。

表 6-17 video 支持的视频格式

| 格 式 | iOS | Android | 格 式 | iOS | Android |
| --- | --- | --- | --- | --- | --- |
| mp4 | √ | √ | avi | √ | × |
| mov | √ | × | m3u8 | √ | √ |
| m4v | √ | × | webm | × | √ |
| 3gp | √ | √ | | | |

表 6-18 video 支持的编码格式

| 格 式 | iOS | Android | 格 式 | iOS | Android |
| --- | --- | --- | --- | --- | --- |
| H.264 | √ | √ | MPEG-4 | √ | √ |
| HEVC | √ | √ | VP9 | × | √ |

（2）VideoContext。

① wx.chooseVideo（Object object）：拍摄视频或从手机相册中选视频。object 参数及功能说明如表 6-19 所示。

表 6-19 object 参数及功能说明

| 属 性 | 类 型 | 功 能 |
| --- | --- | --- |
| sourceType | Array.<string> | 视频选择的来源，默认值为['album', 'camera']。其中：album——从相册选择视频，camera——使用相机拍摄视频 |
| compressed | Boolean | 是否压缩所选择的视频文件，默认值为 true |
| maxDuration | Number | 拍摄视频最长拍摄时间（单位：s），默认值为 60 |
| camera | String | 使用前置或者后置摄像头，默认值为 back（后置），也可以为 front（前置） |
| success | Function | 接口调用成功的回调函数 |
| fail | Function | 接口调用失败的回调函数 |
| complete | Function | 接口调用结束的回调函数 |

success(res)回调函数的 res.tempFilePath 返回选定视频的临时文件路径、res.duration 返回选定视频的时间长度、res.size 返回选定视频的数据量大小、res.height 返回选定视频的高、

res.width 返回选定视频的宽。

② wx.saveVideoToPhotosAlbum(Object object)：保存视频到系统相册（支持 mp4 视频格式）。调用前需要用户授权 scope.writePhotosAlbum。object 参数及功能说明如表 6-20 所示。

表 6-20 object 参数及功能说明

| 属 性 | 类 型 | 功 能 |
|---|---|---|
| filePath | string | 视频文件路径，可以是临时文件路径，也可以是永久文件路径 |
| success | function | 接口调用成功的回调函数 |
| fail | function | 接口调用失败的回调函数 |
| complete | function | 接口调用结束的回调函数 |

③ wx.createVideoContext（string id, Object this）：创建的 VideoContext 实例对象，可以通过 id 与一个 video 组件进行绑定后操作对应的 video 组件。VideoContext 实例对象常用方法如表 6-21 所示。

表 6-21 VideoContext 实例对象的常用方法

| 方 法 | 参数类型 | 功 能 |
|---|---|---|
| play( ) | 无 | 播放视频 |
| pause( ) | 无 | 暂停视频播放 |
| stop( ) | 无 | 停止视频播放 |
| seek(position) | Number | 跳转到 position 位置(单位：s) |
| sendDanmu(data) | Object | 发送弹幕。data={text,color}，其中：text——弹幕文字，color——弹幕颜色 |
| playbackRate(rate) | Number | 设置倍速播放。支持 0.5/0.8/1.0/1.25/1.5，从 2.6.3 版本起支持 2.0 倍速 |
| requestFullScreen(object) | Object | 进入全屏。object ={direction}，其中 direction 可以为：0——正常竖向，90——屏幕逆时针 90 度，-90——屏幕顺时针 90 度 |
| exitFullScreen() | 无 | 退出全屏 |
| showStatusBar() | 无 | 显示状态栏，仅在 iOS 全屏下有效 |
| hideStatusBar() | 无 | 隐藏状态栏，仅在 iOS 全屏下有效 |

下面以实现图 6.12 所示的视频播放器小程序为例，介绍 video 组件的常见属性及 VideoContext 实例的相关方法在实际开发中的应用。

当用户单击图 6.12 所示界面的“获取视频”按钮，可以调用相册视频或使用摄像头；单击“发送弹幕”按钮，可以在视频播放区域显示输入框中的内容，其效果如图 6.13 所示。页面结构文件代码如下：

```
1   <button bindtap="bindButtonTap">获取视频</button>
2   <video class='videoclass' id="myVideo" src="{{src}}" danmu-list=
"{{danmuList}}" enable-danmu danmu-btn controls></video>
3   <input bindblur="bindInputBlur" placeholder='请输入弹幕内容' />
4   <button bindtap="bindSendDanmu">发送弹幕</button>
```

上述第 2 行代码用 danmu-list 指定视频播放时默认的弹幕内容、用 enable-danmu 开启弹幕效果、用 danmu-btn 显示弹幕控制按钮、用 controls 显示视频播放控制按钮。

图 6.12　视频播放器（1）

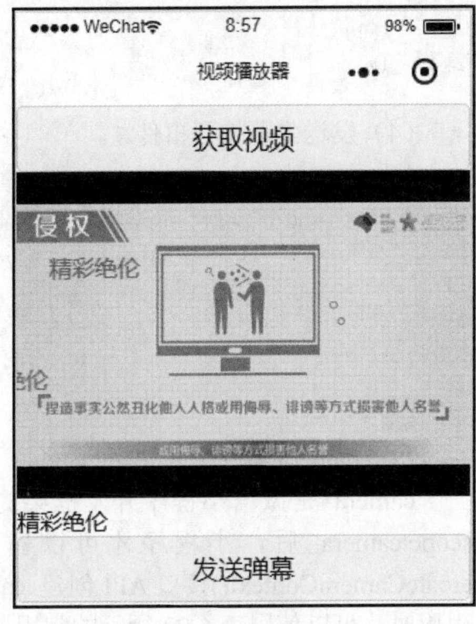


图 6.13　视频播放器（2）

由于视频组件控制和弹幕内容在页面全局都可以调用，所以在页面全局变量定义区域需要定义 videoContext（VideoContext 实例对象）和 inputValue （Input 中输入的内容）。

（1）初始化数据。

```
data: {
  src: '',                                  //加载的视频地址
  danmuList: [                              //弹幕对象
    {
      text: '第 1s 出现的弹幕',             //内容
      color: '#ff0000',                     //颜色
      time: 1                               //出现时间
    },
    /**其他弹幕*/]
 },
```

（2）页面加载监听事件。

```
1  onLoad: function (options) {
2   videoContext = wx.createVideoContext('myVideo')
3  },
```

上述第 2 行代码的 myVideo 与页面结构文件中定义的 video 组件的 id 必须一样。

（3）获取视频按钮事件。

```
bindButtonTap: function () {
    var that = this
    wx.chooseVideo({
      sourceType: ['album', 'camera'],
      maxDuration: 60,
      camera: ['front', 'back'],
      success: function (res) {
        that.setData({
          src: res.tempFilePath        //获取选择加载的视频地址
        })
```

```
      }
    })
  },
```

（4）发送弹幕按钮事件。

```
bindSendDanmu: function () {
    videoContext.sendDanmu({
     text: inputValue,          //弹幕内容
     color: 'grey'              //弹幕颜色
   })
 },
```

## 3 camera

（1）camera 组件

6.3.1.3

camera 是微信小程序开发框架提供的系统相机组件，需要用户授权 scope.camera 后，小程序才可以调用系统相机功能，可以使用 wx.createCameraContext()接口 API 创建 camera 实例。该组件在页面结构文件中引用时，可以使用表 6-22 所示的常用属性。

表 6-22　camera 组件的属性及功能说明

| 属　性 | 类　型 | 功　能 |
| --- | --- | --- |
| mode | String | 应用模式，默认值为 normal（相机模式），也可以为 scanCode（扫码模式）。只在初始化时有效，不能动态变更 |
| device-position | String | 摄像头朝向，默认值为 back（后置），也可以为 front（前置） |
| flash | String | 闪光灯，默认值为 auto（自动），也可以为 on（开）或 off（关） |
| frame-size | String | 指定期望的相机帧数尺寸，默认值为 medium（中尺寸），也可以为 small（小尺寸）或 large（大尺寸） |
| bindstop | EventHandle | 摄像头在非正常终止时触发，如退出后台等情况 |
| binderror | EventHandle | 用户不允许使用摄像头时触发 |
| bindinitdone | EventHandle | 相机初始化完成时触发 |
| bindscancode | EventHandle | 在扫码识别成功时触发，仅在 mode="scanCode"时生效 |

例如，在页面显示 1 个使用后置摄像头、关闭闪光灯及高度为 300px 的照相机，其代码如下：

```
<camera device-position="back" flash="off" binderror="error" style="width: 100%; height: 300px;"></camera>
```

（2）CameraContext。

① wx.createCameraContext( )：创建 camera 上下文 CameraContext 对象。CameraContext 实例对象常用方法如表 6-23 所示。

表 6-23　CameraContext 实例对象的常用方法

| 方　法 | 参数类型 | 功　能 |
| --- | --- | --- |
| onCameraFrame(callback) | Function | 获取 Camera 实时帧数据。callback 回调函数返回值如表 6-24 所示 |
| startRecord(object) | Function | 开始录像。其 object 参数及功能说明如表 6-25 所示 |
| stopRecord(object) | Function | 停止录像。其 object 参数及功能说明如表 6-26 所示 |
| takePhoto(object) | Function | 拍摄照片。其 object 参数及功能说明如表 6-27 所示 |

表 6-24　onCameraFrame(callback)回调函数返回值

| 属　　性 | 类　　型 | 说　　明 |
|---|---|---|
| width | Function | 图像数据矩形的宽度 |
| height | 无 | 图像数据矩形的高度 |
| data | 无 | 图像像素点数据，一维数组，每四项表示一个像素点的 rgba |

表 6-25　startRecord(object)object 参数及功能说明

| 属　　性 | 类　　型 | 功　　能 |
|---|---|---|
| timeoutCallback | Function | 超过 30s 或页面 onHide 时会结束录像 |
| success | Function | 接口调用成功的回调函数 |
| fail | Function | 接口调用失败的回调函数 |
| complete | Function | 接口调用结束的回调函数 |

startRecord(object)方法的 object.timeoutCallback(res)回调函数返回值 res.tempThumbPath 表示封面图片文件的临时路径、res.tempVideoPath 表示视频文件的临时路径。

表 6-26　stopRecord(object)object 参数及功能说明

| 属　　性 | 类　　型 | 功　　能 |
|---|---|---|
| success | Function | 接口调用成功的回调函数 |
| fail | Function | 接口调用失败的回调函数 |
| complete | Function | 接口调用结束的回调函数 |

stopRecord(object)方法的 object.success(res)回调函数返回值 res.tempThumbPath 表示封面图片文件的临时路径、res.tempVideoPath 表示视频文件的临时路径。

表 6-27　takePhoto (object)object 参数及功能说明

| 属　　性 | 类　　型 | 功　　能 |
|---|---|---|
| quality | String | 成像质量，默认值为 normal（普通质量），也可以为：high——高质量，low——低质量 |
| success | Function | 接口调用成功的回调函数 |
| fail | Function | 接口调用失败的回调函数 |
| complete | Function | 接口调用结束的回调函数 |

takePhoto (object)方法的 object.success(res)回调函数返回值 res. tempImagePath 表示照片文件的临时路径（android：jpg 格式，ios：png 格式）。

下面以实现图 6.14 所示的视频录播小程序为例介绍 camera 组件的常见属性及 CameraContext 实例的相关方法在实际开发中的应用。

从图 6.14 可以看出，页面最上部左侧用 camera 组件打开摄像头进行拍照或录像、右侧用 video 组件用于加载需要播放的视频；下部用 image 组件显示照片效果。页面设计效果如图 6.15 所示，页面结构文件代码如下：

图 6.14 视频录播器

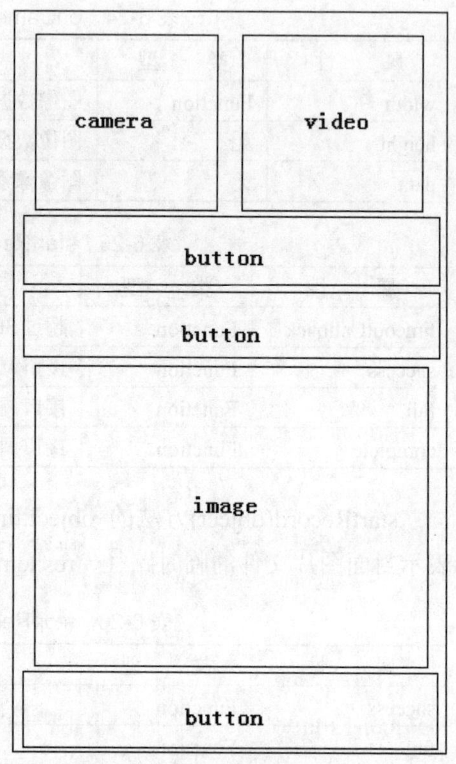


图 6.15 视频录播器设计图

```
<view style='display:flex;'>
  <camera device-position="back" flash="off" binderror="error" style="margin-left: 50rpx;width: 300rpx; height: 300rpx;">
  </camera>
  <video style='margin-left:50rpx; width: 300rpx; height:300rpx;' src="{{videoPath}}"> </video>
</view>
<button  bindtap="startVideo">开始录像</button>
<button  bindtap="endVideo">结束录像</button>
<image style='margin-left:50rpx;width:650rpx;height:500rpx;' src="{{imgPath}}"> </image>
<button  bindtap="takePic">拍摄照片</button>
```

由于照相机组件控制在页面全局都可以调用，所以在页面全局变量定义区域需要定义 ctx（CameraContext 实例对象）。

② 初始化数据。

```
data: {
  imgPath: '', //照片路径
  videoPath: '' //视频路径
},
```

③ 页面加载事件。

```
onLoad: function (options) {
 ctx = wx.createCameraContext()
},
```

④ 开始录像按钮事件。

```
startVideo: function () {
  ctx.startRecord({
    success: function(res) {
     /**开始录像成功需处理功能*/
    },
    fail:function(res){
     /**开始录像失败需处理功能*/
    }
  })
 },
```

⑤ 结束录像按钮事件。

```
endVideo: function () {
  var that = this
  ctx.stopRecord({
    success:function(res) {
      that.setData({
        imgPath: res.tempThumbPath,     //封面图片临时文件路径
        videoPath: res.tempVideoPath    //视频临时文件路径
      })
    }
   })
 },
```

⑥ 拍摄照片按钮事件。

```
takePic: function () {
  var that = this
  ctx.takePhoto({
    quality: 'high',
    success:function(res){
      that.setData({
        imgPath: res.tempImagePath  //照片临时文件存放路径
      })
    }
   })
 },
```

## 6.3.2 音视频录制器的实现

音视频录制器是影音盒子小程序的一个子功能模块，主要包含个人中心页面（图 6.16）、你的心声页面（图 6.17）、你的足迹页面（图 6.18）和记录足迹页面（图 6.19）等 4 个页面。其中个人中心页面以 tabBar 的形式展示，个人中心页面一方面用于呈现音频、视频文件标题，单击标题可以播放音视频文件；另一方面单击页面上的“更多”，可以打开你的心声页面或你的足迹页面。

6.3.2.1

你的心声页面可以录制音频文件、展示已录制的音频文件标题和播放已录制的音频文件；你的足迹页面可以展示已录制的视频文件标题、切换到记录足迹页面；记录足迹页面可以录制视频文件、播放已录制的视频文件。

在 6.2 节创建的项目中新建你的心声页面（voice）、你的足迹页面（film）和记录足迹页面（video）。

图 6.16 个人中心页面

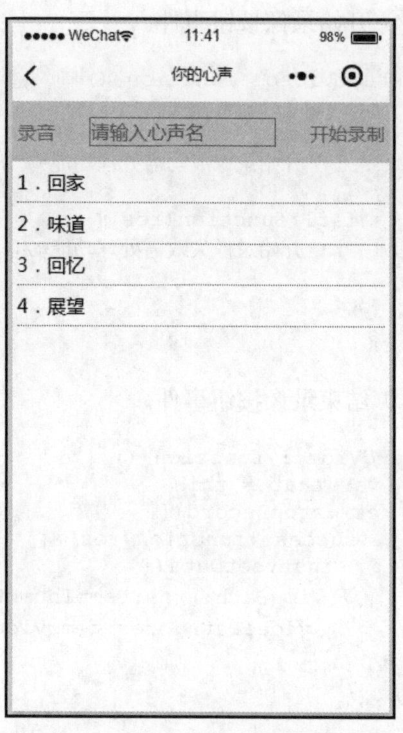


图 6.17 你的心声页面

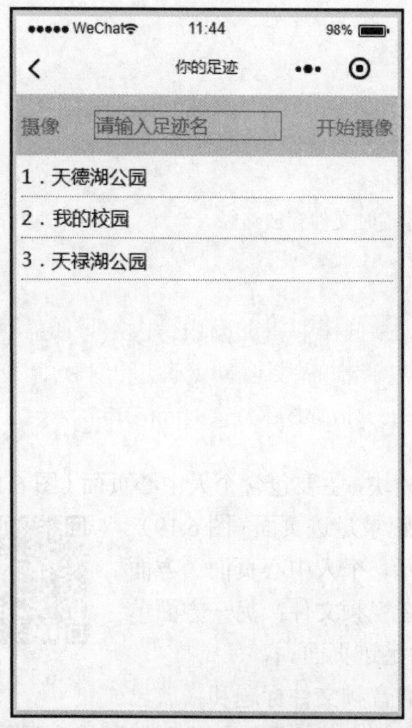


图 6.18 你的足迹页面

图 6.19 记录足迹页面

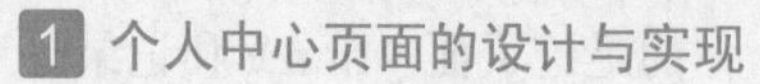

### 1 个人中心页面的设计与实现

（1）个人中心界面设计。

从图 6.16 可以看出，整个页面分成上下两个部分，上半部分展示已经录制的音频文件标题、心声和更多等信息，单击“更多”可以打开你的心声页面（voice）；下半部分展示已经录制的视频文件标题、足迹和更多等信息，单击“更多”可以打开你的足迹页面（film）。

① 页面结构文件代码。

```
1  <!--心声展示区域-->
2  <view class='audio'>
3    <view class='title'>
4      <view >心声</view>
5      <view bindtap='toVoice'>更多</view>
6    </view>
7    <scroll-view scroll-y style='height:90%'>
8      <view wx:for='{{audios}}'>
9        <view class='item'>{{index+1}}. {{item.voiceName}}</view>
10     </view>
11   </scroll-view>
12 </view>
13 <!--足迹展示区域-->
14 <view class='audio'>
15   <view class='title'>
16     <view>足迹</view>
17     <view bindtap='toFilm'>更多</view>
18   </view>
19   <scroll-view scroll-y style='height:90%'>
20     <view wx:for='{{videos}}'>
21       <view class='item'>{{index+1}}. {{item.videoName}}</view>
22     </view>
23   </scroll-view>
24 </view>
```

上述代码第 8~10 行用列表渲染语句将本地缓存中的音频信息数组 audios 中的每个“心声”元素的标题（voiceName）显示出来，即在页面上显示音频文件的标题。第 20~22 行用列表渲染语句将本地缓存中的视频信息数组 videos 中的每个“足迹”元素的标题（videoName）显示出来，即在页面上显示视频文件的标题。

② 页面样式文件代码。

```
page {
  height: 100%;
}
.audio {
  padding-left: 10rpx;
  padding-right: 10rpx;
  height: 50%;
}
.title {
  display: flex;
  flex-direction: row;
  justify-content: space-between;
  background: gainsboro;
  color: rgb(81, 205, 50);
  height: 10%;
}
.item {
  padding-top: 15rpx;
  padding-bottom: 15rpx;
  border-bottom: 2rpx dotted grey;
}
```

（2）个人中心页面功能实现。

个人中心页面加载时，从本地缓存中取出存放音频信息的 audios 数组和存放视频信息的 videos 数组，并将相应数据更新到个人中心页面。用户可以单击“心声”右侧的“更多”跳转到你的心声页面（voice.wxml），也可以单击“足迹”右侧的“更多”跳转到你的足迹页面（film.wxml）。

① 初始化数据。

```
data: {
  audios:[ ],  //存放音频文件信息(心声)
  videos:[ ]   //存放视频文件信息(足迹)
},
```

audios 数组的每个元素由 voiceName（音频文件标题）、voiceUrl（音频文件存放地址）两个属性组成；videos 数组的每个元素由 videoName（音频文件标题）、videoPath（音频文件存放地址）两个属性组成。

② 页面加载事件。

```
onLoad: function (options) {
  var that = this
  //从本地缓存读出心声信息
  wx.getStorage({
    key: 'audios',
    success(res) {
      that.setData({
        audios: res.data
      })
    }
  })
  //从本地缓存取出足迹信息
  wx.getStorage({
    key: 'videos',
    success: function (res) {
      that.setData({
        videos: res.data
      })
    },
  })
},
```

③ 跳转到你的心声页面事件。

当单击“心声”右侧“更多”时，页面跳转到你的心声页面（voice.wxml），其代码如下：

```
toVoice:function(e){
  wx.navigateTo({
    url: '/pages/voice/voice',
  })
},
```

④ 跳转到你的足迹页面事件。

当单击“足迹”右侧“更多”时，页面跳转到你的足迹页面（film.wxml），其代码如下：

```
toFilm: function (e) {
  wx.navigateTo({
    url: '/pages/film/film',
  })
```

```
},
```

## 2 你的心声页面的设计与实现

（1）你的心声界面设计。

6.3.2.2

加载心声页面时，图 6.17 上部只显示“录音”，而输入待录制音频文件标题的 input 组件和显示“开始录制”信息的 view 组件，只有在单击“录音”后才会显示。界面设计时用 input 组件和 view 组件的 display 属性绑定 isShow 变量来实现。该页面的下半部分用列表渲染将存储在本地缓存中音频文件的标题展现出来，并绑定单击事件 playVoice，用于播放音频。

① 页面结构文件代码。

```
<view class='recorder'>
  <view bindtap='addVoice'>录音</view>
  <input bindinput="bindKeyInput" style='border:0.5px solid; width:50%;
display:{{isShow}}' placeholder='请输入心声名' value= '{{value}}'></input>
  <view style="display:{{isShow}}" bindtap='startRec'>{{recName}}</view>
</view>
<view class='audio'>
  <scroll-view scroll-y style='height:90%'>
    <view wx:for='{{audios}}' >
      <view id='{{index}}' bindtap='playVoice' class='item'> {{index+1}}.
{{item.voiceName}}</view>
    </view>
  </scroll-view>
</view>
```

② 页面样式文件代码。

```
page {
  width: 100%;
  height: 100%;
}
.recorder {
  padding-left: 10rpx;
  padding-right: 10rpx;
  display: flex;
  flex-direction: row;
  justify-content: space-between;
  align-items: center;
  background: gainsboro;
  color: rgb(18, 179, 39);
  height: 10%;
}
.audio {
  padding-left: 10rpx;
  padding-right: 10rpx;
}
.item {
  padding-top: 15rpx;
  padding-bottom: 15rpx;
  border-bottom: 2rpx dotted grey;
}
```

（2）你的心声页面功能实现。

当加载你的心声页面时，从本地缓存中取出存放音频信息的 audios 数组，并将相应数据更新到本页面。用户单击图 6.17 左上方的“录音”后，“请输入心声名”的输入框和“开始

录制”信息显示出来。在输入框中输入待录制声音的标题后，单击“开始录制”，此时可以录制音频信息，并且“开始录制”切换为“停止录制”；单击“停止录制”后，音频录制结束，并将当前录制的音频文件信息（标题、存放地址）保存到本地缓存的 audios 中。由于需要在该页面全局使用录音管理器、音频播放 InnerAudioContext 实例对象和判断当前的录音状态，所以需要定义 recorderManager、innerAudioContext 和 isRecord 为页面全局变量，代码如下：

```
var isRecord = true
var recorderManager = wx.getRecorderManager()
var innerAudioContext = wx.createInnerAudioContext()
```

① 初始化数据。

```
data: {
  isShow: 'none',   //控制 input、view 组件是否显示，默认不显示
  voiceName: '',    //待录制的音频标题
  audios: [],       //音频信息数组
  recName: '',      //开始录制或停止录制
  value: ''         //输入框中的内容
},
```

② 页面加载事件。

```
onLoad: function (options) {
  /**与个人中心页面加载事件中从本地缓存中读出心声信息代码一样，此处略*/
  this.setData({
    recName: '开始录制' //页面加载默认显示“开始录制”
  })
},
```

③ 单击录音事件。

加载你的心声页面（voice.wxml）时，输入心声名称的 input 组件和显示“开始录制”的 view 组件并不显示在页面上，只有单击页面左上方的“录音”后才显示在页面上。本案例实现时用 isShow 变量的值进行控制，其代码如下：

```
addVoice: function (e) {
  this.setData({
    isShow: 'block'
  })
},
```

④ 自定义开始录音方法。

为了在页面上单击“开始录制”后能够录制音频信息，本案例自定义了 recordBegin( )方法，方法中定义了待录制音频的时长、采样率、录音通道数、编码码率及音频格式等音频属性，其代码如下：

```
recordBegin: function (e) {
  const options = {
    duration: 10000,                    //录音的时长
    sampleRate: 16000,                  //采样率
    numberOfChannels: 1,                //录音通道数
    encodeBitRate: 96000,               //编码码率
    format: 'mp3',                      //音频格式
    frameSize: 50,                      //帧大小
```

```
    }
     recorderManager.start(options);  //开始录音
     recorderManager.onStart(() => {
       /**监听录制开始事件*/
     });
     recorderManager.onError((res) => {
       /**监听录制出错事件*/
     })
   },
```

⑤ 自定义停止录音方法。

为了在页面上单击“停止录制”后能够对录制音频信息进行相应的处理，本案例自定义了 recordStop ( )方法，其代码如下：

```
recordStop: function (e) {
  var that = this
  recorderManager.stop();                        //停止录制音频
  recorderManager.onStop((res) => {
    var voiceUrl = res.tempFilePath;             //取出录制音频的临时路径
    var tempVoice = {                            //封装音频信息
      voiceName: that.data.voiceName,            //标题
      voiceUrl: voiceUrl                         //地址
    }
     that.data.audios.push(tempVoice)            //加入 audios 数组
     that.setData({
       audios: that.data.audios
     })
     wx.setStorage({                             //写入本地缓存
       key: "audios",
       data: that.data.audios
     })
   })
 },
```

⑥ 开始录制/停止录制事件。

单击“开始录制”后，调用自定义开始录音方法 recordBegin( )，并且将“开始录制”信息切换为“停止录制”；单击“停止录制”后，调用自定义停止录音方法 recordStop( )，并将“停止录制”信息切换为“开始录制”。其代码如下：

```
startRec: function (e) {
    if (this.data.voiceName == '') {
      wx.showToast({
        title: '心声名不能为空',
        icon: 'none'
      })
      return
    }
    if (isRecord) {
      this.setData({
        recName: '停止录制'
      })
      isRecord = false
      this.recordBegin()          //调用开始录音方法
    } else {
      this.setData({
        recName: '开始录制',
        value: ''
```

```
19     })
20     isRecord = true
21     this.recordStop()          //调用停止录音方法
22   }
23 },
```

上述第 2~8 行代码表示在开始录制声音前，必须在 input 组件中输入待录制音频的标题。input 组件 bindinput 属性绑定的 bindKeyInput 事件代码如下：

```
bindKeyInput: function (e) {
    this.setData({
      voiceName: e.detail.value
    })
},
```

⑦ 播放音频文件事件。

单击页面上的心声标题后，可以自动播放音频信息，其代码如下：

```
playVoice: function (e) {
  var index = e.currentTarget.id        //对应音频文件的数组元素下标
  innerAudioContext.autoplay = true    //自动播放
  innerAudioContext.src = this.data.audios[index].voiceUrl,
    innerAudioContext.onPlay(() => {
      /**监听音频播放事件*/
    })
  innerAudioContext.onError((res) => {
      /**监听音频播放出错事件*/
   })
 },
```

### 3 你的足迹页面的设计与实现

6.3.2.3

你的足迹界面设计和你的心声页面界面设计效果几乎完全一样，不再赘述，读者可以参阅代码包 lesson6_music 文件夹中的内容。而功能实现模块与你的心声页面在单击页面上的“足迹标题”和“更多”所实现的功能是不一样的，在你的足迹页面单击“足迹标题”后，会传递当前单击的足迹标题对应的视频存放地址到记录足迹页面（video.wxml），并在该页面的下半部分页面区域加载对应的视频文件；单击“更多”后，会传递当前输入的足迹标题到记录足迹页面，在该页面的上半部分页面区域可以录制视频，并在下半部分页面区域预览和保存录制的视频。

① 开始录像事件。

```
1  startRec:function(e){
2    if (this.data.videoName == '') {
3      wx.showToast({
4        title: '足迹名不能为空',
5        icon: 'none'
6      })
7      return
8    }
9   wx.navigateTo({
10     url: '/pages/video/video?videoName=' + this.data.videoName,
11   })
12  },
```

上述第 10 行代码表示将在本页面上方输入的足迹标题以 videoName 为参数传递给记录

足迹页面（video.wxml）。

② 单击足迹标题事件。

```
1  playVideo:function(e){
2    var id =parseInt(e.currentTarget.id)
3    var videoPath = this.data.videos[id].videoPath
4    wx.navigateTo({
5      url: '/pages/video/video?videoPath=' + videoPath,
6    })
7  },
```

上述第5行代码表示将在本页面下方单击的足迹标题对应的视频存放地址以videoPath为参数传递给记录足迹页面（video.wxml）。

6.3.2.4

### 4 记录足迹页面的设计与实现

（1）记录足迹界面设计。

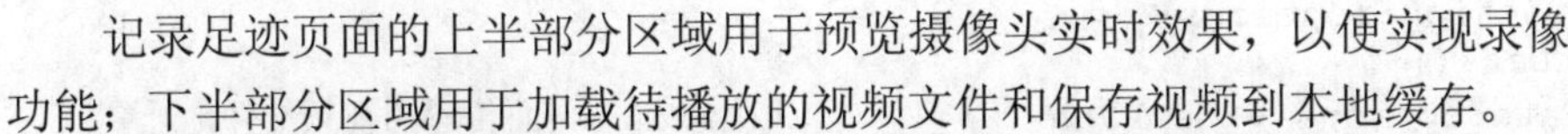

记录足迹页面的上半部分区域用于预览摄像头实时效果，以便实现录像功能；下半部分区域用于加载待播放的视频文件和保存视频到本地缓存。

① 页面结构文件代码。

```
1  <view class='ccentent View'>
2    <camera class='videoclass' device-position="back" flash="off" />
3  </view>
4  <button type="primary" bindtap="videoStart">{{recName}}</button>
5  <view class='ccententView'>
6    <video class='videoclass' src="{{videoPath}}"></video>
7  </view>
8  <button type="primary" bindtap="videoSave">保存足迹</button>
```

上述第3行代码定义了一个使用后置摄像头、关闭闪光灯的照相机；第4行代码绑定recName变量控制button组件上显示“开始录像”或“停止录像”；第6行代码绑定videoPath变量在video组件上加载视频文件。

② 页面样式文件代码。

```
.ccententView{
  display: flex
}
button{
  margin-left: 50rpx;
    margin-right: 50rpx;
  font-size: 30rpx;
}
.videoclass{
  margin-left: 50rpx;
  width: 650rpx;
  height: 500rpx;
  background-color: lavender;
}
```

（2）记录足迹页面功能实现。

当加载记录足迹页面（video.wxml）时，获取你的足迹页面（film.wxml）传递的待录制视频文件的标题和待播放视频的文件路径；取出本地缓存中存放的视频文件数组videos（保存的足迹文件信息），以便将新录制的足迹视频文件追加到videos数组，并保存到本地缓存中。由于需要在该页面全局使用CameraContext实例对象和视频文件标题，所以需要定义ctx

和 videoName 为页面全局变量，代码如下：

```
var ctx
var videoName
```

① 初始化数据。

```
 data: {
    recName: '开始录像',    //开始录像（停止录像）
    videoPath: '',          //视频文件地址
    isRec: true,            //录像状态
    videos:[]               //足迹视频文件信息
  },
```

② 页面加载事件。

```
1   onLoad: function (options) {
2     this.setData({
3       videoPath:options.videoPath              //取出 film 页面传递的视频文件地址
4     })
5     var that = this
6     ctx = wx.createCameraContext(this)     //创建 CameraContext 对象
7     videoName = options.videoName          //取出 film 页面传递的视频文件标题
8     wx.getStorage({
9       key: 'videos',
10       success: function(res) {
11        that.setData({
12          videos:res.data
13        })
14       },
15     })
16   },
```

上述第 2~4 行代码表示取出你的足迹页面（film.wxml）传递的待播放视频文件地址，并更新记录足迹页面 video 组件加载的视频内容；第 8~15 行代码表示取出本地缓存存放的视频文件信息。

③ 开始录像/停止录像事件。

单击“开始录像”按钮，调用 startRecord( )方法开始录像，并在开始录像的 success( )回调函数中更新 recName 变量值和 isRec 变量值，即将按钮上的内容切换为“停止录像”。单击“停止录像”按钮，调用 stopRecord( )方法停止录像，并将当前录制的视频文件路径更新给 videoPath 变量，同时该视频文件会自动加载到页面的 video 组件中。其详细代码如下：

```
videoStart: function () {
  var that = this
  if (this.data.isRec) {
    ctx.startRecord({
      success: function (res) {
        that.setData({
          recName: '停止录像',
          isRec: false
        })
      }
    })
  } else {
    ctx.stopRecord({
      success: function (res) {
```

```
          that.setData({
            recName: '开始录像',
            isRec: true,
            videoPath: res.tempVideoPath
          })
        }
      })
    }
  },
```

④ 保存足迹事件。

当用户单击"停止录像"按钮后，刚录制的视频文件自动加载到 video 组件上，此时用户可以在 video 组件上播放视频，如果刚录制的视频文件满足要求，则可以单击"保存足迹"按钮，将刚录制的视频文件组装成{videoName，videoPath}格式，保存在本地缓存的 videos 数组中。其详细代码如下：

```
videoSave:function(){
  console.log(videoName,this.data.videoPath)
   var tvideo={
     videoName: videoName,
     videoPath:this.data.videoPath
   }
   this.data.videos.push(tvideo)
   wx.setStorage({
     key: 'videos',
      data: this.data.videos,
    })

  },
```

至此，影音盒子的音视频录制器功能设计完成。由于本项目案例录制的音频、视频文件仅保存在本地缓存中，当用户更换移动终端设备时，就会显示其应用的缺陷。读者学习完第 8 章内容后，可以对本项目案例的功能进行扩展，将录制的音频、视频文件上传到服务器端，增强小程序应用的灵活性。

## 本章小结

本章结合实际案例项目的开发过程介绍了普通音频 API、背景音频 API、动画 API 和录音管理器的使用方法。通过本章的学习可以让读者掌握小程序中多媒体应用开发的流程和相关技术。

# 第7章 Chapter 7

# 硬件设备应用开发

近年来，基于传感器数据的服务发展十分迅速，涉及商务、医疗、工作和生活的各个方面，为用户提供方向指向、闹铃提示等一系列服务。现在，几乎所有的移动设备都配置不同类型的传感器，开发者可以利用不同类型的传感器进行趣味性的功能开发。

本章学习目标

- 掌握系统信息获取 API 的用法；
- 掌握罗盘 API、加速度计 API 的用法和应用场景；
- 掌握设备方向 API、扫码 API 和振动 API 的用法和应用场景；
- 掌握手机状态监测 API 的使用方法和应用场景。

## 7.1 概述

微信小程序开发框架提供了 Wi-Fi、蓝牙、电量、网络、截屏、扫码等接口 API 和陀螺仪、设备方向、加速计等传感器接口 API，用来监测移动设备的状态、跟踪用户的行为和获取传感器的相关数据，以便开发者开发出适合在移动设备上运行的各类应用软件。

7.1

### 7.1.1 监测设备状态 API

监测设备状态 API 包括获取系统信息、网络连接状态、Wi-Fi 连接状态、蓝牙连接状态和电量等，具体 API 及详细功能说明如表 7-1 所示。

表 7-1 监测设备状态 API 及功能

| 类别 | API | 功能 |
| --- | --- | --- |
| 系统信息 | wx.getSystemInfoSync( ) | 获取系统信息 |
| | wx.getSystemInfo( ) | 同步获取系统信息 |
| 网络 | wx.getNetworkType( ) | 获取网络类型 |
| | wx.onNetworkStatusChange( ) | 监听网络状态变化事件 |
| Wi-Fi | wx.getWifiList( ) | 请求获取 Wi-Fi 列表 |
| | wx.onGetWifiList( ) | 监听获取到 Wi-Fi 列表数据事件 |
| | wx.getConnectedWifi( ) | 获取已连接中的 Wi-Fi 信息 |
| | wx.startWifi( ) | 初始化 Wi-Fi 模块 |
| | wx.stopWifi( ) | 关闭 Wi-Fi 模块 |

续表

| 类　别 | API | 功　能 |
|---|---|---|
| 蓝牙 | wx.getBluetoothDevices( ) | 获取在蓝牙模块生效期间所有已发现的蓝牙设备 |
| | wx.getBluetoothAdapterState( ) | 获取本机蓝牙适配器状态 |
| | wx.openBluetoothAdapter( ) | 初始化蓝牙模块 |
| | wx.closeBluetoothAdapter( ) | 关闭蓝牙模块 |
| 电量 | wx.getBatteryInfo( ) | 获取设备电量 |
| | wx.getBatteryInfoSync( ) | 同步获取设备电量 |

## 7.1.2　跟踪用户行为 API

跟踪用户行为 API 包括剪贴板、扫码和屏幕等，具体 API 及详细功能说明如表 7-2 所示。

表 7-2　跟踪用户行为 API 及功能

| 类　别 | API | 功　能 |
|---|---|---|
| 剪贴板 | wx.getClipboardData( ) | 获取系统剪贴板的内容 |
| | wx.setClipboardData( ) | 设置系统剪贴板的内容 |
| 扫码 | wx.scanCode( ) | 调起客户端扫码界面进行扫码 |
| 屏幕 | wx.setScreenBrightness( ) | 设置屏幕亮度 |
| | wx.getScreenBrightness( ) | 获取屏幕亮度 |
| | wx.setKeepScreenOn( ) | 设置是否保持常亮状态 |
| | wx.onUserCaptureScreen( ) | 监听用户主动截屏事件 |

## 7.1.3　获取传感器数据 API

获取传感器数据 API 包括加速计、罗盘、设备方向和陀螺仪等，具体 API 及详细功能说明如表 7-3 所示。

表 7-3　跟踪用户行为 API 及功能

| 类　别 | API | 功　能 |
|---|---|---|
| 加速计 | wx.startAccelerometer( ) | 开始监听加速度数据 |
| | wx.stopAccelerometer( ) | 停止监听加速度数据 |
| | wx.onAccelerometerChange( ) | 监听加速度数据变化事件 |
| 罗盘 | wx.startCompass( ) | 开始监听罗盘数据 |
| | wx.stopCompass ( ) | 停止监听罗盘数据 |
| | wx.onCompassChange( ) | 监听罗盘数据变化事件 |
| 设备方向 | wx.startDeviceMotionListening( ) | 开始监听设备方向的变化 |
| | wx.stopDeviceMotionListening( ) | 停止监听设备方向的变化 |
| | wx.onDeviceMotionChange( ) | 监听设备方向变化事件 |
| 陀螺仪 | wx.startGyroscope ( ) | 开始监听陀螺仪数据 |
| | wx.stopGyroscope ( ) | 停止监听陀螺仪数据 |
| | wx.onGyroscopeChange( ) | 监听陀螺仪数据变化事件 |

# 7.2 指南针的设计与实现

为了应对现代城市复杂的交通状况，实现野外定向穿越的目标，指南针是一个不可或缺的工具。本节将以简易指南针的实现为例，详细介绍基于微信平台的加速计、罗盘、陀螺仪等传感器在小程序中的应用开发方法。

## 7.2.1 预备知识

7.2.1.1

### 1 系统信息

① wx.getSystemInfo(Object object)：获取系统信息。object 参数及功能说明如表 7-4 所示。

表 7-4 object 参数及功能说明

| 属 性 | 类 型 | 功 能 |
|---|---|---|
| success | Function | 接口调用成功的回调函数。success(res)回调函数的参数返回值如表 7-5 所示 |
| fail | Function | 接口调用失败的回调函数 |
| complete | Function | 接口调用结束的回调函数 |

表 7-5 success（res）回调参数返回值及功能说明

| 属 性 | 类 型 | 功 能 | 属 性 | 类 型 | 功 能 |
|---|---|---|---|---|---|
| brand | String | 设备品牌 | SDKVersion | String | 客户端基础库版本 |
| model | String | 设备型号 | cameraAuthorized | Boolean | 允许微信使用摄像头的开关 |
| screenWidth | Number | 屏幕宽度（单位：px） | locationAuthorized | Boolean | 允许微信使用定位的开关 |
| screenHeight | Number | 屏幕宽度（单位：px） | microphoneAuthorized | Boolean | 允许微信使用麦克风的开关 |
| statusBarHeight | String | 状态栏高度（单位：px） | notificationAuthorized | Boolean | 允许微信通知的开关 |
| version | String | 微信版本号 | bluetoothEnabled | Boolean | 蓝牙的系统开关 |
| system | String | 操作系统及版本 | locationEnabled | Boolean | 地理位置的系统开关 |
| platform | String | 客户端平台 | wifiEnabled | Boolean | Wi-Fi 的系统开关 |

② wx.getSystemInfoSync( )：获取系统信息，是 wx.getSystemInfo( )的同步版本。它有 Object 类型的返回值，其返回值的属性值与表 7-4 内容相同。常见使用代码格式如下：

```
wx.getSystemInfo({
  success (res) {
    console.log(res.model)      //输出设备型号
    console.log(res.version)   //输出微信版本号
    console.log(res.platform)  //输出客户端平台
  }
})
try {
    const res = wx.getSystemInfoSync()
    console.log(res.model)      //输出设备型号
    console.log(res.version)   //输出微信版本号
```

```
12      console.log(res.platform)  //输出客户端平台
13  } catch (e) {
14      // 异常处理代码
15  }
```

上述第 1~7 行代码与第 9~12 行代码分别使用了不同的获取系统信息的方法，功能完全一样。

### 2 电池电量

① wx.getBatteryInfo(Object object)：获取设备电量。object 参数及功能说明如表 7-6 所示。

表 7-6　object 参数及功能说明

| 属　性 | 类　型 | 功　　能 |
| --- | --- | --- |
| success | Function | 接口调用成功的回调函数 |
| fail | Function | 接口调用失败的回调函数 |
| complete | Function | 接口调用结束的回调函数 |

success(res)回调函数的 res.level 返回设备电量值（范围为 1~100）；res.isCharging 返回 boolean 类型数据，表示是否正在充电中。

② wx.getBatteryInfoSync( )：获取设备电量，是 wx.getBatteryInfo( )的同步版本，但在 iOS 上不可用。它有 Object 类型的返回值，其返回值的属性值 level 和 isCharging 与 wx.getBatteryInfo( )相同。常见使用代码格式如下：

```
var flag=false
wx.getBatteryInfo({
  success: function (res) {
    flag = res.isCharging                       //获取冲电状态
    console.log(res.level.toFixed(2))          //输出当前电量值
    console.log(flag ? '正在充电':'没有充电')
  }
})
```

### 3 设备方向

7.2.1.2

① wx.startDeviceMotionListening(Object object)：开始监听设备方向的变化 object 参数及功能说明如表 7-7 所示。

表 7-7　object 参数及功能说明

| 属　性 | 类　型 | 功　　能 |
| --- | --- | --- |
| interval | String | 监听设备方向的变化回调函数的执行频率，默认值为 normal（普通回调频率，约 200 次/s）。也可以为 game（更新游戏的回调频率，约 20 次/ ms）、ui（更新 UI 的回调频率，约 60 次/ ms） |
| success | Function | 接口调用成功的回调函数 |
| fail | Function | 接口调用失败的回调函数 |
| complete | Function | 接口调用结束的回调函数 |

② wx.stopDeviceMotionListening(Object object)：停止监听设备方向的变化。object 参数及功能说明如表 7-8 所示。

表 7-8 object 参数及功能说明

| 属　性 | 类　型 | 功　能 |
| --- | --- | --- |
| success | Function | 接口调用成功的回调函数 |
| fail | Function | 接口调用失败的回调函数 |
| complete | Function | 接口调用结束的回调函数 |

③ wx.onDeviceMotionChange(function callback)：监听设备方向变化事件。设备方向变化事件的回调函数 callback 的返回值 res 包含的属性如表 7-9 所示。

表 7-9 callback 回调函数返回属性值及功能说明

| 属性 | 类　型 | 功　能 |
| --- | --- | --- |
| alpha | Number | 当设备坐标 X/Y 和地球 X/Y 重合时，绕着 Z 轴转动的夹角为 alpha，范围为 [0, 2*PI)。逆时针转动为正 |
| beta | Number | 当设备坐标 Y/Z 和地球 Y/Z 重合时，绕着 X 轴转动的夹角为 beta。范围为 [−1*PI, PI)。顶部朝着地球表面转动为正。也有可能朝着用户为正 |
| gamma | Number | 当设备 X/Z 和地球 X/Z 重合时，绕着 Y 轴转动的夹角为 gamma。范围为 [−1*PI/2, PI/2)。右边朝着地球表面转动为正 |

监听设备方向变化事件的频率由 wx.startDeviceMotionListening( )方法的 interval 参数值决定。在实际开发中，如果要判断设备的方向，可以先调用 wx.startDeviceMotionListening( )方法开始监听，然后调用 wx.onDeviceMotionChange( )方法监听设备方向的变化，并根据变化时返回的 alpha 角度值判断设备的方向，其代码如下：

```
1    wx.startDeviceMotionListening({}) //开始监听设备方向
2    wx.onDeviceMotionChange(function (res) {
3      var alpha = parseFloat(res.alpha).toFixed(2);
4      var pDirection = '正面'
5      if (alpha > 45 && alpha < 136) {
6          pDirection = '左侧'
7      } else if (alpha > 225 && alpha < 316) {
8          pDirection = '右侧'
9      } else if (alpha > 135 && alpha < 226) {
10         pDirection = '反面'
11     }
12     console.log('你的设备方向:',pDirection)
13     console.log('你的设备偏移角度数:', alpha)
14   })
```

上述第 5~11 行代码表示根据图 7.1 坐标系，由绕 Z 轴逆时针旋转的角度判断设备的方向。

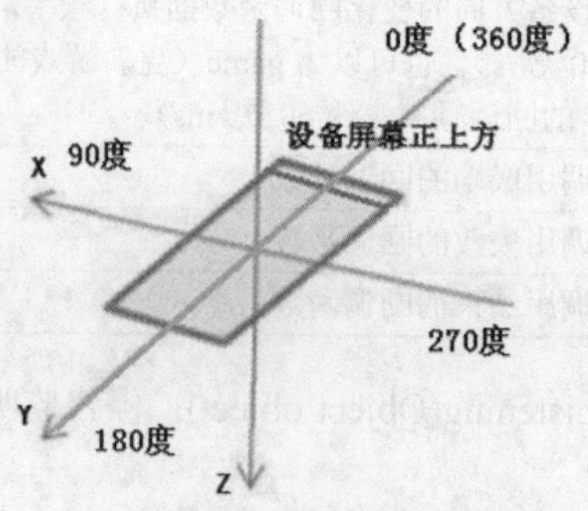


图 7.1 设备坐标 X/Y 与地球 X/Y 重合坐标系

### 4 加速计

加速计用来测量设备在 X、Y、Z 三个轴上的加速力。所谓加速力，就是物体在加速过程中作用在物体上的力。小程序开发框架提供的加速计接口 API，可以让开发者能够在应用程序中获取到设备当前的加速力信息，合理利用这些信息可以开发出有趣、实用的功能。

7.2.1.3

① wx.start Accelerometer(Object object)：开始监听加速数据。object 参数及功能说明如表 7-10 所示。

表 7-10　object 参数及功能说明

| 属　　性 | 类　　型 | 功　　能 |
| --- | --- | --- |
| interval | String | 监听加速度数据回调函数的执行频率。功能说明同表 7-5 |
| success | Function | 接口调用成功的回调函数 |
| fail | Function | 接口调用失败的回调函数 |
| complete | Function | 接口调用结束的回调函数 |

② wx.stopAccelerometer(Object object)：停止监听加速度数据。object 参数及功能说明如表 7-8 所示。

③ wx.onAccelerometerChange(function callback)：监听加速度数据变化事件，调用后会自动开始监听。加速度数据变化事件的回调函数 callback 返回值 res 包含的属性如表 7-11 所示。

表 7-11　callback 回调函数返回属性值及功能说明

| 属　　性 | 类　　型 | 功　　能 |
| --- | --- | --- |
| x | Number | X 轴方向加速力 |
| y | Number | Y 轴方向加速力 |
| z | Number | Z 轴方向加速力 |

下面以实现图 7.2 所示的 3D 图片小程序为例，介绍加速计在实际开发中的用法。页面结构代码如下：

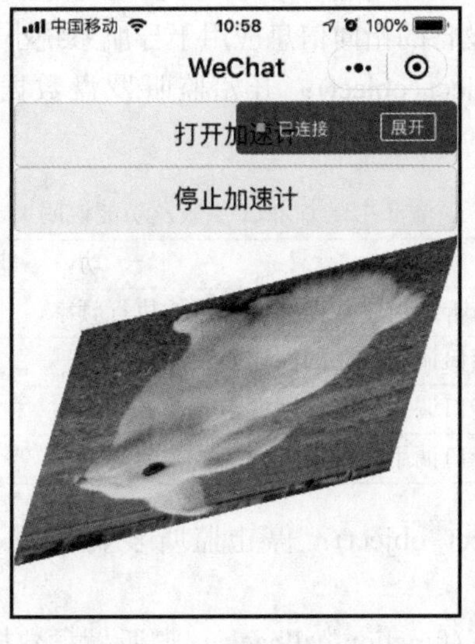


图 7.2　3D 图片效果图

```
<button bindtap="start">打开加速计</button>
<button bindtap="stop">停止加速计</button>
<image animation="{{animationDate}}" src='/images/tuzi.jpg'></image>
```

① 打开加速计按钮事件。

```
start: function () {
  wx.startAccelerometer({
    interval: 'ui'
  })
},
```

② 停止加速计按钮事件。

```
stop: function () {
  wx.stopAccelerometer()
},
```

③ 页面加载事件。

```
onLoad: function (options) {
  var that = this;
  wx.onAccelerometerChange(function (res) {    //监听加速计数据事件
    x = res.x * 180
    y = res.y * 180
    z = res.z * 180
    animation = wx.createAnimation({
      duration: 1000,
      timingFunction: 'ease',
     })
     animation.rotate3d(x,y,z,180).step()
     that.setData({
       animationDate: animation.export()
     })
   });
 },
```

### 5 罗盘

罗盘通过磁力将内部的指针指向某个方向，以便进行方位判别。小程序开发框架提供的罗盘接口 API 可以将获取到设备的指向信息应用于导航系统小程序的开发中。

① wx.startCompass (Object object)：开始监听罗盘数据。object 参数及功能说明如表 7-12 所示。

表 7-12 object 参数及功能说明

| 属 性 | 类 型 | 功 能 |
| --- | --- | --- |
| interval | String | 监听加速度数据回调函数的执行频率。功能说明同表 7-5 |
| success | Function | 接口调用成功的回调函数 |
| fail | Function | 接口调用失败的回调函数 |
| complete | Function | 接口调用结束的回调函数 |

② wx.stopCompass(Object object)：停止监听罗盘数据。object 参数及功能说明如表 7-12 所示。

③ wx.onCompassChange (function callback)：监听罗盘数据变化事件（频率：5 次/秒），

调用后会自动开始监听。罗盘数据变化事件的回调函数 callback 返回值 res 包含的属性如表 7-13 所示。

表 7-13　callback 回调函数返回属性值及功能说明

| 属　性 | 类　型 | 功　能 |
| --- | --- | --- |
| direction | Number | 面对的方向度数 |
| accuracy | Number/String | 精度 |

由于平台存在差异，accuracy 在 iOS/Android 的值不同。iOS 平台的 accuracy 是一个 number 类型的值，表示相对于磁北极的偏差（0——设备指向正北，90——指正东，180——指向正南，以此类推）。Android 平台的 accuracy 是一个 string 类型的枚举值（high——高精度，medium——中等精度，low——低精度）。

## 7.2.2　指南针的实现

7.2.2

### 1 主界面的设计

根据指南针的功能，在主界面上可以显示方向信息（含动态指南针图片），屏幕朝向及当前设备的相关信息（品牌、型号、微信版本、操作系统、当前电量），其运行效果如图 7.3 所示。

图 7.3　指南针界面

（1）页面结构文件代码。

```
<view class='container'>
  <view>指南针方向:{{mDirection}}({{mDegree}}度)</view>
  <view>屏 幕 朝 向:{{pDirection}}({{pDegree}}度)</view>
  <image style="transform: rotate({{180-mDegree}}deg);" src='/images/
compass.png'></image>
  <view class='info'>
    <view class='item'>设备品牌：{{brand}}</view>
```

```
7       <view class='item'>设备型号：{{model}}</view>
8       <view class='item'>微信版本：{{version}}</view>
9       <view class='item'>操作系统：{{system}}</view>
10      <view class='item'>客 户 端：{{platform}}</view>
11      <view class='item'>当前电量：{{level}}%</view>
12    </view>
13  </view>
```

上述第 4 行代码使用 css 样式及功能代码中获取的罗盘角度值控制 image 组件加载的指南针图片 compass.png 的旋转。

（2）页面样式文件代码。

```
.container{
  height: 100%;
  display: flex;
  flex-direction: column;
  align-items: center;
}
image{
  margin-top: 80rpx;
  width:400rpx;
  height: 400rpx;
}
.info{
  margin-top: 80rpx;
}
.item{
  height: 60rpx;
}
```

## 2 功能实现

（1）定义变量。

```
data: {
  mDirection: '正南',        //指南针方向
  mDegree: 90,               //指南针偏角
  pDirection: '正面',        //屏幕朝向
  pDegree: 90,               //屏幕朝向偏角
  brand: '',                 //品牌
  model: '',                 //型号
  version: '',               //微信版本
  system: '',                //操作系统
   platform: '',             //客户端平台
   level: ''                 //电池电量
},
```

（2）自定义获取系统信息方法。

```
getInfo: function () {
  var that = this
  wx.getSystemInfo({
    success: function (res) {
      that.setData({
        brand: res.brand,
        model: res.model,
        version: res.version,
        system: res.system,
```

```
10          platform: res.platform
11        })
12      },
13    })
14  },
```

上述第 3~13 行代码调用 wx.getSystemInfo( )方法获取信息系统，并通过它的 success( )回调函数分别获得当前设备的品牌、型号、微信版本号、操作系统、平台类型等信息。

（3）自定义获取屏幕朝向方法。

```
1   getpDerection: function () {
2     var that = this
3     var pDirection = '正面'
4     wx.startDeviceMotionListening({})  //开始监听设备方向
5     wx.onDeviceMotionChange(function (res) {
6      var alpha = parseFloat(res.alpha);
7      if (alpha > 45 && alpha < 136) {
8       pDirection = '左侧'
9      } else if (alpha > 225 && alpha < 316) {
10       pDirection = '右侧'
11      } else if (alpha > 135 && alpha < 226) {
12       pDirection = '反面'
13      }
14      that.setData({
15       pDegree: alpha.toFixed(2),
16       pDirection: pDirection
17      })
18    })
19  },
```

上述第 5~18 行代码调用 wx.onDeviceMotionListening( )方法监听设备方向变化，其中第 6 行代码表示获得设备绕 Z 轴逆时针旋转的角度数，第 7 行代码表示如果旋转的角度为 45º~136 º，则表示设备屏幕朝向当前为“左侧”。

（4）自定义获取设备电池电量方法。

```
getPower: function () {
  var that = this
  wx.getBatteryInfo({
    success: function (res) {
      that.setData({
        level: res.level.toFixed(2)
      })
    }
  })
},
```

（5）自定义根据角度判断指南针指向的方法。

根据 0° 指向正北、90° 指向正东、180° 指向正南、270° 指向正西的规定，统一指南针的指向一共可以设定 8 个方向，每个方向的罗盘指向返回角度定义在 45° 以内。

```
judgeDirection: function (degree) {
  var direction = ''
  if (22.5 < degree && degree < 67.5) {
    direction = '东北方向'
  } else if (67.5 < degree && degree < 112.5) {
    direction =  '正东方向'
```

```
  } else if (112.5 < degree && degree < 157.5) {
    direction = '东南方向'
  } else if (157.5 < degree && degree < 202.5) {
     direction = '正南方向'
   } else if (202.5 < degree && degree < 247.5) {
     direction = '西南方向'
   } else if (247.5 < degree && degree < 292.5) {
     direction = '正西方向'
   } else if (292.5 < degree && degree < 337.5) {
     direction = '西北方向'
   } else {
     direction = '正北方向'
   }
   return direction
 },
```

（6）页面加载事件。

当指南针小程序启动时，就需要直接加载罗盘数据变化事件，以便及时获取罗盘指向角度，并根据角度调用自定义判断方向的 judgeDirection( )方法更新页面上的指南针方向值。

```
getPower: function () {
onLoad: function (options) {
  this.getInfo()                                  //获取系统信息
  this.getPower()                                 //获取电池电量
  this.getpDerection()                            //获取屏幕方向
  var that = this
  wx.onCompassChange(function (res) {             //监听罗盘数据变化
    var degree = res.direction.toFixed(2);
    that.setData({
       mDegree: degree,
       mDirection: that.judgeDirection(degree)
     })
   })
 },
```

# 7.3 个性化闹钟的设计与实现

随着移动平台的崛起，越来越多的传统 PC 软件被移植到移动平台，比如 ipad、iPhone、Android 等智能终端设备。本节以微信小程序框架提供的振动、添加联系人、拨号等接口 API 为例，实现一个多功能、全方位的个性化闹钟小程序，为用户的日常生活提供便携、准时的提醒服务。

## 7.3.1 预备知识

### 1 添加联系人

（1）wx.addPhoneContact(Object object)：添加手机通讯录联系人。用户可以选择将表单内容以“新增联系人”或“添加到已有联系人”的方式写入终端设备的通讯录。object 参数及功能说明如表 7-14 所示。

7.3.1

在微信小程序开发中，wx.addPhoneContact()方法通常与页面表单配合使用下面以实现图 7.4 为例介绍 wx.addPhoneContact( )的用法。

表 7-14　object 参数及功能说明

| 属　性 | 类型 | 功　能 | 属　性 | 类型 | 功　能 |
|---|---|---|---|---|---|
| firstName | String | 名字 | photoFilePath | String | 头像本地文件路径 |
| nickName | String | 昵称 | lastName | String | 姓氏 |
| middleName | String | 中间名 | remark | String | 备注 |
| mobilePhoneNumber | String | 电话号码 | weChatNumber | String | 微信号 |
| organization | String | 公司 | title | String | 职位 |
| email | String | 电子邮件 | url | String | 网站 |

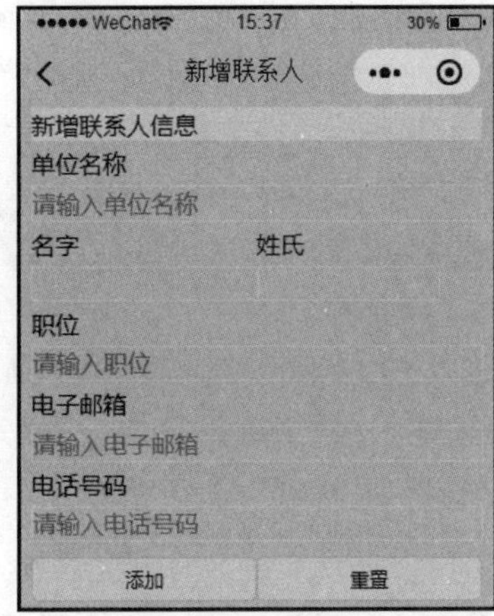


图 7.4　添加联系人

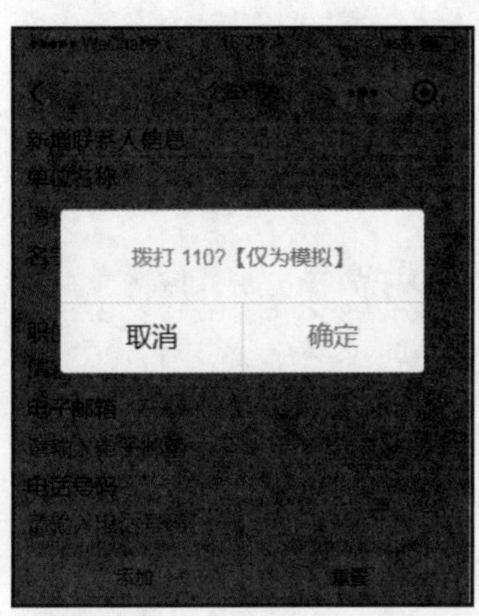


图 7.5　拨号

（2）页面结构文件代码。

```
<form  bindsubmit="formSubmit" bindreset="formReset">
  <view class="detail">
    <text style='width:100%;background: #DBE5B3'>新增联系人信息</text>
    <view class='rowline'>单位名称</view>
    <input style='width:100%' name="icompany" placeholder="请输入单位名称" />
    <view class='rowline' style='display:flex'>
      <view style='width:50%'>名字</view>
      <view style='width:40%'>姓氏</view>
    </view>
    <view style='display:flex'>
      <input style='width:50%' name="ifirstname" />
      <input style='width:40%' name="ilastname" />
    </view>
    <view class='rowline'>职位</view>
    <input style='width:100%' name="izhiwei" placeholder="请输入职位" />
    <view class='rowline'>电子邮箱</view>
    <input style='width:100%' name="iemail" placeholder="请输入电子邮箱" />
    <view class='rowline'>电话号码</view>
    <input style='width:100%' name="itelphone" placeholder="请输入电话号码" />
    <view class="btn-area">
      <button size="mini" form-type="submit">添加</button>
      <button size="mini" form-type="reset">重置</button>
    </view>
  </view>
</form>
```

上述第 5、11、12、15、17 和 19 行代码为 input 组件的 name 属性指定名称，以便在提交表单时根据名称将获取的“单位名称”“名字”“姓氏”“职位”“电子邮箱”和“电话号码”等值添加到通讯录中。

（3）页面样式文件代码。

```
.detail {
  padding-left: 20rpx;
  padding-right: 20rpx;
  display: flex;
  flex-direction: column;
}
.rowline {
  padding-top: 10rpx;
  padding-bottom: 10rpx;
}
input {
  border: 2rpx solid gainsboro;
}
button {
  margin-top: 25rpx;
  background-color: #DBE5B3;
  width: 50%;
}
```

（4）提交表单事件代码。

```
1   formSubmit: function (e) {
2     var that = this
3     var info = e.detail.value                    //获取表单提交数据
4     wx.addPhoneContact({
5       organization:info.icompany,                //公司名称
6       firstName:info.firstName,                  //名字
7       lastName:info.lastName,                    //姓氏
8       title:info.izhiwei,                        //职位
9       email:info.email,                          //电子邮箱
10       mobilePhoneNumber: info.telphone,         //电话号码
11       success:function(res){
12         console.log('联系人添加成功')
13       }
14     })
15  },
```

上述第 4~14 行代码调用 wx.addPhoneContact( )方法，将表单提交的联系人信息添加到通讯录中。

### 2 拨打电话

wx.makePhoneCall(Object object)：拨打电话。object 参数及功能说明如表 7-15 所示。

表 7-15　object 参数及功能说明

| 属　性 | 类　型 | 功　能 |
|---|---|---|
| phoneNumber | String | 需要拨打的电话号码 |
| success | Function | 接口调用成功的回调函数 |
| fail | Function | 接口调用失败的回调函数 |
| complete | Function | 接口调用结束的回调函数 |

例如，要实现如图 7.5 所示的拨号效果，可以使用如下代码：

```
wx.makePhoneCall({
  phoneNumber: '110'    //仅为示例，可以用真实电话号码代替
})
```

### 3 振动

（1）wx.vibrateShort(Object object)：使手机发生较短时间的振动（15 ms）。仅在 iPhone 7/7 Plus 以上及 Android 机型上生效。object 参数及功能说明如表 7-16 所示。

表 7-16　object 参数及功能说明

| 属　性 | 类　型 | 功　能 |
|---|---|---|
| success | Function | 接口调用成功的回调函数 |
| fail | Function | 接口调用失败的回调函数 |
| complete | Function | 接口调用结束的回调函数 |

（2）wx.vibrateLong(Object object)：使手机发生较长时间的振动（400 ms）。object 参数及功能说明如表 7-16 所示。

## 7.3.2　个性化闹钟的实现

7.3.2.1

个性化闹钟小程序主要包含闹钟列表页面（图 7.6），新增闹钟页面（图 7.7）和闹钟详情页面（图 7.8、图 7.9）等，闹钟列表页面、新增闹钟页面需要以 tabBar 的形式展示。

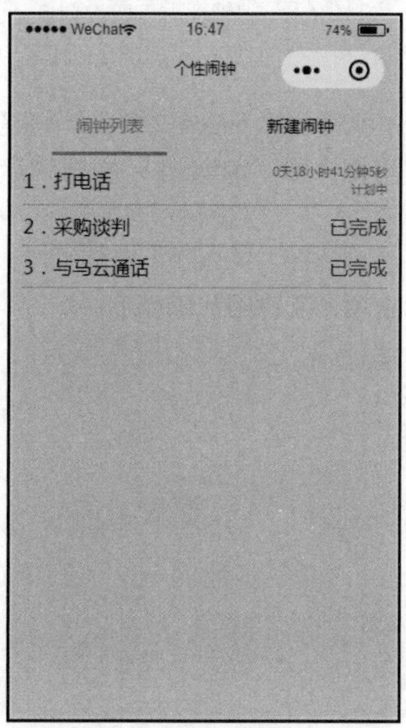


图 7.6　闹钟列表页面

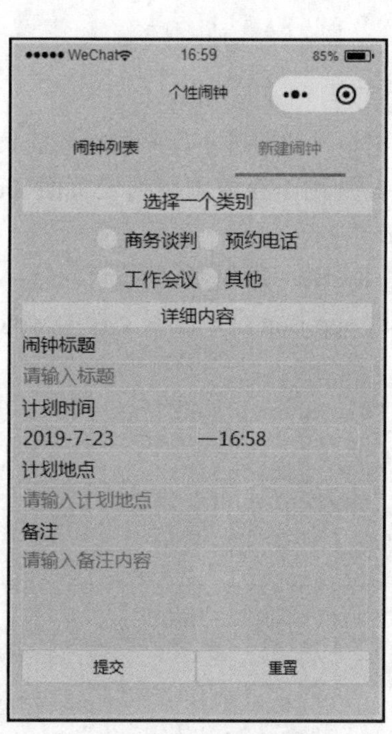


图 7.7　新增闹钟页面

闹钟列表页面用于展示已经设置任务的闹钟事项，用户单击闹钟事项后打开闹钟详情页面。新建闹钟页面可供用户新建闹钟事项。闹钟详情页面分两种情况展示闹钟事项的具体内容：（1）若在闹钟列表页面单击的闹钟事项属于非预约电话类别事项，则该页面仅显示该事

项的相关信息，其显示效果如图 7.8 所示；（2）若在闹钟列表页面单击的闹钟事项属于预约电话类事项，则该页面上半部分显示该事项的相关信息，下半部分显示“新增联系信息”的表单，用于向通讯录中添加联系人，其显示效果如图 7.9 所示。

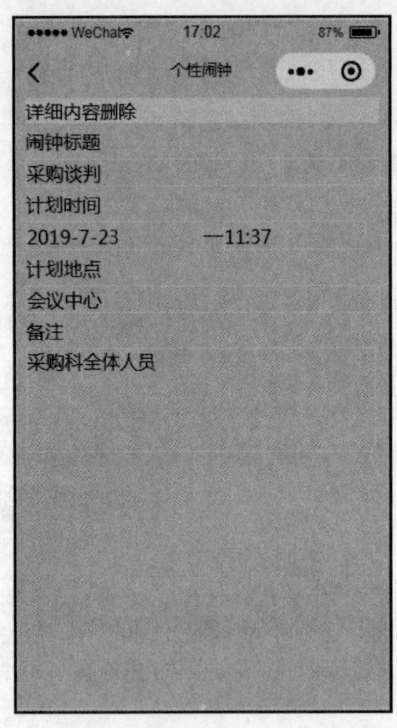


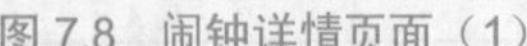
图 7.8 闹钟详情页面（1）

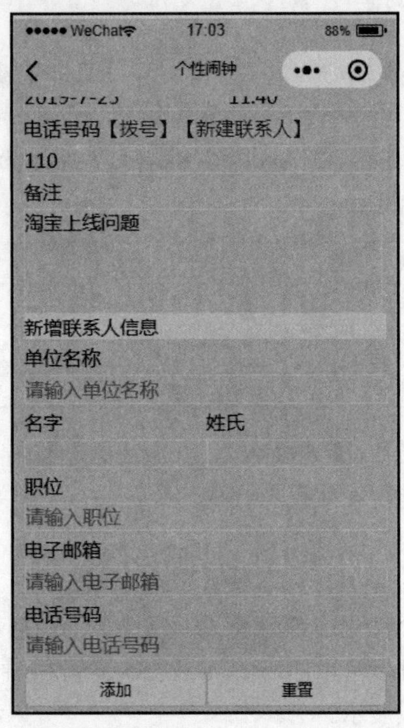


图 7.9 闹钟详情页面（2）

## 1 项目创建

根据个性化闹钟小程序的功能需求，需要在小程序项目下的 pages 文件夹下创建 3 个文件夹，分别用于存放闹钟列表页面（tasklist）、新增闹钟页面（newtask）和闹钟详情页面（taskinfo）。

## 2 tabBar 顶部标签的设计

修改 app.json 全局配置文件的 windows 项和 tabBar 项，其详细代码如下：

```
"window": {
  "backgroundTextStyle": "light",
  "navigationBarBackgroundColor": "#D5D3B3",
  "navigationBarTitleText": "个性闹钟",
  "navigationBarTextStyle": "black"
},
"tabBar": {
  "backgroundColor":"#D5D3B3",
  "position": "top",
   "list": [
    {
      "pagePath": "pages/tasklist/tasklist",
      "text": "闹钟列表"
    },
    {
      "pagePath": "pages/newtask/newtask",
      "text": "新建闹钟"
    }
  ]
```

```
20  }
```

上述第 3 行代码设置小程序 navigationBar 导航栏的颜色；第 8 行代码设置小程序 tabBar 标签的颜色；第 9 行设置小程序 tabBar 标签位于页面的顶部。

7.3.2.2

### 3 新增闹钟页面的设计与实现

（1）新增闹钟页面设计。

从图 7.7 可以看出整个页面需要提交的内容包括闹钟事项类别，标题，计划时间（日期和时间)。计划地点/电话号码（若选择的闹钟事项类别为预约电话，则显示电话号码，否则显示计划地点）及备注信息。这些信息的输入可以由页面表单来实现，其中闹钟事项类别由 radio-group 和 radio 组成单选按钮组实现；其他供用户输入信息的区域由 input 组件实现，为了保证提交表单时能够区分具体的输入值，还需要给每个组件设置 name 属性。

① 页面结构文件代码。

```
1   <view class="container">
2   <form bindsubmit="formSubmit" bindreset="formReset">
3     <view class="taskpage">
4       <view class="category">
5         <view class="title">选择一个类别</view>
6         <radio-group name="icategory" bindchange='selectCategory'>
7           <view class="item">
8             <radio value="1">商务谈判</radio>
9             <radio value="2">预约电话</radio>
10          </view>
11          <view class="item">
12            <radio value="3">工作会议</radio>
13            <radio value="4">其他</radio>
14          </view>
15        </radio-group>
16      </view>
17      <view class="detail">
18        <view class="title">详细内容</view>
19        <view class='rowline'>闹钟标题</view>
20        <input  name="ititle" placeholder="请输入标题" />
21        <view class='rowline'> 计划时间</view>
22        <view style='display:flex'>
23          <input   name="idate" value="{{phdate}}" />—
24          <input   name="itime" value="{{phtime}}" />
25        </view>
26        <view class='rowline'>  {addressOrTel}}</view>
27        <input   name="iaddress" placeholder="请输入{{addressOrTel}}" />
28        <view class='rowline'> 备注</view>
29        <textarea class="memo" name='imemo'  placeholder="请输入备注内容">
          </textarea>
30      </view>
31      <view class="btn-area">
32        <button size="mini" form-type="submit">提交</button>
33        <button size="mini" form-type="reset">重置</button>
34      </view>
35    </view>
36  </form>
37
```

上述代码第 6~15 行用 radio-group 和 radio 组件实现闹钟事项类别选择的单选按钮组，并设置每个类别 radio 的 value 属性值，以便根据返回的值判断事项类别；第 26~27 行用绑定的 addressOrTel 变量控制页面显示计划地点或电话号码。

② 页面样式文件代码。

```
1  .taskpage {
2    background: #d5d3b3;
3    display: flex;
4    flex-direction: column;
5    align-items: center;
6  }
7  .category {
8    display: flex;
9    flex-direction: column;
10   align-items: center;
11   width: 95%;
12   padding-top: 25rpx;
13 }
14 radio .wx-radio-input {
15   background-color: #dbe5b3;
16   width: 40rpx;
17   height: 40rpx;
18 }
19 .title {
20   background: #dbe5b3;
21   width: 100%;
22   text-align: center;
23 }
24 .item {
25   padding-top: 25rpx;
26   display: flex;
27   flex-direction: row;
28   align-content: space-around;
29 }
30 .detail {
31   width: 95%;
32   padding-top: 25rpx;
33 }
34 .rowline {
35   padding-top: 10rpx;
36   padding-bottom: 10rpx;
37 }
38 input {
39   border: 2rpx solid gainsboro;
40 }
41 .memo {
42   border: 2rpx solid gainsboro;
43   height: 200rpx;
44 }
```

上述第 14~18 行代码用于自定义 radio 组件的样式。在小程序的页面设计中，如果要自定义 radio 组件的样式，必须使用.wx-radio-input 样式类名，然后在该样式类中定义相关属性值。

7.3.2.3

（2）新增闹钟页面功能实现。

当加载新增闹钟页面时，首先获取系统当前的日期和时间，处理成"yyyy-mm-dd"的日期格式和"时时:分分"的时间格式，并更新到新增闹钟页面的对应位置；然后读取存放在本地缓存的闹钟事项 infos，infos 由 icategory（事项类别）、ititle（标题）、idate（计划日期）、itime（计划时间）、iaddress（计划地点/电话号码）、imemo（备注）和 ifinish（是否完成）等属性组成，以便将新增的闹钟事项添加进去。

① 初始化数据。

```
data: {
  addressOrTel: "计划地点",//计划地点/电话号码
  infos:[],              //存放闹钟事项
  phdate:'',             //计划日期
  phtime:''              //计划时间
},
```

② 页面加载监听事件。

```
1  onLoad: function (options) {
2     var that = this
3     var date = new Date()          //获取当前系统日期时间
4     var year = date.getFullYear()
5     var month = date.getMonth() + 1
6     var day = date.getDate()
7     var hour = date.getHours()
8     var minute = date.getMinutes()
9     var phdate = year+"-"+month+"-"+day
10    var phtime = hour+":"+minute
11    this.setData({
12      phdate:phdate,
13      phtime:phtime
14    })
15    wx.getStorage({
16      key: 'infos',
17      success: function(res) {
18        that.setData({
19          infos:res.data
20        })
21      },
22    })
23  },
```

上述第 15~22 行代码实现从本地缓存读出已添加的闹钟事项。

③ 选择闹钟事项类别事件。

为了能够实现用户选择的闹钟事项为预约电话时，页面对应位置显示“电话号码”，否则显示“计划地点”，代码实现时根据用户选择 radio 组件的返回值进行判断，如果返回值为 2，则表示闹钟事项为预约电话。

```
selectCategory: function (e) {
  var category = e.detail.value
  console.log(e.detail.value)
  if (category == 2) {
    this.setData({
      addressOrTel: '电话号码'
    })
  } else {
    this.setData({
      addressOrTel: '计划地点'
    })
  }
},
```

④ 提交表单事件。

用户单击新增闹钟页面的“提交”按钮时，首先取出由 e.detail.value 返回的当前表单输

入的数据内容，然后将数据内容添加到 infos 数组中，最后将该数组写入本地缓存保存。

```
1   formSubmit: function (e) {
2     var that = this
3     var info = e.detail.value
4     info.ifinish = false          //默认新增闹钟事项没有完成
5     this.data.infos.push(info)
6     wx.setStorage({
7       key: 'infos',
8       data: this.data.infos,
9     })
10  },
```

为了在闹钟列表页面显示闹钟事项内容时能够直观反映事项的完成状况，上述第 4 行代码表示给每个事项增加一个 ifinish 属性，如果属性值为 true，则表示事项已经完成，否则表示未完成。

7.3.2.4

### 4 闹钟列表页面的设计与实现

（1）闹钟列表界面设计。

从图 7.6 可以看出闹钟列表页面每行显示的闹钟事项信息包括标题、剩余时间及完成状况，设计如图 7.10 所示。

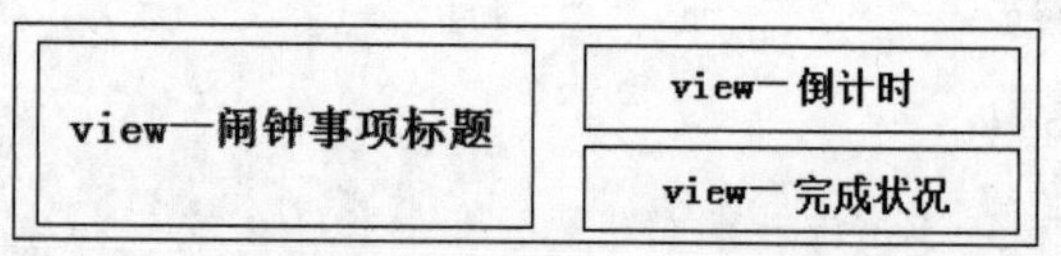


图 7.10　闹钟列表页面每行闹钟事项信息显示设计效果图

① 页面结构文件代码。

```
1   <view class='clocklist'>
2     <scroll-view scroll-y style='height:90%'>
3       <view wx:for='{{infos}}'>
4         <view id='{{index}}' bindtap='showInfo' class='item'> {{index+1}}.
        {{item.ititle}}
5           <view wx:if='{{item.ifinish}}' style="color:red;">已完成</view>
6           <view class="notice" wx:else>
7             <view>{{lasttime[index]}}</view>
8             <view>计划中</view>
9           </view>
10        </view>
11      </view>
12    </scroll-view>
13  </view>
```

上述第 3~11 行代码用 wx:for 语句绑定 infos 数组进行列表渲染，infos 数组中存放闹钟事项的相关信息。其中第 5~9 行代码用 wx:if 语句绑定 infos 数组元素的 ifinish 值，如果值为 true，则显示红色的“已完成”；否则由 lasttime 数组元素表示的剩余时间和“计划中”。

② 页面样式文件代码。

```
page {
  width: 100%;
  height: 100%;
  background: #D5D3B3;
}
.clocklist {
```

```
7    padding-left: 20rpx;
8    padding-right: 20rpx;
9  }
10 .item {
11   display: flex;
12   justify-content: space-between;
13   align-items: center;
14   padding-top: 15rpx;
15   padding-bottom: 15rpx;
16   border-bottom: 2rpx dotted grey;
17 }
```

上述第 16 行代码用于定义每行闹钟事项信息的底部显示点虚线。

7.3.2.5

（2）闹钟列表页面功能实现。

当运行个性化闹钟小程序时，首先加载闹钟列表页面（tasklist.wxml），该页面每次显示时都需要从本地缓存取出已经添加的闹钟事项信息，并以图 7.10 所示格式显示在页面上。用户单击某行闹钟事项时，打开闹钟详情页面（taskinfo.wxml）。

① 定义页面全局变量。

```
var last = []     //剩余时间(单位:ms)
var interval    //周期事件函数
```

② 初始化数据。

```
data: {
  infos: [],   //闹钟事项
  lasttime: [] //剩余时间(天、小时、分钟、秒格式)
},
```

③ 自定义时间转换格式方法。

为了在页面上显示“**天**小时**分钟**秒”格式的剩余时间，本项目案例自定义了 getLastTime(lasttime)方法，lasttime 参数的时间单位为毫秒。其详细代码如下：

```
getLastTime: function (lasttime) {
  var days = parseInt(lasttime / (1000 * 60 * 60 * 24));
  var hours = parseInt((lasttime % (1000 * 60 * 60 * 24)) / (1000 * 60 * 60));
  var minutes = parseInt((lasttime % (1000 * 60 * 60)) / (1000 * 60));
  var seconds = (lasttime % (1000 * 60)) / 1000;
  return days+'天'+hours+"小时"+minutes+"分钟"+seconds.toFixed(0)+"秒"
},
```

④ 页面显示监听事件。

每次显示闹钟列表页面时，都需要从本地缓存读取已经添加的闹钟事项和开启周期事件函数，所以需要在 onShow( )函数中实现这些功能。

```
onShow: function () {
  var that = this
  wx.getStorage({
    key: 'infos',
    success: function (res) {
      that.setData({
        infos: res.data
      })
    },
```

```
10      })
11      interval = setInterval(() => {
12        for (var i = 0; i < that.data.infos.length; i++) {
13          //根据设定的计划完成日期、时间转换为 Date()格式
14          var udate=new Date(that.data.infos i].idate+''+ that.data.infos[i].
            itime)
15          //获取当前日期、时间
16          var sdate = new Date()
17          //计划时间-当前时间，单位：毫秒
18          last[i] = udate.getTime() - sdate.getTime()
19          if (last[i] <= 0 && that.data.infos[i].ifinish == false) {
20           //如果毫秒=0，表示已经完成
21            that.data.infos[i].ifinish = true
22            last[i] = 0
23            wx.vibrateLong() //如果时间到并且 isfinish 为 false 时振动
24          }
25          that.data.lasttime[i] = that.getLastTime(last[i])
26        }
27        that.setData({
28          lasttime: that.data.lasttime,
29          infos: that.data.infos
30        })
31        wx.setStorage({
32          key: 'infos',
33          data: that.data.infos,
34        })
35      }, 1000)
36    },
```

上述第 11~35 行代码定义了一个周期函数 interval( )，该周期函数每隔 1 秒钟要执行 3 个主要任务：（1）计算闹钟事项剩余时间，如果某闹钟事项的剩余时间为 0，并且该事项的 ifinish 值为 false，则开启振动效果；（2）更新 infos 数组及 lastime 数组值，以便将最新信息显示到页面上；（3）将更新后的 infos 数组写入本地缓存。

⑤ 单击闹钟事项跳转页面事件。

```
1  showInfo: function (e) {
2    wx.navigateTo({
3      url: '/pages/taskinfo/taskinfo?id=' + e.target.id,
4    })
5  },
```

单击页面上的某个闹钟事项后，为了在闹钟详情页面上显示该事项的详细内容，上述第 3 行代码在进行页面跳转时，通过传递单击的闹钟事项在 infos 数组的下标（id 值）实现。

### 5 闹钟详情页面的设计与实现

（1）闹钟详情界面设计。

7.3.2.6

从图 7.8、图 7.9 的显示效果可以看出，对于所有分类的闹钟事项，其闹钟详情页面上半部分显示的内容大致相同，而下半部分只有预约电话类事项才会显示，所以实现时可以将下半部分用 display 属性值进行控制。

① 页面结构文件代码。

```
<view class="detail">
  <view class="title">
    <text>详细内容</text>
    <text bindtap="delInfo">删除</text>
  </view>
```

```
6    <view class='rowline'>闹钟标题</view>
7    <input  name="ititle" value='{{ititle}}' />
8    <view class='rowline'> 计划时间</view>
9    <view style='display:flex'>
10    <input style="width:50%" name="idate" value="{{idate}}" />—
11    <input style="width:50%" name="itime" value="{{itime}}" />
12  </view>
13  <view class='rowline' style="display:flex"> {{addressOrTel}}
14    <view style="color:red;display:{{isTel}}">
15      <text bindtap="callTel">【拨号】</text>
16      <text bindtap="addContact">【新建联系人】</text>
17    </view>
18  </view>
19  <input   name="iaddress" value="{{iaddress}}" />
20  <view class='rowline'> 备注</view>
21  <textarea class="memo" name='imemo' value="{{imemo}}"></textarea>
22 </view>
23 <form style="display:{{isContact}}" bindsubmit="formSubmit" bindreset=
   "formReset">
24  <view class="detail">
25    <text class="title">新增联系人信息</text>
26    <view class='rowline'>单位名称</view>
27    <input  name="icompany" placeholder="请输入单位名称" />
28    <view class='rowline' style='display:flex'>
29      <view style="width:50%">名字</view>
30      <view style="width:50%">姓氏</view>
31    </view>
32    <view style='display:flex'>
33      <input style="width:50%" name="ifirstname" />
34      <input style="width:50%" name="ilastname" />
35    </view>
36    <view class='rowline'>职位</view>
37    <input   name="izhiwei" placeholder="请输入职位" />
38    <view class='rowline'>电子邮箱</view>
39    <input  name="iemail" placeholder="请输入电子邮箱" />
40    <view class='rowline'>电话号码</view>
41    <input   name="itelphone" placeholder="请输入电话号码" />
42    <view class="btn-area">
43      <button size="mini" form-type="submit">添加</button>
44      <button size="mini" form-type="reset">重置</button>
45    </view>
46  </view>
47 </form>
```

上述第 1~22 行代码用于显示闹钟事项的具体内容，其中第 14~17 行代码表示当前要显示的闹钟事项属于预约电话类别时才会显示。第 24~47 行代码表示当前显示的闹钟事项属于预约电话类别，则在用户单击“新建联系人”后会显示新增联系人表单。

② 页面样式文件代码。

```
page {
  height: 100%;
  width:100%;
  background: #D5D3B3;
}
.title {
  display: flex;
  justify-content: space-between;
  background: #DBE5B3;
```

```
  width: 100%;
}
.detail {
  padding-left: 20rpx;
  padding-right: 20rpx;
  display: flex;
  flex-direction: column;
}
.rowline {
  padding-top: 10rpx;
  padding-bottom: 10rpx;
}
input {
  border: 2rpx solid gainsboro;
}
.memo {
  border: 2rpx solid gainsboro;
  height: 200rpx;
}
button {
  margin-top: 25rpx;
  background-color: #DBE5B3;
  width: 50%;
}
```

（2）闹钟详情页面功能实现。

当加载闹钟详情页面（taskinfo.wxml）时，首先需要从本地缓存取出已经添加的闹钟事项信息，并存放到 infos 数组中，然后根据闹钟列表页面传递的 id 值，从 infos 数组中读出该闹钟事项的具体内容，该 id 值取出后，存放在页面全局变量 index 中。

① 初始化数据。

```
data: {
  ititle:'',                    //标题
  idate:'',                     //日期
  itime:'',                     //时间
  addressOrTel:'计划地点',
  iaddress:'',                  //计划地点/电话号码
  imemo:'',                     //备注
  infos:[],
  isTel:'none',                 //显示“拨号”
   isContact:'none'             //显示“新建联系人信息”表单
 },
```

② 页面加载监听事件。

```
onLoad: function (options) {
    var that = this
    index = options.id
     wx.getStorage({
      key: 'infos',
      success: function(res) {
        that.setData({
          infos:res.data
        })
        var icategory = that.data.infos[index].icategory
        if(icategory == 2 ){
          that.data.addressOrTel ='电话号码',
          that.data.isTel='block'
```

```
14          }
15          var ititle = that.data.infos[index].ititle
16          var idate = that.data.infos[index].idate
17          var itime = that.data.infos[index].itime
18          var iaddress = that.data.infos[index].iaddress
19          var imemo = that.data.infos[index].imemo
20          that.setData({
21            ititle: ititle,
22            idate: idate,
23            itime: itime,
24            iaddress: iaddress,
25            imemo: imemo,
26            addressOrTel:that.data.addressOrTel,
27            isTel:that.data.isTel
28          })
29        },
30      })
31    },
```

上述第 4~30 行代码表示，在页面加载时，从本地缓存中读出已添加的闹钟事项，如果读出成功，则根据在闹钟列表页面单击的某闹钟事项后传递的 id 值取出闹钟事项具体内容，并判断该事项是否属于预约电话类别，如果为预约电话事项，则 addressOrTel 的值设置为“电话号码”、isTel 的值设置为 block，其他内容都更新到绑定的页面变量。

③ 单击拨号事件。

```
callTel:function(){
  var that = this
  wx.makePhoneCall({
    phoneNumber: that.data.iaddress
  })
},
```

④ 单击新增联系人事件。

```
addContact:function(){
    this.setData({
      isContact:true
    })
},
```

⑤ 单击删除事件。

```
1   delInfo:function(){
2       var infos = this.data.infos
3       infos.splice(index,1)  //从 index 开始删除 1 个元素
4       wx.setStorage({
5         key: 'infos',
6         data: infos,
7       })
8   },
```

在闹钟详情页面单击“删除”后，可以删除当前页面显示的闹钟事项。第 3 行代码表示从 infos 数组中删除 index 下标的元素，第 4~7 行表示将删除元素的 infos 数组重新写入本地缓存中。

⑥ 添加联系人按钮事件。

```
formSubmit: function (e) {
```

```
2     var that = this
3     var info = e.detail.value
4     wx.addPhoneContact({
5       organization:info.icompany,                 //公司名
6       firstName:info.firstName,                   //名字
7       lastName:info.lastName,                     //姓氏
8       title:info.izhiwei,                         //职位
9       email:info.email,                           //电子邮箱
10      mobilePhoneNumber: that.data.iaddress,      //电话号码
11      success:function(res){
12      }
13    })
14  },
```

上述第 4~13 行代码调用 wx.addPhoneContact( )方法向通讯录添加联系人信息，其中公司名、名字、姓氏、职位和电子邮箱由提交的表单值提供，而电话号码是由该闹钟事项的具体内容提供。

至此，个性化闹钟功能设计完成。本项目案例将闹钟事项存储在本地缓存，读者学习完第 8 章内容后，也可以将本项目中的闹钟事项存储在小程序云平台的云存储空间。

## 本章小结

本章首先详细介绍了监测设备状态、跟踪用户行为和获取传感器数据等 API 的使用方法，然后结合具体的案例项目介绍罗盘 API、设备方向 API、加速计 API 及振动 API 的应用开发过程和实现方法。通过本章的学习，读者可以掌握一些与硬件相关的小程序应用开发技术，从而结合实际项目需求开发出更多有趣、有用的小程序。

# 第8章 Chapter 8

# 网络应用与云开发

随着移动互联网技术的发展，越来越多的移动终端设备拥有更为专业的网络性能。用户经常使用移动设备上网聊天、浏览页面及传送文件等，也就是可以在移动终端设备上实现数据上传、数据下载及数据浏览等功能。本章将结合具体的案例介绍小程序与网络进行数据交换的技术和实现方法。通过本章的学习，读者可以掌握微信小程序的网络应用开发技术和云开发技术。

本章学习目标

- 了解小程序访问网络的原理；
- 掌握小程序访问控制第三方云数据库平台（Bmob）的机制和方法；
- 掌握小程序云开发提供的云函数、云数据库和云文件存储能力的后端云服务工作机制和开发技术；
- 掌握小程序 wx.request( )、wx.uploadFile( )和 wx.downloadFile( )等网络 API 的使用方法和应用场景。

## 8.1 概述

小程序访问网络资源，目前主要有微信小程序开发框架提供的网络 API、小程序云开发和第三方云平台三种方式。开发者使用这三种方式，都可以让小程序既能够读取服务器端数据，也可以向服务器端写入数据。

8.1

### 8.1.1 网络 API

进行小程序应用开发时，可以通过微信小程序开发框架提供的 API 与服务器进行数据交互。与服务器进行数据交互，小程序都需要事先设置一个通信域名，小程序只能跟指定域名的服务器进行网络通信。具体包括支持 HTTPS 协议的请求（request）、上传文件（uploadFile）、下载文件（downloadFile）和支持 wss 协议的 WebSocket 通信（connectSocket）。

### 8.1.2 小程序云开发

小程序云开发可以帮助开发者快速构建微信小程序的后端服务，它为开发者提供了“云函数”“云数据库”“云文件存储”和“云调用”的能力。

① 云函数：在云端运行的代码，微信私有协议天然鉴权，开发者只需编写自身业务逻辑代码。

② 云数据库：一个既可在小程序前端操作，也能在云函数中读写的 JSON 数据库。

③ 云文件存储：在小程序前端直接上传/下载云端文件，可以在云开发控制台可视化管理。

④ 云调用：基于云函数免鉴权使用小程序开放接口的能力，包括服务端调用、获取开放数据等能力。

### 8.1.3 第三方云平台

开发一个具有网络功能的应用，不仅需要购买/租赁服务器，还需要掌握一门服务器开发语言（如 Java/.NET/PHP 等），这对大多数个人移动应用开发者来说都不是一件容易的事。而目前业内用的更多的还是直接租用云服务器，比如百度云、阿里云等，用来部署自己的服务系统，以节约购买硬件服务器、带宽和维护的费用。一般由第三方平台提供的这种云服务，只需要下载对应版本的 SDK，并将其嵌入开发者的移动应用程序中，然后按照服务平台提供的 API 就可以与该平台进行网络通信。本章以广州市比目网络科技有限公司推出的一个全方位一体化的后端服务平台 Bmob 为例，结合微信小程序开发框架提供的相关技术，实现对云端数据库的增、删、改、查等操作。

## 8.2 实验室安全知识学习平台的设计与实现

实验室是人才综合实践能力要素培养的重要载体，而实验室主要面向的就是教师和学生，所以实验室的安全教育就显得尤为重要。只有经过专业的实验室安全知识学习、通过专门的实验室安全知识考核，教师和学生才能进入实验室。这种实验室安全知识学习和考核平台都需要大量的数据（题库、学生信息、考试成绩等）支撑，微信小程序框架提供的本地缓存和文件存储虽然都可以存储信息，但它们一方面不能满足存储大数据量的需要，另一方面对数据操作的灵活度不够。本节以开发设计一个实验室安全知识学习平台为例，介绍微信小程序访问控制第三方云数据库平台（Bmob）的方法。

### 8.2.1 预备知识

8.2.1.1

#### 1 Bmob 简介

Bmob 是广州市比目网络科技有限公司推出的一个全方位一体化的后端服务平台，它提供实时数据与文件存储、“云与端”的数据连通等可靠的 Serverless 云服务。该平台可以轻松搭建应用数据库，并提供可视化的云端数据表设计界面，能存储 String（字符串），Number（数值，包括整数和浮点数），Boolean（布尔值），Date（日期），File（文件），Geopoint（地理位置），Array（数组），Object（对象）等多种不同类型的数据。

通常，开发一个具有网络功能的应用不仅需要购买/租赁服务器，还需要掌握一门服务器开发语言（如 Java/.net/php 等），对于大多数个人移动应用开发者来说都不是一件容易的事。而在 Bmob 后端服务云平台上，开发者只要注册成功一个账号后，就可以创建多个云端数据库，下载对应版本的 SDK 并将其嵌入开发者的移动应用程序中，就可以对云端数据库进行类似于本地数据库的增删改查等操作。

#### 2 注册与登录 Bmob

（1）注册 Bmob 账号。

在 PC 端浏览器打开 https://www.bmob.cn/register 网站，通过微信“扫一扫”网站界面显示的二维码，在微信中关注 Bmob 后端云服务平台，PC 端显示图 8.1 所示界面。单击“注册新账号”按钮，弹出图 8.2 所示界面，然后在“邮箱”栏输入可用邮箱作为用户名，在“密码”栏输入 Bmob 账号的登录密码，单击“注册并绑定微信”按钮即可。

图 8.1 注册新账号

图 8.2 注册并绑定微信

（2）登录 Bmob 云服务平台。

在 PC 端浏览器打开 https://www.bmob.cn/login 网站，通过微信“扫一扫”登录 Bmob 云平台，或在弹出的界面上输入注册账号时输入的“邮箱”和“密码”，PC 端弹出图 8.3 所示的 Bmob 云服务管理平台界面。

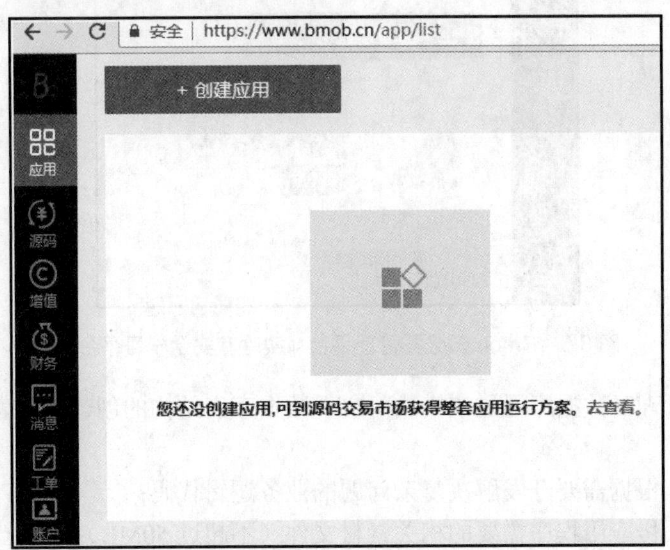


图 8.3 Bmob 云服务管理平台

## 3 创建应用

单击图 8.3 所示界面左上角的“创建应用”按钮，弹出图 8.4 所示的“创建应用”对话框，在对话框中输入应用程序的名称（本项目为“实验室安全学习平台”），选择合适的应用类型（本项目为“小程序”），选择服务类型（本项目为“开发版”），单击“创建应用”按钮后，弹出图 8.5 所示界面。如果开发者是第一次进入 Bmob 云服务管理平台，还需要根据提

示完善个人相关信息。

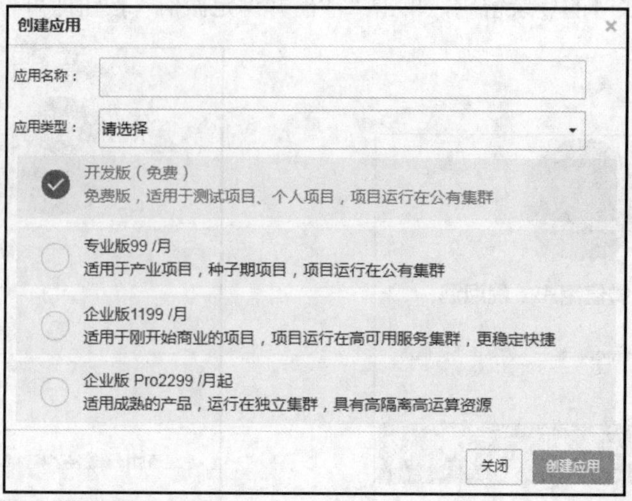

图 8.4 创建应用对话框

## 4 域名及账号服务配置

单击图 8.5 界面所示的“实验室安全学习平台”后，弹出图 8.6 所示的“实验室安全学习平台”管理后台界面，开发者可以在该界面对“实验室安全学习平台”应用程序进行相关配置：

图 8.5 Bmob 云服务管理平台（实验室安全学习平台）

（1）数据：管理云数据库通过该模块可实现数据库表结构的创建及对表内容的增删改查等操作；

（2）云函数：根据需要开发解决复杂问题的业务逻辑代码；

（3）素材：上传应用程序需要的相关素材文件（不超过 50MB）；

（4）收益：查看应用程序的收益信息；

（5）短信：查看、发送短信信息；

（6）推送：向 IOS、Android、Windows Phone 等平台的应用程序推送信息；

（7）分析：查看当前应用程序的 API 统计数据；

（8）设置：进行应用程序的密钥查询，应用程序相关信息的配置（小程序服务器域名配置、小程序账号服务配置）等。

单击图 8.6 所示界面左侧的“设置”→“应用配置”按钮，弹出图 8.7 所示的小程序配置界面。在该界面可以实现：

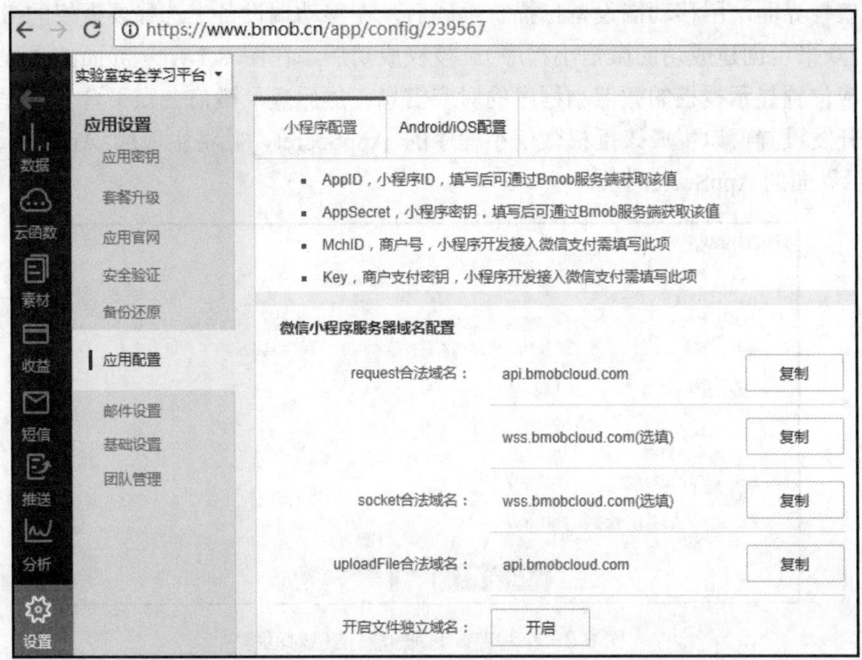


图 8.6　实验室安全学习平台管理界面

（1）获得微信小程序服务器域名配置需要的 request、socket、uploadFile 等域名。登录微信公众平台（小程序）管理界面，单击“开发”→“开发设置”按钮，弹出图 8.8 所示的“配置服务器信息”对话框，在对应位置输入图 8.7 所示的对应域名信息。

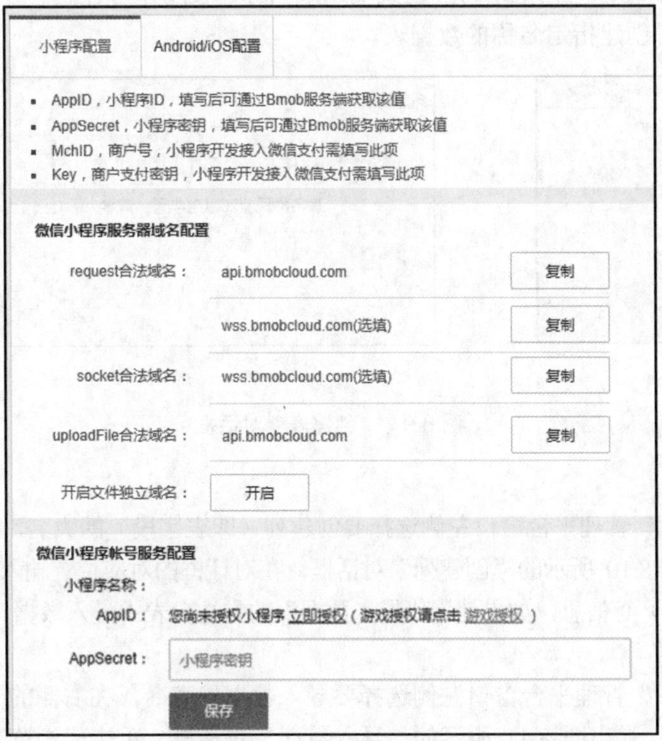

图 8.7　小程序配置界面

（2）配置微信小程序账号服务信息。单击图 8.7 所示的“立即授权”，打开“微信公众平台账号授权”界面，用移动端设备扫描二维码后，在移动端设备上选择要授权的微信小程序（由微信公众平台创建成功的微信小程序）。授权成功后，在图 8.7 所示界面的小程序名称、AppID 对应位置显示授权的微信小程序的对应信息；然后登录微信公众平台（小程序）管理界面，在开发设置窗口生成该授权微信小程序的 AppSecret，并将生成的 AppSecret 填写在图 8.7 所示界面的 AppSecret 栏。

配置服务器信息

① 身份确认　② 配置服务器信息

服务器域名需经过ICP备案，新备案域名需24小时后才可配置。域名格式只支持英文大小写字母、数字及“-”，不支持IP地址。如果没有服务器与域名，可前往腾讯云购买。

request合法域名　https://

socket合法域名　wss://

uploadFile合法域名　https://

downloadFile合法域名　https://

保存并提交　取消

图 8.8　小程序配置服务器信息对话框

## 5 管理云数据库

（1）添加表。

单击图 8.6 所示界面左侧的“数据”按钮，弹出图 8.9（a）所示的“云数据库”管理平台窗口，单击该窗口的“添加表”按钮，弹出图 8.9（b）所示的“创建表”对话框，在该对话框中对应位置输入表名称、表注释内容，单击“创建表”按钮后即可创建指定名称的数据表。

8.2.1.2

（a）

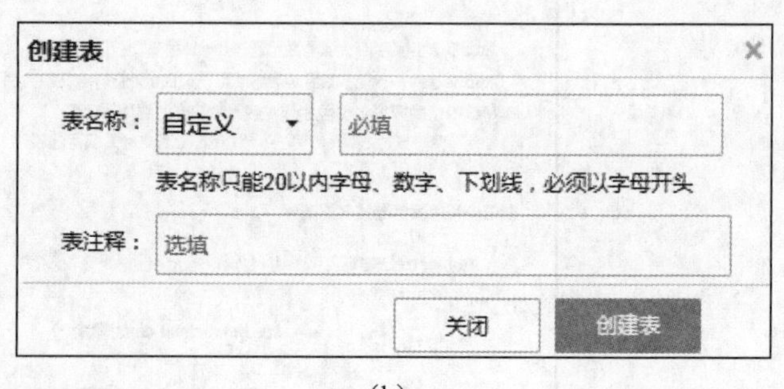


（b）

图 8.9　“创建表”对话框

（2）创建列。

在“云数据库”管理平台窗口左侧选择要创建列（即表字段）的表名，在右侧单击“添加列”按钮，弹出图 8.10 所示的“创建列”对话框，在对话框的对应位置输入列名称（字段名）、列类型（字段类型）等信息。如果使用“导入数据”的方法向表中导入数据，可以不需要此步。

（3）导入数据。

在“云数据库”管理平台窗口左侧选择要导入数据的表名，在右侧的“更多”列中选择“导入数据”命令，弹出图 8.11 所示的“导入数据”对话框。单击“浏览文件”按钮，选择“CSV”或“JSON”格式的文件（文件内容编码必须为“UTF-8 无 BOM 格式编码”格式）。

创建列

列名称： 必填

列名名称只能包含字母、数字、下划线、必须以字母开头

列类型： String

列注释： 非必填

默认值： 非必填

默认值文档说明

列属性： 客户端不可见

关闭　创建列

图 8.10 “创建列”对话框

导入数据

上传文件： 浏览文件

注： CSV和JSON文件需"UTF-8无BOM格式编码"，每次可导入一个CSV或JSON文件。

此处要求的JSON格式有些特殊，请严格参照模板来编写。不支持导入空的数据

点击下载CSV文件模版

点击下载JSON文件模版

点击了解其他疑问

取消　确定

图 8.11 “导入数据”对话框

## 6 微信小程序操作云数据库

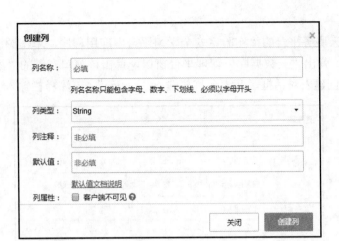

下面以图 8.12 所示的校园通知实现为例介绍微信小程序操作 Bmob 云数据库的方法。

8.2.1.3

图 8.12　校园通知页面效果

（1）添加表。

打开 Bmob 云服务平台的“实验室安全学习平台”应用程序，单击图 8.6 所示界面左侧的“数据”按钮，弹出“云数据库”管理平台窗口，单击该窗口右侧的“添加表”按钮，弹出图 8.13 所示的创建表对话框，在表名称栏输入“notice”、表注释栏输入“校园通知”。

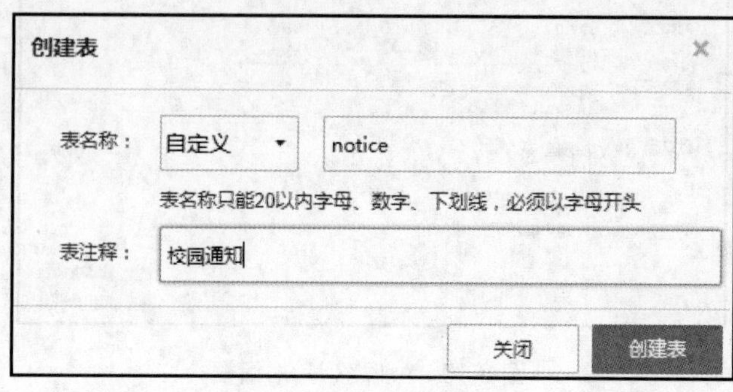


图 8.13　创建 notice 表

在“云数据库”管理平台窗口左侧选择要创建列（即表字段）的表名，在右侧单击“添加列”按钮，弹出图 8.10 所示的“创建列”对话框，在对话框的对应位置分别输入表 8-1 所示的列名称（字段名）、列类型（字段类型）等信息。

表 8-1　notice 表结构

| 列名称（字段名称） | 数据类型 | 描　述 |
|---|---|---|
| noticeid | Number | 通知编号，自增 |
| noticetitle | String | 通知标题 |
| noticecontent | String | 通知内容 |
| noticeauthor | String | 通知发布者 |
| noticetime | String | 通知发布时间 |

（2）页面设计。

由图 8.12 可以看出，整个校园通知页面分两个部分：上半部分用 input 组件实现“通知标题”“通知内容”的输入；下半部分用 scroll-view 组件实现垂直滚动，显示最近发布的 30 条校园通知。

① 页面布局文件代码。

```
<view class="section">
  <input placeholder="请输入通知标题" bindinput='getmsgtitle' name="msgtitle" />
</view>
<view class="section">
  <textarea placeholder="请输入通知内容" bindinput='getmsgcontent' name="msgcontent" />
</view>
<view class="btn-area">
  <button bindtap='insertmsg'>发布</button>
  <button bindtap ="findmsg">搜索</button>
  <button bindtap ="updatemsg">修改</button>
  <button bindtap ="deletemsg">删除</button>
  <button bindtap ="blankmsg">重置</button>
</view>
<scroll-view scroll-y style="height: 200px;">
```

```
  <block wx:for='{{msgs}}'>
    <view class="msgs-class">
      <view style='width:80%;color:#1161A1'>{{item}}</view>
      <view>{{index}}</view>
    </view>
    <view style='height:5rpx;background:#F8F8F8;'></view>
  </block>
</scroll-view>
```

② 页面样式文件代码。

```
.section {
  border: 1px solid #ccc;
  margin: 5px auto;
  width: 90%;
  font-size: 16px;
}
.section input {
  padding-left: 5px;
}
.btn-area {
  width: 90%;
  margin: 0 auto;
  display: flex;
}
.btn-area button {
  flex: 1;
  max-width: 30%;
  font-size: 14px;
}
.msgs-class{
  display: flex;
  flex-direction: row;
  width: 90%;
  margin-left: 10px;
}
```

（3）页面逻辑文件。

① 下载并安装 BmobSDK。

从 Bmob 云服务平台下载 bmob-min.js 和 underscore.js 文件，并将其复制到小程序项目的 utils 文件夹，校园通知小程序目录结构如图 8.14 所示。

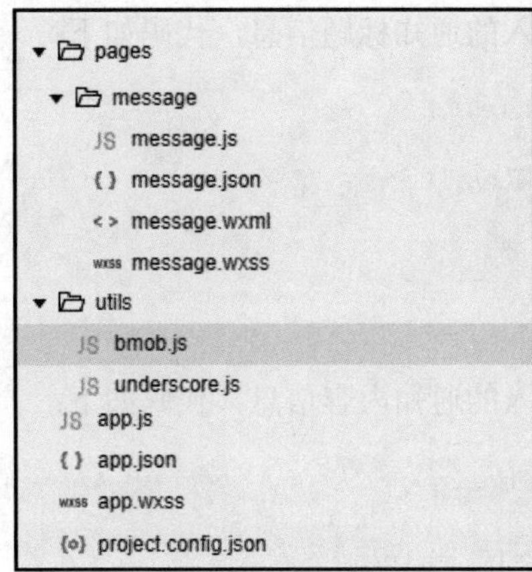


图 8.14　校园通知小程序目录结构

② 在小程序的 app.js 中加入以下两行代码，进行全局初始化。

```
var Bmob = require('utils/bmob.js');
Bmob.initialize("Application ID", "REST API Key");
```

上述代码的 Application ID 和 REST API Key 通过单击图 8.6 所示界面左侧的“设置”→“应用密钥”，弹出图 8.15 所示对话框，将该界面对应位置的内容复制到上述代码即可。

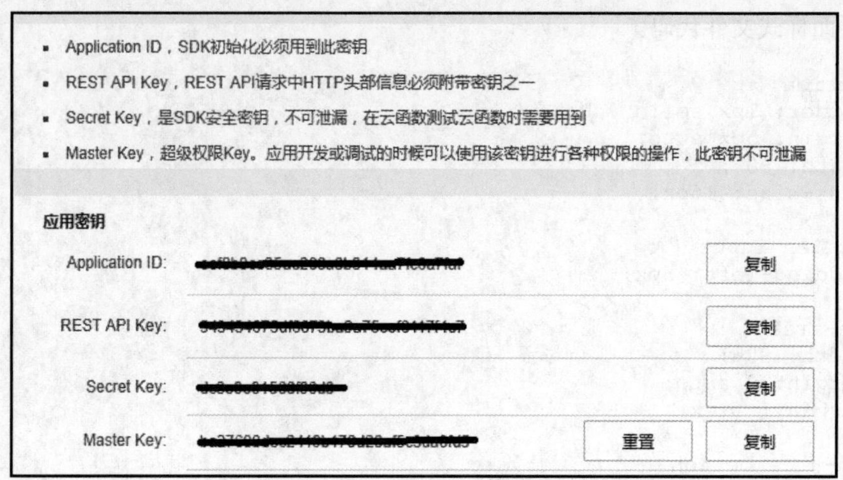


图 8.15　校园通知小程序目录

③ 在小程序需要操作数据表的页面逻辑文件添加以下代码。

```
var Bmob = require('../../utils/bmob.js');
```

④ 初始化页面数据。

```
data: {
  msgs: [],        //通知详细信息(标题、内容、发布时间和发布者)
  msgtitle: '',   //存放 input 组件中输入的通知标题
  msgcontent: ''  //存放 input 组件中输入的通知内容
},
```

⑤ 获取通知标题事件。

从 input 组件获取用户输入的通知标题信息，代码如下：

```
getmsgtitle: function(e) {
  this.setData({
    msgtitle: e.detail.value
  })
},
```

⑥ 获取通知内容事件。

从 input 组件获取用户输入的通知内容信息，代码如下：

```
getmsgcontent: function (e)
  this.setData ({
    msgcontent: e.detail.value
  })
},
```

⑦ 发布通知事件——向 notice 表中添加记录。

8.2.1.4

将用户输入的通知标题、通知内容、发布时间及发布者（本例直接使用 Admin 作为默认发布者）添加到 Bmob 云服务平台的 notice 表中，代码如下：

```
1  insertmsg: function(e) {
2    var Notice = Bmob.Object.extend("notice");
3    var notice = new Notice();
4    notice.set("noticetitle", this.data.msgtitle);         //通知标题
5    notice.set("noticecontent", this.data.msgcontent);     //通知内容
6    notice.set("noticeauthor", "Admin");                   //发布者
7    notice.set("noticetime", new Date());                  //发布时间
8    notice.save(null, {
9     success: function (result) {
10       console.log("通知发布成功, objectId:" + result.id);
11     },
12     error: function (result, error) {
13       console.log('通知发布失败');
14     }
15   });
16 },
```

上述代码第 2~7 行用于实例化 notice 对象，notice.set（"字段名"、值）语句中的“字段名”与 Bmob 云服务平台的 notice 表的字段名相同、“值”为该字段的值；notice.save( )语句用于将实例化后的 notice 对象上传到 Bmob 云服务平台的 notice 表中，success( )表示上传成功执行的操作，error( )表示上传失败执行的操作，其中第 10 行的 result.id 返回当前添加记录成功后的编号。

8.2.1.5

⑧ 搜索通知事件——从 notice 表中查找记录。

根据用户在通知标题输入框中输入的标题进行查找，并将查找结果以 object{noticetitle, noticecontent,noticetime,noticeauthor}的数据结构形式保存到 msgs 数组中，以便将查询结果中的通知标题（noticetitle）和发布者（noticeauthor）显示在图 8.12 页面的下部，代码如下：

```
findmsg: function () {
  this.data.msgs=[]
  var that = this
  var Notice = Bmob.Object.extend("notice");
  var notice = new Bmob.Query(Notice);
  notice.equalTo("noticetitle", that.data.msgtitle);//根据通知标题查找
  notice.find({
    success: function (results) {
      for (var i = 0; i < results.length; i++) {
        var object = results[i];
        var title = object.get('noticetitle')
        var content = object.get('noticecontent')
        var time = object.get('noticetime')
        var author = object.get('noticeauthor')
        that.data.msgs.push({
            noticetitle:title,        //通知标题
            noticecontent:content,    //通知内容
            noticetime:time,          //发布时间
            noticeauthor:author       //发布者
        })
      }
      that.setData({
        msgs:that.data.msgs
      })
```

```
25      },
26      error: function (error) {
27        console.log(“查询失败: “ + error.code + “ “ + error.message);
28      }
29    });
30  },
```

上述代码第 4~5 行表示从 notice 表中查询获得所有记录集；第 6 行表示在 notice 记录集中筛选出 noticetitle 字段值为用户在 input 组件中输入的 msgtitle（通知标题）。第 7~29 行表示对筛选出的 notice 记录集进行处理，如果筛选成功，执行 success( )函数，否则执行 error( )函数；其中第 9~21 行表示将筛选出的 notice 记录集内容分别以 object{noticetitle,noticecontent,noticetime,noticeauthor}的数据结构类型存入 msgs 数组中；其中 results.length 返回记录集的长度、results[i]返回第 i 条记录集内容、results[i].get（'字段名'）返回第 i 条记录集的指定字段的值。关于 Bmob 云服务平台提供的查询接口使用方法，读者可以登录 http://doc.bmob.cn/data/wechat_app/develop_doc/#_19 页面查看。

⑨ 删除通知事件——从 notice 表中删除记录。

根据用户在通知标题输入框中输入的标题进行删除，并将删除后的 notice 表中数据以 object{noticetitle,noticecontent,noticetime,noticeauthor}的数据结构形式更新到 msgs 数组中，以便将更新结果中的通知标题（noticetitle）和发布者（noticeauthor）显示在图 8.12 页面的下部，代码如下：

```
deletemsg: function () {
    this.data.msgs = []
    var that = this
    var Notice = Bmob.Object.extend("notice");
    var notice = new Bmob.Query(Notice);
    notice.equalTo("noticetitle", that.data.msgtitle);//根据通知标题删除
    notice.destroyAll({                               //删除满足查询条件的记录
      success: function (results) {
        console.log("删除成功")
      },
      error: function (err) {
        console.log("查询失败: " + error.code + " " + error.message);
      }
    });
    /*删除完毕，将表中剩余记录通过查询功能显示在页面上*/
    Notice = Bmob.Object.extend("notice");
    notice = new Bmob.Query(Notice);
    /*以下代码与搜索通知功能模块第 7~29 行代码，此处略*/
  },
```

⑩ 修改通知事件——更新 notice 表中记录内容。

8.2.1.6

根据用户在通知标题输入框中输入的标题修改对应记录的通知内容，并将修改后的 notice 表中数据以 object{noticetitle,noticecontent,noticetime, noticeauthor}的数据结构形式更新到 msgs 数组中，以便将更新结果中的通知标题（noticetitle 和发布者（noticeauthor）显示在图 8.12 页面的下部，代码如下：

```
updatemsg: function() {
  this.data.msgs = []
  var that = this
  var Notice = Bmob.Object.extend("notice");
  var notice = new Bmob.Query(Notice);
```

```
6    notice.equalTo("noticetitle", that.data.msgtitle); //根据标题修改内容
7    notice.find({
8      success: function(results) {
9        for (var i = 0; i < results.length; i++) {
10         var object = results[i];
11         var objectId = object.get('objectId')
12         notice.get(objectId, {
13           success: function(result) {
14             result.set('noticecontent', that.data.msgcontent);
15             result.save();
16           },
17           error: function(object, error) {
18             console.log("修改记录失败！" + error.code + " " + error.message);
19           }
20         });
21       }
22     },
23     error: function(error) {
24       console.log("修改记录失败！" + error.code + " " + error.message);
25     }
26   });
27   /**修改完毕，将表中记录显示在页面上 */
28   Notice = Bmob.Object.extend("notice");
29   notice = new Bmob.Query(Notice);
30   /*以下代码与搜索通知功能模块第 7~29 行代码，此处略*/
31 },
```

上述代码第 4~6 行表示首先将 notice 表中通知标题与 input 输入框中相同的记录筛选出来，然后使用第 7~26 行代码分别查询满足条件记录的 objectid 值（objectid 字段由 Bmob 云服务器后台为每个数据表自动添加的字段，用于存储每一条记录的唯一编号），最后根据 objectid 值使用第 12~20 行代码更新该记录指定字段的值（本例为通知内容字段——noticecontent）。

⑪ 加载页面事件。

页面加载时，将 Bmob 云服务平台 notice 表中最近发布的 20 条通知标题、发布者显示在图 8.12 页面的下部。代码如下：

```
1  onLoad: function(options) {
2    this.data.msgs = []
3    var that = this
4    var Notice = Bmob.Object.extend("notice");
5    var notice = new Bmob.Query(Notice);
6    notice.descending('noticetime')
7    notice.limit(20)
8    /*以下代码与搜索通知功能模块第 7~29 行代码，此处略*/
9  },
```

上述代码第 6 行表示将 notice 记录中的内容按 noticetime 字段降序排列，第 7 行表示限制查询结果的数据为 20 条记录。

## 8.2.2 实验室安全知识学习平台的实现

8.2.2.1

实验室安全知识学习平台一共分为 4 个模块，即消息公告模块、学习模块、考试模块（含考试登录页面和考试页面）和回看模块。消息公告模块的功能是显示学校发布的相关通知公告；学习模块的功能是根据学生选择的题库类型显示相关题目和标准答案；考试模块的功能是从题库中随机抽取 50 道题，要求学生在 30 分钟内完成考试，并

保存学生的考试时间、答题结果及考试成绩；回看模块的功能是学生可以根据考试结果查看本人的考试题目、标准答案。

### 1 项目创建

根据实验室安全知识学习平台功能需求的介绍，需要在 pages 文件夹下创建 5 个文件夹，分别用于存放消息公告页面（message）、学习页面（study）、考试登录页面（exam）、考试页面（detail）和回看页面（me）。

从 Bmob 云服务平台下载 bmob-min.js 和 underscore.js 文件，并将其复制到小程序项目的 utils 文件夹。在小程序的 app.js 中加入下面两行代码，进行全局初始化：

```
var Bmob = require('utils/bmob.js');
Bmob.initialize("Application ID", "REST API Key");
```

### 2 tabBar 底部标签的设计

修改 app.json 全局配置文件，其详细代码如下：

```
"tabBar": {
   "list": [
    {
      "pagePath": "pages/message/message",
      "text": "消息"
    },
    {
      "pagePath": "pages/study/study",
      "text": "学习"
    },
    {
      "pagePath": "pages/exam/exam",
      "text": "考试"
    },
    {
      "pagePath": "pages/me/me",
      "text": "我"
    }
   ]
 }
```

### 3 数据库设计

本案例需要在 Bmob 云服务平台创建题库表（根据学生所在学院的不同而不同，xgti 表对应信息工程学院学生题库），学生信息表（stud），学院信息表（dept），学生成绩表（score）和消息通知表（notice，表结构如表 8-1 所示），学生信息表结构如表 8-2 所示，学院信息表结构如表 8-3 所示，题库表结构如表 8-4 所示，学生成绩表结构如表 8-5 所示。

表 8-2　学生信息表结构

| 字段名 | 字段类型 | 含义 |
| --- | --- | --- |
| stuno | String | 学号 |
| stupwd | String | 密码 |
| stuname | String | 姓名 |
| studep | String | 所在学院编号 |

表 8-3　学院信息表结构

| 字段名 | 字段类型 | 含义 |
| --- | --- | --- |
| depno | String | 编号 |
| depname | String | 名称 |
| depleader | String | 分管负责人 |
| depperson | String | 实验室主任 |
| deptime | String | 考试时间 |

表 8-4　题库表结构

| 字段名 | 字段类型 | 含义 |
| --- | --- | --- |
| tino | Number | 编号 |
| titype | String | 题目类型 |
| ticontent | String | 题目内容 |
| tia | String | 选项 A（判断题—对） |
| tib | String | 选项 B（判断题—错） |
| tic | String | 选项 C |
| tid | String | 选项 D |
| tianswer | String | 标准答案 |
| titeseno | String | 试卷编号 |

表 8-5　考试成绩表结构表

| 字段名 | 字段类型 | 含义 |
| --- | --- | --- |
| scoreid | Number | 编号 |
| studno | String | 考生学号 |
| depno | String | 考生所在学院编号 |
| testtime | String | 考生剩余考试时间 |
| testid | String | 考试试卷编号 |
| studanswer | String | 考生答案 |
| standanswer | String | 标准答案 |
| studscore | String | 考试成绩 |

### 4 考试登录页面的设计与实现

8.2.2.2

（1）考试登录界面设计。

实验室安全知识学习平台小程序运行后，首先打开图 8.16 所示考试登录界面。在学号、密码框中输入登录信息，单击所在学院输入框，会在页面底部弹出学院滚动选择器，供用户选择。

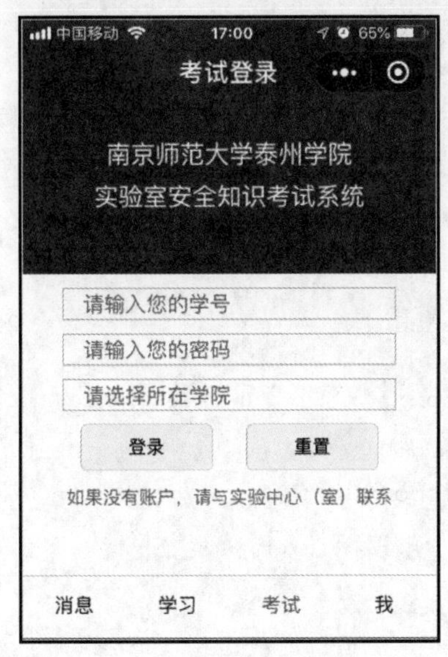


图 8.16　考试登录界面

① 页面结构文件代码。

```
<!--pages/exam/exam.wxml-->
<view class="examheader">
  <view class="hdtxt hdtxttop">南京师范大学泰州学院</view>
  <view class="hdtxt">实验室安全知识考试系统</view>
</view>
<form bindsubmit="formSubmit" bindreset="formReset">
  <view class="section">
    <input placeholder="请输入您的学号" bindinput='getusername' name=
    "username" />
  </view>
```

```
10    <view class="section">
11      <input placeholder="请输入您的密码" bindinput='getuserpwd' password
      name="paswd" />
12    </view>
13    <view class="section">
14      <picker bindchange='pickDept' mode='selector' range-key='depname'
      range='{{depts}}' value='{{deptid}}'>
15        <input placeholder="请选择所在学院" value='{{depts[deptid].depname}}'
        name="dept" />
16      </picker>
17    </view>
18    <view class="btn-area">
19      <button formType="submit">登录</button>
20      <button formType="reset">重置</button>
21    </view>
22    <view class="notice">如果没有账户，请与实验中心（室）联系</view>
23  </form>
```

上述代码第 6~23 行用 form 表单组件处理用户登录事件，其中第 13~17 行代码实现单击“请选择所在学院”输入框后在页面底部弹出所有学院滚动选择器。

② 页面样式文件代码。

```
/* pages/exam/exam.wxss */
.examheader {
  background-color: #1161a1;
  display: flex;
  flex-direction: column;
  align-items: center;
  height: 300rpx;
}
.hdtxt {
  font-size: 45rpx;
  color: white;
}
.hdtxttop {
  padding-top: 55rpx;
  padding-bottom: 10rpx;
}
.section {
  border: 1px solid #ccc;
  margin: 10px auto;
  width: 80%;
  font-size: 16px;
}
.section input {
  padding-left: 15px;
}
.btn-area {
  width: 80%;
  margin: 0 auto;
  display: flex;
}
.btn-area button {
  flex: 1;
  max-width: 40%;
  font-size: 14px;
}
.notice {
  width: 100%;
  text-align: center;
```

```
  margin-top: 10px;
  font-size: 14px;
  color: dodgerblue;
}
```

（2）考试登录页面功能实现。

8.2.2.3

当显示考试登录页面时，首先访问 Bmob 云服务平台的 dept 表（学院信息表）和 stud 表（学生信息表），然后将 dept 表中的学院信息（含学院编号、学院名称、考试时间）保存在 depts 数组中，以便将学院名称绑定到页面底部弹出的所在学院滚动选择器上，最后根据页面上输入的学号、密码和选择的学院判断信息，如果信息正确，就切换到正式考试页面（detail）开始考试，否则提示相关信息。

① 初始化数据。

```
var Bmob = require('../../utils/bmob.js');
var studInfo = new Bmob.Query("stud"); //返回学生信息记录集
var deptInfo = new Bmob.Query("dept"); //返回学院信息记录集合
Page({
  data: {
    depts: [],//学院信息
    deptid: '',//学院编号下标
    deptime:0,//所在学院考试时间
    studno: '',//学生输入学号
    studpwd: ''//学生输入密码
  },
  //页面加载事件
  //提交表单事件
  //获取输入学号事件
  //获取输入密码事件
  //获取选择的所在学院事件
})
```

② 页面加载监听事件。

```
1  onLoad: function (options) {
2    var depts = []
3    var that = this
4    deptInfo.limit(50) //查询
5    deptInfo.find({
6      success: function (res) {
7        for (var i = 0; i < res.length; i++) {
8          var object = res[i];
9          depts.push ({ depno: object.get ('depno'), depname: object.get
('depname'), deptime:object.get('deptime') })
10       }
11       that.setData({
12         depts: depts
13       })
14     }
15   })
16 },
```

上述第 4 行代码表示返回最多 50 条 deptInfo 记录集（学院信息）的记录；第 5~15 行代码表示将查询结果以 depts{depno,depname,deptime}格式更新到本页面的 depts 数组变量中，以便在页面底部的滚动选择器上显示学院名称。

③ 提交表单事件。

```
1   formSubmit: function (e) {
2      var that = this
3      studInfo.equalTo("stuno", this.data.studno);
4      studInfo.equalTo("stupwd", this.data.studpwd);
5      studInfo.find({
6        success: function (res) {
7          if (res.length > 0) {
8            var object = res[0];
9            var stuno = object.get('stuno')    //获得学号
10           var studep = object.get('studep')  //获得所在学院编号
11           var depno = that.data.depts[that.data.deptid].depno
12           var deptime = that.data.depts[that.data.deptid].deptime
13           if (studep == depno) {//如果选择的所在学院与系统数据所在院一致
14             wx.showModal({
15               title: '确认',
16               content: '你确认参加考试！',
17               success(res) {
18                 if (res.confirm) {
19                   console.log('用户点击确定')
20                   wx.redirectTo({
21                     url: '/pages/detail/detail?stuno=' + stuno + '&studep=' +
                        studep + '&deptime=' + deptime,
22                   })
23                 } else if (res.cancel) {
24                 }
25               }
26             })
27           } else {
28             wx.showModal({
29               title: '警告',
30               content: '你选择的所在学院有误!',
31             })
32           }
33         } else {
34           wx.showModal({
35             title: '警告',
36             content: '你的用户名或密码有误!',
37           })
38         }
39       },
40     })
41  },
```

上述代码第 3~4 行表示从 studInfo（学生信息记录集）中查询筛选出满足 stuno 和 stupwd 字段值内容记录；第 5~40 行代码表示对查询成功的记录进行处理，其中第 9~10 行代码表示分别从筛选结果中取出学生的学号、所在学院编号，第 11~12 行代码表示根据页面底部所在学院滚动选择器上选择的学院获得该学院的编号和该学院学生的考试时间，第 13~26 行代码表示如果从学生信息记录集中返回的学院编号与学生登录时选择的学号一致，则由第 20~22 行代码将当前页面切换到正式考试页面 detail，并且将 stuno（学号）、studep（所在学院）和 deptime（考试时间）等传递到 detail 页面。

④ 其他事件。

```
//获取登录用户输入的学号
 getusername: function (e) {
   this.setData({
```

```
      studno: e.detail.value
    })
  },
  //获取登录用户输入的密码
  getuserpwd: function (e) {
    this.setData({
      studpwd: e.detail.value
    })
  },
  //选择所在学院，返回所在学院在数组 depts 中的下标 depid
  pickDept: function (e) {
    this.setData({
      deptid: e.detail.value
    })
  },
```

### 5 正式考试页面的设计与实现

（1）正式考试页面设计。

8.2.2.4

在考试登录页面输入正确的学号、密码，选择所在学院，单击“登录”按钮后进入正式考试界面，如图 8.17 所示。根据图 8.18 界面设计图可以看出，整个页面设计从上到下分别为时间显示区、题目显示区、答案选项选择区、标准答案显示区（默认隐藏不显示，仅在交卷后显示）和底部按钮区（一旦学生提交试卷后，“交卷”按钮不可用，如图 8.19 所示）。

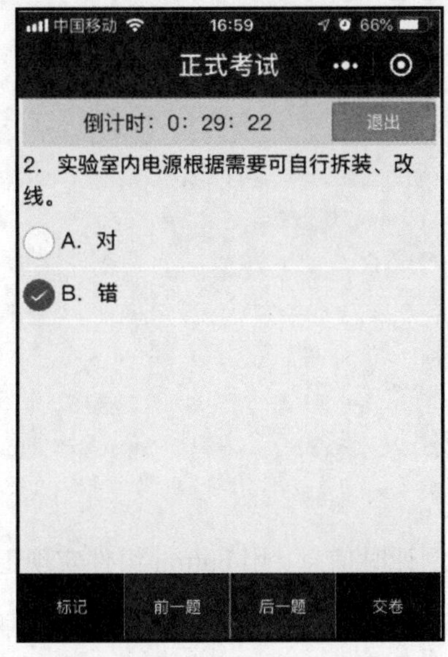


图 8.17　正式考试页面

时间显示区
题目显示区
答案选项选择区
标准答案显示区
底部按钮区

图 8.18　正式考试界面设计图

① 页面结构文件代码。

```
<view class='detailpage'>
  <!--  时间显示区  -->
  <!--  题目显示区  -->
  <!--  答案选项选择区 -->
  <!--  标准答案显示区 -->
</view>
 <!--  底部按钮区 -->
```

从图 8.18 可以看出，整个页面分为时间显示区、题目显示区、答案选项选择区、标准答案显示区和底部按钮区，各个区域的显示内容相对独立，下面将按照图 8.19 的显示效果单独介绍。

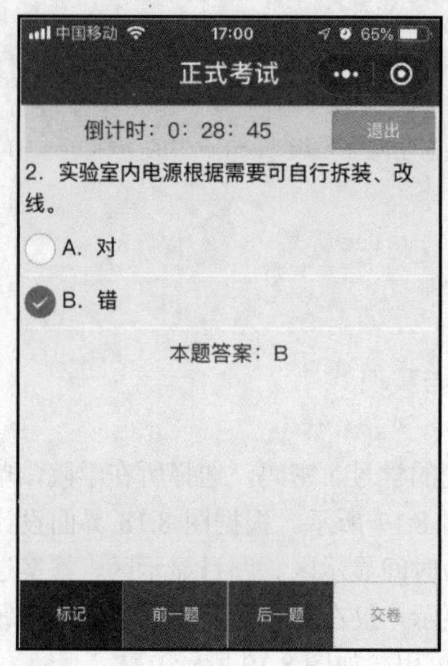


图 8.19 正式考试交卷状态效果图

② 页面样式文件代码。

```
page {
  width: 100%;
  height: 100%;
  background: #f8f8f8;
}
.detailpage {
  width: 100%;
  display: flex;
  flex-direction: column;
  align-items: center;
}
```

③ 时间显示区页面结构代码。

从图 8.17 可以看出，时间显示区用 text 组件显示倒计时信息、用 button 组件实现退出正式考试页面，并且水平摆布在一行上。

```
  <view class='top-class'>
    <text class='time-exam'>倒计时：{{timeinfo}}</text>
    <button bindtap='btnquit' class='quit-exam' size='mini' formType=
   "submit">退出</button>
  </view>
```

④ 时间显示区页面样式代码。

```
.top-class {
  display: flex;
  flex-direction: row;
  width: 98%;
  background: #d4f3eb;
```

```
  align-items: center;
}
.time-exam {
  line-height: 80rpx;
  margin-top: 5rpx;
  width: 75%;
  height: 80rpx;
  text-align: center;
  color: #8a1c1c;
}
.quit-exam{
  background:#FFAE29;
   width: 25%;
  color: white;
}
```

⑤ 题目显示区页面结构代码。

试卷的所有题目保存在 testdetail 数组中，每一个数组元素的数据结构为{tiid,ticontent,tia,tib,tic,tid,tianswer,uanswer,sign}，即{题号,题目,选项 A,选项 B,选项 C,选项 D,标准答案,考生答案,题目标记}。考生正式考试时，如果对某个题目有疑问，可以单击图 8.17 上的“标记”按钮，即用红色显示题目，否则以默认颜色显示。要实现这样的效果，可以用每个数组元素的 sign 值对题目显示样式进行条件渲染。

```
<block wx:if='{{!testdetail[tiindex].sign}}'>
  <text class='content-exam'>{{testdetail[tiindex].tiid}}.{{testdetail[tiindex].ticontent}}</text>
</block>
<block wx:else>
  <text class='content-exam' style='color:red'>{{testdetail[tiindex].tiid}}.{{testdetail[tiindex].ticontent}}</text>
</block>
```

⑥ 题目显示区页面样式代码。

```
.content-exam {
  text-justify: inter-ideograph;
  margin-top: 5rpx;
  width: 98%;
}
```

⑦ 答案选项选择区页面结构代码。

对考试题目设计时，仅有判断题和单项选择题两种题型，所以答案选项页面结构设计全部使用单选按钮组件来实现。但是由于判断题只有两个选项，单项选择题中有的题目有三个选项，有的题目有四个选项，所以根据对于 C 和 D 两个选项内容进行条件渲染，如果 testdetail 数组元素中的 tic（选项 C）和 tid（选项 D）有内容才会显示，否则不显示。每个选项下面用 view 组件实现分隔线效果。

```
<view class='option-exam '>
  <radio-group bindchange="selectchange">
    <view class='option-class'>
      <radio value="A" checked='{{selecta}}'/>A.{{testdetail[tiindex].tia}}</view>
    <view class='option-line'></view>
    <view class='option-class '>
      <radio value="B" checked='{{selectb}}'/>B.{{testdetail[tiindex].tib}}</view>
```

```
      <view class='option-line '></view>
      <view class='option-class ' wx:if='{{testdetail[tiindex].tic}}'>
        <radio value="C" checked='{{selectc}}'/>C.{{testdetail[tiindex]
        .tic}}
        <view class='option-line '></view>
      </view>
      <view class='option-class ' wx:if='{{testdetail[tiindex].tic}}'>
        <radio value="D" checked='{{selectd}}'/>D.{{testdetail[tiindex]
        .tid}}
        <view class='option-line'></view>
      </view>
    </radio-group>
  </view>
```

⑧ 答案选项选择区页面样式代码。

```
.option-exam {
  text-justify: inter-ideograph;
  margin-top: 10rpx;
  width: 98%;
}
.option-class {
  margin-top: 15rpx;
}
.option-line {
  margin-top: 15rpx;
  height: 5rpx;
  width: 100%;
  background: white;
}
```

⑨ 答案显示区页面结构代码。

只有交卷成功后才会显示该区域内容，所以实现时使用 displayanswer 变量控制该区域的显示，默认状态下该变量的值为 false，交卷成功后，该变量的值为 true。

```
<view style='margin-top:15rpx;color:red;' wx:if='{{displayanswer}}'>本题答
案：{{testdetail[tiindex].tianswer}}</view>
</view>
```

⑩ 底部按钮区页面结构代码。

页面底部的“标记”“前一题”“后一题”和“交卷”等 4 个按钮的水平放置由自定义的样式类 detailnav 实现；在每个按钮之间增加一条分隔线，由自定义的样式类 navline 实现。

```
<view class='detailnav'>
  <button class="button-sign" bindtap="btnsign" formType="submit">标记
  </button>
  <view class='navline'></view>
  <button class="button-ti" bindtap="tobefore" formType="submit">前一题
  </button>
  <view class='navline'></view>
  <button class="button-ti" bindtap="tonext" formType="submit">后一题
  </button>
  <view class='navline'></view>
  <button class="button-sign" disabled='{{displayanswer}}' bindtap=
  "btnfinish" formType="submit">交卷</button>
</view>
```

⑪ 底部按钮区页面样式代码。

```
.detailnav {
  width: 100%;
  height: 120rpx;
  display: flex;
  flex-direction: row;
  align-items: center;
  float: left;
  background-color: #f6f6f9;
  bottom: 0;
  position: fixed;
}
.navline {
  width: 5rpx;
  height: 100%;
  background-color: gainsboro;
}
button {
  color: white;
  text-align: center;
  text-decoration: none;
  display: inline-block;
  font-size: 30rpx;
  border-radius: 0rpx;
  width: 50%;
  height: 100%;
  line-height: 120rpx;
}
.button-ti {
  background-color: #3e5f81;
}
.button-sign {
  background-color: rgb(138, 28, 28);
}
```

（2）正式考试页面功能实现。

显示正式考试页面时，首先获取学生的登录信息（学号、所在学院编号、考试时间），并根据学号查询 Bmob 云服务平台的 score 表（考试成绩表）判断该学生有没有超过规定考试次数（本项目设定 2 次），如果超过规定考试次数，则直接给出提示信息，并返回考试界面；如果没有超过规定考试次数，则随机抽取本次考试的试卷编号（本项目设定试卷编号为 1~5）。然后根据试卷编号和学院编号，从试题库中抽取考试试题，存放到本地数组 testdetail 中，该数组元素的数据为{tiid,ticontent,tia,tib,tic,ticd,tianswer,uanswer,sign}结构类型。最后将该数组元素分别绑定到页面结构的对应位置显示。

8.2.2.5

① 初始化数据。

```
var Bmob = require('../../utils/bmob.js');
var scoreInfo = new Bmob.Query("score"); //返回学生考试成绩集合
var testInfo = '';
Page({
  data: {
    stuno: '',         //学号
    studep: '',        //所在学院编号
    deptime: 0,        //考试时间
    mytime: 0,         //倒计时器
```

```
    timeinfo: '',     //倒计时信息
    testid: '',       //当前试卷编号
    testdetail: [],   //当前试卷内容
    answer: '',       //标准答案
    uanswer: '',      //考生答案
    tiindex: 0,       //每道题对应的数组下标
    selecta: false,   //选项 a 的默认选中状态(未选中)
    selectb: false,
    selectc: false,
    selectd: false,
    displayanswer: false //是否交卷(显示答案)
  },
  //页面加载事件
  //标记事件
  //前一题事件
  //后一题事件
  //选项选中事件
  //交卷事件
  //退出事件
})
```

② 页面加载监听事件。

8.2.2.6

```
onLoad: function (options) {
    var that = this
    that.data.testdetail = []                      //将试卷内容清空
    var m = 5, n = 1
    var testid = Math.round(Math.random() * (m - n) + n) //随机抽取试卷编号
    var stuno = options.stuno                      //学号
    var studep = options.studep                    //所在学院
    var deptime = options.deptime * 60             //所在学院考试时间
    var kscount = 0                                //考试次数
    scoreInfo.equalTo("studno", stuno);            //查询指定学号学生的成绩集合
    scoreInfo.find({
      success: function (res) {
        kscount = res.length //返回指定学号学生考的次数
        if (kscount >= 2) {  //从分数 score 表中判断是否已经考过两次
          wx.showModal({
            title: '警告',
            content: '你已经超过了考试次数！',
          })
          wx.switchTab({
            url: '/pages/exam/exam',
          })
        }
      }
    })
    that.data.mytime = setInterval(function () {
      that.data.deptime--
      var hour = parseInt(that.data.deptime/3600 % 24); //获取还剩多少小时
      var minute = parseInt(that.data.deptime/60 % 60);//获取还剩多少分钟
      var second = that.data.deptime % 60;              //获取还剩多少秒
      that.data.timeinfo = hour + ": " + minute + ": " + second
      if (that.data.deptime == 0) {
        clearInterval(that.data.mytime)                 //停止计时
        wx.showModal({
          title: '警告',
```

```
35            content: '考试时间到！',
36          })
37          //调用交卷事件
38        }
39        that.setData({
40          deptime: that.data.deptime,
41          timeinfo: that.data.timeinfo
42        })
43      }, 1000)
44      var testdbname = 'qtti'  //默认其他试题库
45      switch (studep) {        //根据学生所在学院选择对应试题库
46        case 'dep012':
47          testdbname = 'hsti'
48          break
49        case 'dep011':
50          testdbname = 'dlti'
51          break
52        case 'dep009':
53          testdbname = 'xgti'
54          break
55      }
56      /*根据题库名、试卷编号将试卷内容存入本地 testdetail 中 */
57      testInfo = new Bmob.Query(testdbname);       //获取试题库对象
58      testInfo.equalTo("titestno", testid + ''); //从试题库中筛选对应编号试卷
59      testInfo.find({
60        success: function (res) { //把试卷内容放入本地数组中
61          for (var i = 0; i < res.length; i++) {
62            that.data.testdetail.push({
63              tiid: i + 1, //题号
64              ticontent: res[i].get('ticontent'), //题目内容
65              tia: res[i].get('tia'),             //选项 A
66              tib: res[i].get('tib'),             //选项 B
67              tic: res[i].get('tic'),             //选项 C
68              tid: res[i].get('tid'),             //选项 D
69              tianswer: res[i].get('tianswer'),   //标准答案
70              uanswer: '',                        //考生答案
71              sign: false                          //标记
72            })
73          }
74          that.setData({
75            stuno: stuno,
76            studep: studep,
77            deptime: deptime,
78            testid: testid,
79            testdetail: that.data.testdetail
80          })
81        }
82      })
83    },
```

上述代码第 4~5 行用于随机抽取本次考试的试卷编号；第 6~8 行用于从考试登录页面获取登录考试的学号、所在学院编号和考试时间；第 9~24 行用于判断本次登录考试有没有超过考试次数，如果超过考试次数，将页面切换到考试登录页面。第 25~43 行代码用于实现一个以考试时间为初始值的倒计时器，一旦考试时间到，调用交卷事件。第 44~55 行代码根据登录学生所在学院的编号获得 Bmob 云服务平台访问的题库表名称（默认表名为 qtti，dep012 对应 hsti，dep011 对应 dlti，dep009 对应 xgti）。第 56~81 行代码根据试题库表名和试卷编号从 Bmob 云服务平台获

8.2.2.7

得试题信息，并保存到本地题目数组 testdetail 中（包含题号、题目内容、选项 A、选项 B、选项 C、选项 D、标准答案、考生答案及标记号）。

③ 前一题事件。

```
1  tobefore: function () {
2      var index = this.data.tiindex //当前页面试题的数组元素下标
3      index--                        //下标减 1
4      if (index < 0) {               //判断是否为第一题
5        wx.showModal({
6          title: '警告',
7          content: '已到第一题！',
8        })
9      } else {
10       this.data.selecta = false    //答案选项默认状态(未选中)
11       this.data.selectb = false
12       this.data.selectc = false
13       this.data.selectd = false
14       switch (this.data.testdetail[index].uanswer) {
15         case 'A':
16           this.data.selecta = true
17           break
18         case 'B':
19           this.data.selectb = true
20           break
21         case 'C':
22           this.data.selectc = true
23           break
24         case 'D':
25           this.data.selectd = true
26           break
27       }
28       this.setData({
29         tiindex: index,
30         selecta: this.data.selecta,
31         selectb: this.data.selectb,
32         selectc: this.data.selectc,
33         selectd: this.data.selectd
34       })
35     }
36   },
```

上述代码第 10~13 行用于将试题答案选项设置为未选中状态；第 14~27 行表示根据考生的答案，将对应选项设置为选中状态。

④ 后一题事件。

后一题事件代码与前一题事件代码类似，仅需要将当前页面试题的数组元素下标加 1，如果超过题目数，则给出“已到最后一题！”提示信息。限于篇幅，不再赘述。本案例的详细代码，读者可以参阅代码包 lesson8_exam 文件夹中的内容。

⑤ 标记事件。

```
btnsign: function () {
  var flag = this.data.testdetail[this.data.tiindex].sign
  this.data.testdetail[this.data.tiindex].sign = !flag
  this.setData({
    testdetail: this.data.testdetail
  })
},
```

⑥ 交卷事件。

8.2.2.8

交卷事件在学生单击“交卷”按钮或考试时间到都会触发，一旦触发会将当前学生的考试信息（包含学生学号、考试剩余时间、所在学院编号、考试成绩、学生答案、标准答案和试卷编号等）添加到 Bmob 云服务平台的 score 表中。

```
btnfinish: function () {
  var that = this
  wx.showModal({
    title: '警告',
    content: '您确认交卷？',
    success(res) {
      if (res.confirm) {
        var score = 0;
        var sinfo = '恭喜！您已顺利通过考试！'
        for (var i = 0; i < that.data.testdetail.length; i++) {
          var answer = that.data.testdetail[i].tianswer
          var uanswer = that.data.testdetail[i].uanswer
          that.data.answer = that.data.answer + answer
          that.data.uanswer = that.data.uanswer + uanswer
          if (answer == uanswer) {
            score = score + 2
          }
        }
        if (score < 90) {
          sinfo = '您的本次成绩为：' + score + '！对不起，您还没有过关！'
        }
        wx.showModal({
          title: '提示',
          content: sinfo,
        })
        that.data.displayanswer = true;                     //显示答案
        clearInterval(that.data.mytime)                     //交卷完成，取消计时
        var Score = Bmob.Object.extend("score");
        var scoretb = new Score();
        scoretb.set("testtime", that.data.timeinfo);    //考试剩余时间
        scoretb.set("depno", that.data.studep);
        scoretb.set("studscore", score);
        scoretb.set("studanswer", that.data.uanswer);
        scoretb.set("standanswer", that.data.answer);
        scoretb.set("studno", that.data.stuno);
        scoretb.set("testid", that.data.testid + '');
        scoretb.save(null, {
          success: function (result) {
            console.log("考生成绩创建成功，objectId:" + result.id);
          },
          error: function (result, error) {
            console.log('创建考生成绩失败', result, error);
          }
        });
        that.setData({
          displayanswer: that.data.displayanswer,
          score: score
        })
      } else if (res.cancel) {
        console.log('用户点击取消')
      }
    }
  })
```

```
54  },
```

上述代码第 10~18 行表示将当前考试试卷的标准答案和学生答案逐一比对，如果相同，每题加 2 分，作为最终学生的考试成绩。第 26~27 行将控制答案显示的 displayanswer 变量设置为 true（即显示答案），并取消倒计时时钟。第 28~44 行用于将本次考试的相关信息写入 Bmob 云服务平台的 score 表中。

⑦ 选项选中事件。

```
selectchange(e) {
  this.data.testdetail[this.data.tiindex].uanswer = e.detail.value
  this.setData({
    testdetail: this.data.testdetail
  })
},
```

⑧ 退出考试页面事件。

```
btnquit: function () {
  if (!this.data.displayanswer) {
    wx.showModal({
      title: '警告',
      content: '你正在考试，还要退出吗？',
      success: function (res) {
        if (res.confirm) {
          wx.switchTab({
            url: '/pages/exam/exam'  //退出考试，切换到考试登录页面
          })
        }
      }
    })
  } else {                            //交卷完成可以直接退出考试
    wx.switchTab({
      url: '/pages/exam/exam'         //退出考试，切换到考试登录页面
    })
  }
},
```

单击“退出”按钮后，首先判断是否处于正在考试状态（displayanswer 值为 false），如果是正在考试状态，给出“警告”提示，如果确认退出，则切换到考试登录页面；如果不是正在考试状态（即已经交卷成功），则直接切换到考试登录页面。

# 8.3 竞赛打分系统的设计与实现

现在各种各样的比赛越来越多，主办方通常需要一个操作方便、价格低廉、界面友好的打分系统快速给出选手的成绩和排名。本节以开发设计一个竞赛打分系统为例，介绍微信小程序云开发的步骤和方法。

8.3.1.1

## 8.3.1 预备知识

### 1 小程序云开发简介

小程序云开发是腾讯联合微信团队为开发者提供的包含云函数、云数据库和云文件存储能力的后端云服务。它提供了以下三方面的能力。

① 数据库能力。

云数据库是指在服务器端提供的数据库服务。小程序云提供的数据库属于文档型数据库，它与关系型数据库不同在于：关系型数据库中可以包含若干个数据表，每个数据表由若干条记录组成；而文档数据库保存的是图 8.20 所示的 JSON 格式数据，每个 JSON 格式的数据文档相当于关系型数据库中的一个数据表。也就是说，文档数据库保存的是 JSON 格式数据文档的集合。

```
"_id":XJ1_gt7E7L4wBRr3
"_openid":oS78[illegible]abOS8g
"msgauthor":admin
"msgcontent":今天下午在图书馆会议室召开学生党员会议，请准时参加！
"msgtime":Fri Mar 29 2019 10:14:31 GMT+0800 (中国标准时间)
"msgtitle":开会通知
```

图 8.20　JSON 数据格式

一个云数据库可以包含多个 JSON 格式数据文档的集合（相当于关系型数据库中的表），每个集合可看作一个 JSON 格式的数组，数组中的每个对象也就是一条记录，关系型数据库和文档型数据库的概念对应关系如表 8-6 所示。微信小程序云开发平台提供的文档型数据库是一个具备完整增删改查能力的 JSON 格式数据库，目前基础版提供 2GB 的免费存储空间，供用户使用。

表 8-6　关系型数据库与文档数据库的对应关系

| 关系型数据库 | 文档型数据库 |
| --- | --- |
| 数据库（database） | 数据库（database） |
| 表（table） | 集合（collection） |
| 行（row） | 记录（record/doc） |
| 列（column） | 字段（field） |

② 文件存储能力。

微信小程序云开发平台为用户提供一个 5GB 的免费文件存储空间，并提供为小程序远程上传和下载文件的能力。开发者可以在小程序端和云函数端通过相应的 API 实现文件的上传和下载功能。

③ 云函数能力。

微信小程序云开发平台的云函数是可以运行在云端（服务器端）的一段代码，开发者不需要管理服务器就可以执行业务逻辑（云函数）。微信小程序开发框架提供专门用于云函数调用的 API，这样就可以让开发者在云端实现以下内容：（1）部署云函数，实现多个用户共享、且容易维护的代码；（2）获取如 AppID、OpenID 等敏感信息。

### 2 配置小程序支持云开发

配置小程序支持云开发有以下两种方式：

（1）直接使用云开发模板。即使用微信开发者工具的云开发模板创建的小程序会直接支持云开发。

（2）开发者手动配置。即修改小程序的相关配置信息，让小程序支持云开发。

直接云开发模板创建小程序在后面单独介绍，下面介绍手动配置支持小程序云开发的步骤。

① 在 project.config.json 文件中添加 cloudfunctionRoot 字段，代码如下：

```
1  {
2     "miniprogramRoot": "miniprogram/",
3     "cloudfunctionRoot": "cloudfunctions/",
4     "setting": {
5         "urlCheck": true,
6         "es6": true,
7         "postcss": true,
8         "minified": true,
9         "newFeature": true
10 },
```

上述代码第 2 行用于指定小程序源码目录；第 3 行用于指定云函数目录。

② 在 app.json 文件中添加 cloud 字段进行兼容性配置，代码如下：

```
1  {
2    "pages": [
3    ],
4    "window": {
5    },
6     "cloud": true
7  }
```

云开发能力从基础库 2.2.3 开始支持，如果要兼容支持 2.2.3 以下的版本，需要使用上述第 6 行代码进行兼容性配置。

③ 在 app.js 文件中初始化云开发能力，代码如下：

```
1  App({
2    onLaunch: function () {
3      if (!wx.cloud) {  //如果已经进行了兼容性配置，则不需要此语句
4        console.error('请使用 2.2.3 或以上的基础库以使用云能力')
5      } else {
6        wx.cloud.init({
7          env: 'kyp-b62220a', //设置云环境
8          traceUser: true     //设置用户记录管理功能
9        })
10     }
11   }
12 })
```

上述第 6~8 行代码用于初始化小程序的云开发能力，其中第 7 行的 env 用于设置开通云平台的云环境，第 8 行的 traceUser 用于设置凡是访问过云项目的用户，都会在“云开发控制台”的“用户管理”下留下访问记录信息。

建议读者阅读本部分的内容时，首先使用云开发模板创建一个支持云开发的小程序，再结合 project.config.json、app.json 和 app.js 等文件内容进行理解。

### 3 使用云开发模板创建小程序

（1）新建小程序。

新建包含云服务能力的小程序时，必须输入新建小程序的 AppID 和选择后端服务中的“小程序-云开发”选项。打开微信 Web 开发者工具，单击“项目”菜单下的“新建项目”命令，弹出图 8.21 所示的“新建云开发小程序对话框”，在对话框中输入新建小程序的 AppID，选择后端服务选项中的“小程序-云开发”，单击“新建”按钮，打开图 8.22 所示的小程序项目编辑窗口界面。此时图 8.22 右侧的目录结构窗口包含 cloudfunctions 和 miniprogram 两个

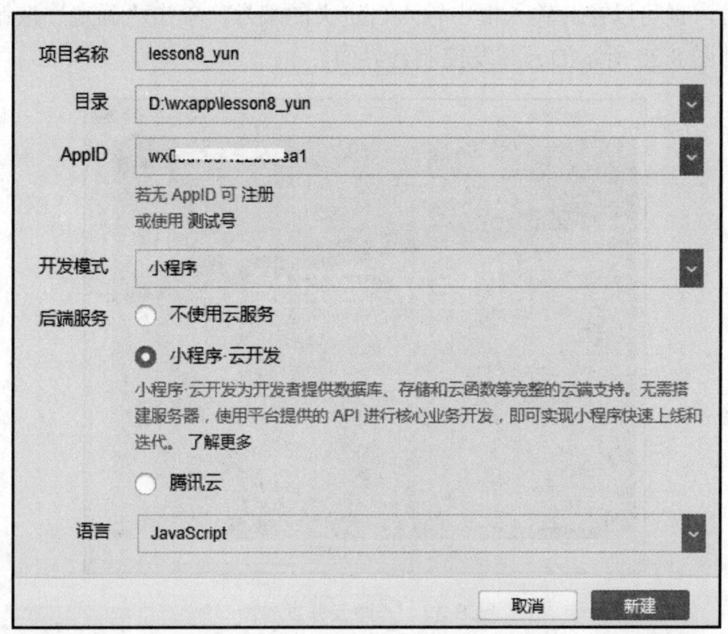


图 8.21　“新建云开发小程序”对话框

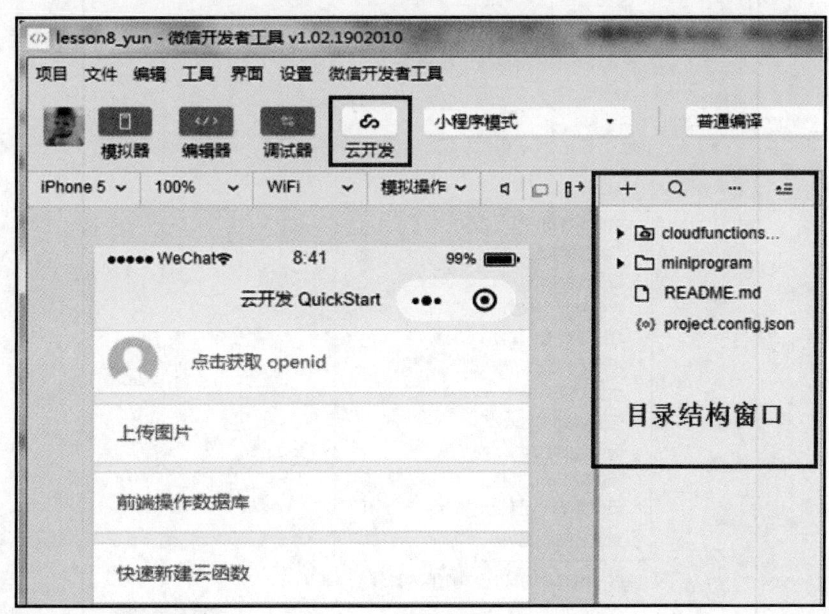


图 8.22　小程序项目编辑窗口

文件夹，miniprogram 文件夹中存放的是与普通小程序开发相同的业务代码和资源，cloudfunctions 文件夹中存放的是可以上传至小程序云端的代码，即云函数。根据云开发模板建立的小程序会带有一些相关例子，让开发者熟悉相关 API 的使用方法。

（2）开通云开发服务。

如果小程序项目是第一次使用云开发服务，单击图 8.22 所示的小程序项目编辑窗口工具的“云开发”按钮后，会打开图 8.23 所示的开通云开发界面，单击界面上的“开通”按钮，打开图 8.24 所示的“新建环境”对话框。

在“新建环境”对话框的对应位置输入云开发环境名称，会自动在环境 ID 输入框中产生环境 ID 编号，也可以在此输入框中输入自定义的编号，单击“确定”按钮即可开通云开发平台，并打开图 8.25 所示的云开发控制台界面。

图 8.23　开通云开发界面

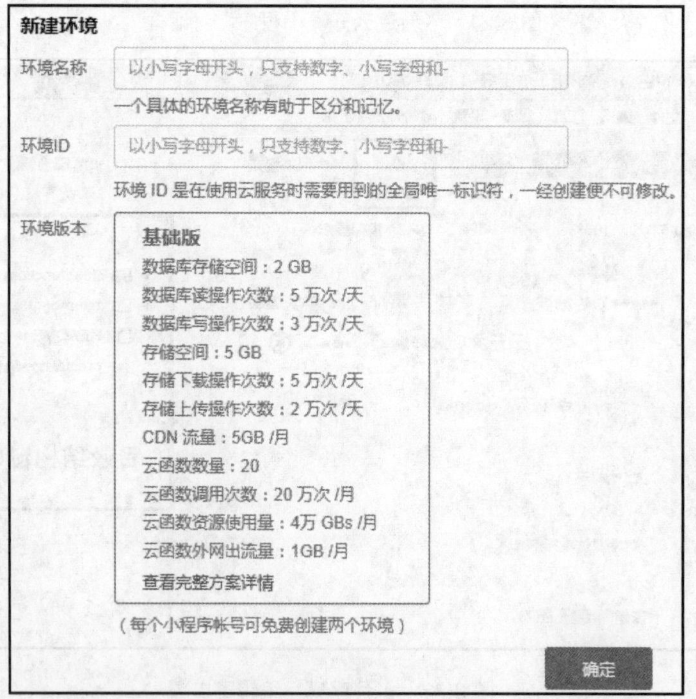


图 8.24　“新建环境”对话框

如果要创建另一个新环境，可以单击图 8.25 所示界面上部的“设置”按钮，然后在图 8.25 所示界面的下部选择“创建新环境”命令，也打开图 8.24 所示的“新建环境”对话框。

一个环境对应一整套独立的云开发资源，包括独立的数据库实例、存储空间和云函数配置等资源。各个环境间相互独立，开通云开发后，初始默认一个用户可拥有最多两个环境，每个环境都有唯一的环境 ID 标识，初始创建的环境自动成为默认环境。在实际开发中，建议每一个正式环境都搭配一个测试环境，所有功能先在测试环境测试完毕后再应用到正式环境。

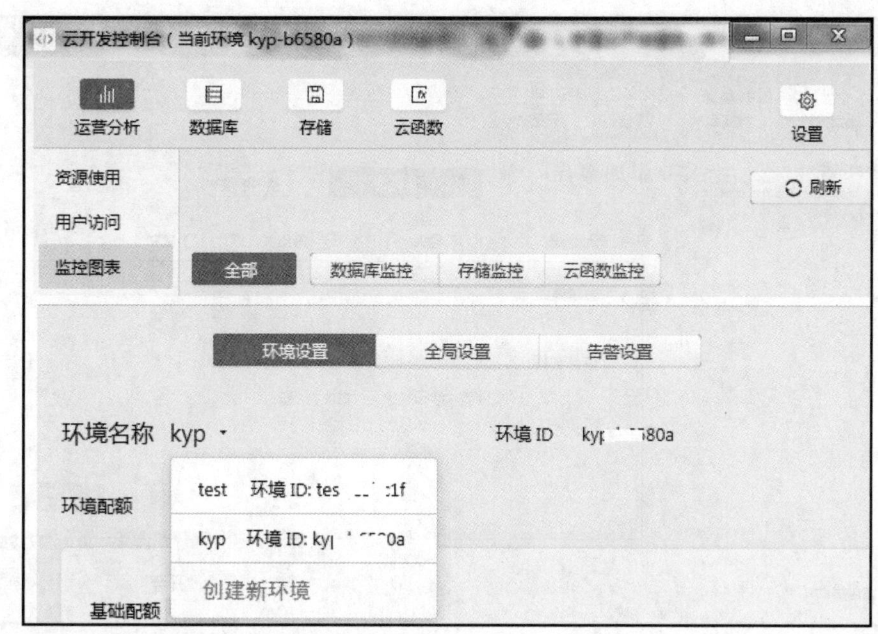


图 8.25　云开发控制台窗口

8.3.1.2

云开发控制台是管理云开发资源的地方，控制台提供以下能力：

（1）运营分析：查看云开发监控、配额使用量和用户访问情况。包括今日活跃用户数、今日 API 调用次数、数据库存储容量使用情况、总存储容量使用情况、API 调用监控及 CDN 流量使用情况。

（2）数据库：管理数据库，包括增删改查数据、索引管理和数据库访问权限设置等。

（3）存储管理：查看和管理存储空间，包括上传文件、删除文件、查看文件信息和对文件的权限设置等。

（4）云函数：管理云函数，包括新建云函数、删除云函数及查看云函数信息（如函数名称、运行环境、创建时间、更新时间等）。

### 4 操作数据库

微信小程序云开发提供的是一种 JSON 数据库，一个数据库可以有多个集合，一个集合类似于一个 JSON 类型的数组，JSON 类型数组中的每个对象相当于关系型数据库中的一条记录，所以在微信小程序中操作数据库就是操作集合中的每个对象。每个对象可以包含多个字段，每个字段存放的数据可以是 String（字符串）、Number（数字）、Object（对象）、Array（数组）、Bool（布尔值）、GeoPoint（地理位置点）、Date（时间）、Null 等 8 种数据类型。Date 类型表示时间，精确到毫秒，在小程序端可以用 JavaScript 内置 Date 对象创建；GeoPoint 类型表示由经纬度标记的地理位置点，如果需要对该类型的字段进行查找，则一定需要建立地理位置索引；Null 相当于一个占位符，表示存在一个字段，但是该字段的值为空。

（1）创建数据库集合。

切换到图 8.25 云开发控制台窗口中工具栏的“数据库”，单击左侧栏的“+”按钮，打开图 8.26 所示的“创建集合”对话框，在对话框的集合名称框中输入集合名称。然后可以单击“添加记录”或“导入”按钮，向集合中直接添加记录内容，也可以单击“导出”按钮，将集合中数据导出到本地计算机保存。

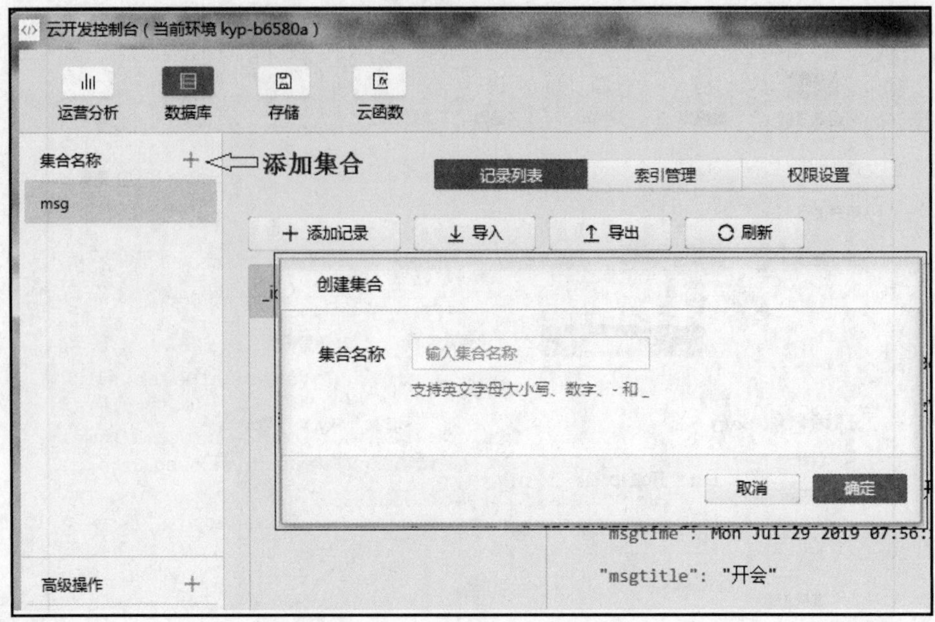


图 8.26 “添加集合”对话框

（2）设置数据库操作权限。

数据库的操作权限分为小程序端和管理端，管理端包括云函数端和云开发控制台。小程序端运行在小程序中，读写数据库受权限控制限制；云函数端运行在云函数上，拥有所有读写数据库的权限；云开发控制台的权限同云函数端，拥有所有读写数据库的权限。

单击图 8.26 中的“权限设置”命令，打开图 8.27 所示的“权限设置”对话框，权限按照级别从宽到紧排列如下：

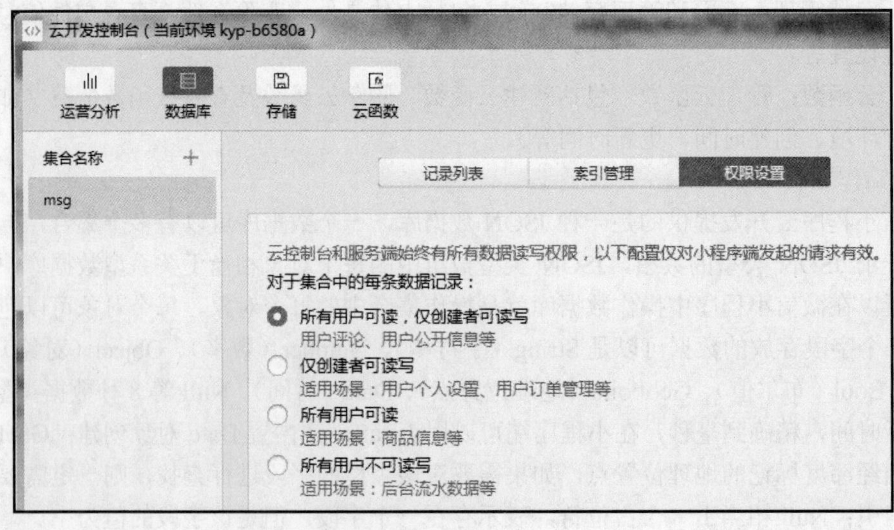


图 8.27 “权限设置”对话框

- 所有用户可读，仅创建者可写。即集合中的数据只有创建者可写，所有人可读，如用户公开信息、用户评论等。
- 仅创建者可读写。即集合中的数据只有创建者可读写，其他用户不可读写，如个人商品订单、个人信息设置等。

- 所有用户可读。即集合中的数据所有人可读，如新闻信息、商品信息。
- 所有用户不可读写。即集合数据所有用户都不可读写，如后台用于统计的一些不能暴露的数据。

（3）初始化数据库。

在小程序端使用数据库 API 进行增删改查等操作之前，需要首先获取默认云开发环境的数据库引用，代码如下：

```
const db = wx.cloud.database()  //获取默认云开发环境的数据库引用
```

如果实现某个业务需求时，要引用不同云开发环境中的数据库，可以在引用代码中传入一个对象参数，并通过 env 字段指定要使用的开发环境，代码格式如下：

```
var envName = 'test'
const db = wx.cloud.database({
  env: envName                          //envName 取值不同，引用的开发环境不同
})
```

（4）获取数据集合。

在小程序端操作数据库，实际是操作某个数据库集合，操作集合前需要首先获取数据集，代码如下：

```
const msg = db.collection('msg') //db 云开发环境的数据库引用，msg 为集合名称
```

下面也以本章第二节图 8.12 所示的校园通知实现为例，介绍微信小程序云开发数据库的操作方法。图 8.12 所示页面设计代码、获取输入通知标题的 getmsgtitle( )方法代码和获取输入通知内容的 getmsgcontent( )方法代码可以参见 8.2.1 节的内容，不再赘述。下面详细介绍用云开发数据库实现校园通知小程序的步骤。

8.3.1.3

（1）创建数据库集合。

本案例的数据库集合名称为 msg，msg 的字段及数据类型如表 8-7 所示。

表 8-7　msg 数据库集合结构

| 列名称 | 数据类型 | 描　述 | 列名称 | 数据类型 | 描　述 |
|---|---|---|---|---|---|
| _id | String | 编号，自动生成 | msgcontent | String | 通知内容 |
| _openid | String | 操作者编号，自动获得 | msgauthor | String | 通知发布者 |
| msgtitle | String | 通知标题 | msgtime | Date | 通知发布时间 |

出于易用性和安全性的考虑，云开发为云数据库做了小程序深度整合，在小程序中添加的每个数据库集合记录都会带有该记录创建者的信息(即小程序用户的 openid)，并以_openid 字段保存在每个相应用户创建的记录中。同时，不管在小程序端还是在管理端添加的记录，还会自动生成唯一编号，以_id 字段保存在相应记录中。

（2）初始化数据库。

在小程序需要操作数据库 msg 集合的页面逻辑文件中添加以下代码：

```
const db = wx.cloud.database({
  env: 'kyp-b62220a'
})
```

上述代码第 2 行的 env 值（kyp-b62220a）是开通的云开发服务的开发环境名称。

（3）初始化页面数据。

```
data: {
  msgtitle: '',          //通知标题
  msgcontent: '',        //通知内容
  msgauthor: 'admin', //发布者，默认 admin
  msgtime: new Date(),//发布时间
  msgs: []               //通知详细信息(标题、内容、发布时间和发布者)
},
```

（4）发布通知事件——向 msg 集合中添加记录。

将用户输入的通知标题、通知内容、发布时间及发布者（本案例直接使用 admin 作为默认发布者）添加到云开发数据库的 msg 集合中，可以通过调用 Collection.add( )方法向 msg 集合中添加记录。

Collection.add( )方法用于在指定的集合对象上添加记录，方法原型如下：

function add（options: object）：Promise<Result>

options 参数详细说明如表 8-8 所示。

表 8-8 add( )方法 options 参数说明

| 名称 | 类型 | 描 述 |
|---|---|---|
| data | Object | 必填项，用于指定新增记录的字段及对应数据 |
| success | Function | 插入成功回调，回调传入的 res 包含查询结果，res._id 返回新增记录的 ID |
| fail | Function | 插入失败回调 |
| complete | Function | 调用结束回调 |

单击“发布”按钮，向云数据库的 msg 集合插入一条记录的代码如下：

```
insertmsg: function () {
    var that = this
    var msg = db.collection('msg')        //获得 msg 集合对象
    msg.add({
      data: {                              //指定插入记录的字段和相应数据
        msgtitle: that.data.msgtitle,
        msgcontent: that.data.msgcontent,
        msgauthor: 'admin',
        msgtime: new Date()
      },
      success: function (res) {
        console.log(res._id)               //输出新插入记录的 id
        that.data.msgs.push({
          msgtitle: that.data.msgtitle,
          msgcontent: that.data.msgcontent,
          msgauthor: 'admin',
          msgtime: new Date()
        })
        that.setData({
          msgs: that.data.msgs
        })
      },
      fail: function (err) {
        console.log('fail' + err)
      }
    })
  },
```

上述代码第 13~18 行将插入 msg 集合中的记录也存入 msgs 数组中，以便在通知页面上更新显示。

（5）搜索通知事件——从 msg 表中查找记录。

8.3.1.4

根据用户在通知标题输入框中输入的标题进行查找，并将查找结果保存到 msgs 数组中，以便将查询结果中的通知标题（msgtitle）和发布者（msgauthor）显示在通知页面的对应位置，可以通过调用 Collection.where( )方法和 Collection.get( )方法从 msg 集合中查询满足条件的记录。

Collection.where( )方法用于指定筛选条件，方法原型如下：

function where(rule: object)：Query，rule 参数用于指定筛选条件。

Collection.get( )方法用于获取集合记录或获取由 where( )方法指定筛选条件的集合记录，方法原型如下：

function get(options: object)：Promise<Result>

options 参数详细说明如表 8-9 所示。

表 8-9　get( )方法 options 参数说明

| 名　称 | 类　型 | 描　述 |
|---|---|---|
| success | Function | 查询成功回调，回调传入的 res 包含查询结果，res.data 返回 Array 类型的查询结果数组，数组中的每个元素代表一条记录 |
| fail | Function | 查询失败回调 |
| complete | Function | 调用结束回调 |

使用 get( )方法获取集合记录时，如果没有指定 limit( )方法，则默认获取的集合记录最多为前 20 条满足条件的记录；如果没有指定 skip( )方法，则默认从第 0 条记录开始取集合记录，所以 skip( )方法经常用于对满足条件的记录进行分页获取。由于本案例中根据通知标题查询的记录数可能不止 20 条，所以使用 limit( )方法、skip( )方法和 get( )方法分页获取集合记录前，还需要使用 count( )方法对满足查询条件的集合记录进行分页。

Collection.count( )方法用于统计集合记录数或统计由 where( )方法指定筛选条件的集合记录数，但是一个用户只能统计其有读权限的记录数，方法原型如下：

function count(options: object)：Promise<Result>

options 参数详细说明如表 8-10 所示。

表 8-10　count( )方法 options 参数说明

| 名　称 | 类　型 | 描　述 |
|---|---|---|
| success | Function | 统计成功回调，回调传入的 res 包含查询结果，res.total 返回查询结果的集合记录数 |
| fail | Function | 统计失败回调 |
| complete | Function | 调用结束回调 |

Collection.limit( )方法用于指定查询结果集数量上限，方法原型如下：

function limit(max: number)：Collection | Query

max 参数用于定义最大结果集返回数量，上限为 20。

Collection.skip( )方法用于指定查询返回结果时从指定序列后的结果开始返回，方法原型如下。

function skip(offset: number)：Collection | Query

offset 参数用于定义返回结果的开始位置值。

单击“搜索”按钮，从云数据库的 msg 集合中查询指定通知标题集合记录的代码如下：

```
1  findmsg: function () {
2    var that = this
3    var msg = db.collection('msg')  //获取数据库集合
4    var count = 0                   //记录总数
5    var pages = 0                   //页数(每页 20 条记录)
6    var tasks = []                  //存放记录内容
7    msg.where({
8      msgtitle: this.data.msgtitle
9    }).count({
10     success: function (res) {
11       count = res.total                  //返回记录总数
12       pages = Math.ceil(count / 20)  //计算页数
13       for (let i = 0; i < pages; i++) {
14         msg.where({
15           msgtitle: that.data.msgtitle
16         }).skip(i * 20).limit(20).get({
17           success: function (res) {
18             tasks.push.apply(tasks, res.data) //将分页的数组元素合并
19             that.setData({
20               msgs: tasks
21             })
22           }
23         })
24       }
25     },
26     fail: function (err) {
27       console.log(err)
28     }
29   })
30 },
```

上述代码第 7~29 行首先用 count( )方法统计满足条件{msgtitle:this.data.msgtitle}的集合记录数，如果统计成功，回调 success( )方法，并在该方法中根据返回的记录总数和每页 20 条记录计算总页数，然后使用第 13~24 行代码分页取出每一条记录，并使用数组合并的方法更新到 msgs 数组中，以便在页面上显示。

上述代码第 7 行和第 15 行的 where 子句中的{msgtitle:this.data.msgtitle}表示从 msg 集合中查询 msgtitle 字段值为页面上“标题输入框”中输入内容的记录。如果需要同时查询 msgcontent 字段值为“内容输入框”中输入内容的记录，可以用 where({msgtitle:this.data.msgtitle, msgcontent:this.data.msgcontent})代替第 7 行和第 15 行的 where 子句。

如果要查询所有集合记录，将上述代码的第 7~9 行和第 14~16 行的 where 子句删除即可。

另外，集合对象还提供了一个 Collection.doc( )方法，用于获取一个记录引用，方法原型如下：

function doc(id: string | number)：Document

id 参数用于指定要引用的记录 ID，即集合中的_id 字段值。例如，要查询_id 字段值为 XJopbN7E7L4w-Hpm 的记录，可以使用如下代码：

```
db.collection('msg').doc('XJopbN7E7L4w-Hpm').get({
  success:function(res){
    console.log(res.data)
  }
})
```

上述代码第 3 行的 res.data 表示获取的记录引用。

（6）修改通知事件——更新 msg 表中的记录内容。

8.3.1.5

根据用户在“标题输入框”中输入的标题修改对应记录的通知内容，可以通过记录引用对象 document 调用 update( )方法更新 msg 集合中满足条件的记录。

Document.update( )方法用于更新一条记录，方法原型如下：

function update(options: object)：Promise<Result>

options 参数详细说明如表 8-11 所示。

表 8-11　update( )方法 options 参数说明

| 名称 | 类型 | 描　述 |
| --- | --- | --- |
| data | Object | 必填项，用于指定更新指定字段名及对应数据 |
| success | Function | 更新成功回调，回调传入的 res.stats.updated 返回更新的记录数(0 或 1) |
| fail | Function | 更新失败回调 |
| complete | Function | 调用结束回调 |

单击“修改”按钮，从云数据库的 msg 集合中查询指定通知标题集合记录后，对通知内容进行更新的代码如下：

```
1   updatemsg: function() {
2       var that = this
3       db.collection('msg').where({
4         msgtitle: this.data.msgtitle
5       }).get({
6         success: function(res)                          //查询成功就更新
7           for (var i = 0; i < res.data.length; i++) {
8             db.collection('msg').doc(res.data[i]. id).update({//根据查询记
                                                               //录的 id 更新
9             data: {
10              msgcontent: that.data.msgcontent
11            },
12            success(res) {
13              console.log(res.stats.update)          //返回更新成功的记录数
14            },
15            fail(err) {
16              console.log(err)
17            }
18          })
19        }
20      },
21      fail: function(err) {
22        console.log("fail" + err)
23      }
24    })
25  },
```

上述代码第 3~24 行首先用 where( )和 get( )方法查询出满足条件的集合记录，如果查询成功，回调 success( )方法，然后在该方法中根据查询结果返回记录的_id 值调用 update( )方法进行更新。第 9~11 行代码用来指定更新记录的字段和字段值。

（7）删除通知事件——从 msg 表中删除记录。

根据用户在通知“标题输入框”中输入的标题删除对应记录，可以通过记录引用对象 document 调用 remove( )方法删除 msg 集合中满足条件的记录。

Document. remove ( )方法用于删除一条记录，方法原型如下：

function remove(options: object)：Promise<Result>

options 参数详细说明如表 8-12 所示。

表 8-12 remove( )方法 options 参数说明

| 名称 | 类型 | 描　述 |
|---|---|---|
| success | Function | 删除成功回调，回调传入的 res.stats.removed 返回删除的记录数（0 或 1） |
| fail | Function | 更新失败回调 |
| complete | Function | 调用结束回调 |

单击“删除”按钮，从云数据库的 msg 集合中查询指定通知标题集合记录后，根据相应记录的_id 删除记录的代码如下：

```
1  deletemsg: function() {
2      var that = this
3      db.collection('msg').where({
4        msgtitle: this.data.msgtitle
5      }).get({
6        success: function(res)
7          for (var i = 0; i < res.data.length; i++) {
8           db.collection('msg').doc(res.data[i]._id).remove({
9             success: function(res) {
10               console.log(res.stats.removed)
11            },
12            fail: function(res) {
13              wx.showModal({
14                title: '提示',
15                content: '你要删除内容不存在！',
16              })
17            }
18          })
19        }
20      },
21      fail: function(err) {
22        console.log("fail" + err)
23      }
24    })
25  },
```

上述代码第 3~24 行首先用 where( )和 get( )方法查询出满足条件的集合记录，如果查询成功，回调 success( )方法，然后在该方法中根据查询结果返回记录的_id 值调用 remove( )方法删除记录。

## 5 云存储

8.3.1.6

小程序云开发提供了一系列存储操作 API，可以将本地资源上传至云存储空间、从云存储空间下载文件、删除云存储空间文件和获取用云文件 ID 的真实链接等。

（1）wx.cloud.uploadFile(Object object)：将本地资源上传至云存储空间。如果上传至同一路径，则覆盖写入。object 参数及功能说明如表 8-13 所示。

表 8-13 object 参数及功能说明

| 属　性 | 类型 | 功　能 |
|---|---|---|
| cloudPath | String | 上传后的文件资源在云存储空间的路径（文件名），必填 |
| filePath | String | 待上传文件资源的路径，必填 |
| header | Object | HTTP 请求 Header，header 中不能设置 Referer |

续表

| 属　　性 | 类型 | 功　　能 |
|---|---|---|
| config | Object | 配置云存储环境，env 使用的环境 ID，填写后忽略 init 指定的环境 |
| success | Object | 成功回调函数 |
| fail | Object | 失败回调函数 |
| complete | Object | 结束回调函数 |

success(res)回调函数的 res.fileID 返回上传至云存储空间的访问路径、res.statusCode 返回服务器返回的 HTTP 状态码、res.errMsg 返回错误信息。fail(res)回调函数的 res. errCode 返回错误码、res.errMsg 返回信息（成功返回 uploadFile:ok，失败返回失败原因）。因此从本地选择文件上传至云存储空间的代码如下：

```
1    var pwsrc=''                                    //云存储空间的文件 ID
2    wx.chooseImage({
3      success(res) {
4        wx.showLoading({
5          title: '正在上传中',
6        })
7        var filePath = res.tempFilePaths[0]
8        var name = parseInt(Math.random() * 1000000)
9        var cloudPath = name + filePath.match(/\.[^.]+?$/)[0]
10        wx.cloud.uploadFile({
11          cloudPath: cloudPath,                    //存储到云存储空间的文件名
12          filePath: filePath,                      //本地资源文件路径
13          config: { env: 'kyp-b6580a'},            //配置云存储环境
14          success: function (res) {
15            wx.hideLoading()
16              pwsrc = res.fileID                   //返回文件在云存储空间的路径
17          },
18        })
19      }
20    })
```

上述第 8 行代码表示取一个随机整数作为主文件名 name、第 9 行代码表示将 name 与用正则表达式取得的后缀名组合成存储到云存储空间的文件名称，也可以在文件名称前添加上传到云存储空间的路径。

（2）wx.cloud.downloadFile(Object object)：从云存储空间下载文件。object 参数及功能说明如表 8-14 所示。

表 8-14　object 参数及功能说明

| 属　　性 | 类　型 | 功　　能 |
|---|---|---|
| fileID | String | 待下载的云存储空间文件 ID，必填 |
| config | Object | 配置云存储环境，env 使用的环境 ID，填写后忽略 init 指定的环境 |
| success | Object | 成功回调函数 |
| fail | Object | 失败回调函数 |
| complete | Object | 结束回调函数 |

success(res)回调函数的 res.tempFilePath 返回临时文件路径、res.statusCode 返回服务器返回的 HTTP 状态码、res.errMsg 返回信息（成功返回 downloadFile:ok，失败返回失败原因）。fail(res) 回调函数的 res. errCode 返回错误码、res.errMsg 返回错误信息。因此从云存储空间

下载文件到本地的代码如下：

```
var tpath = ''                                //下载到本地的临时文件路径
wx.cloud.downloadFile({
  fileID: 'cloud://kyp-b6580a.6b79-kyp-b6580a-1258886906/644270.jpg',
  success: res => {
    var tpath = res.tempFilePath      //返回下载到本地的临时文件路径
  },
})
```

（3）wx.cloud.getTempFileURL(Object object)：用云文件 ID 换取真实链接，可自定义有效期，默认一天且最大不超过一天。一次最多取 50 个。object 参数及功能说明如表 8-15 所示。

表 8-15　object 参数及功能说明

| 属　性 | 类型 | 功　能 |
| --- | --- | --- |
| fileList | String[] | 要换取临时链接的云文件 ID 列表，必填 |
| config | Object | 配置云存储环境，env 使用的环境 ID，填写后忽略 init 指定的环境 |
| success | Object | 成功回调函数，success |
| fail | Object | 失败回调函数 |
| complete | Object | 结束回调函数 |

success(res) 回调函数的 res.fileList 返回文件列表数组，每个数组元素为 Object 类型，功能说明如表 8-16 所示。fail(res) 回调函数的 res. errCode 返回错误码、res.errMsg 返回错误信息。因此云文件 ID 换取临时链接的代码如下。

表 8-16　object 参数及功能说明

| 属　性 | 类型 | 功　能 |
| --- | --- | --- |
| fileID | String | 云文件 ID 列表 |
| tempFileURL | String | 临时文件路径 |
| status | Number | 状态码，0 表示成功 |
| maxAge | Number | 有效期（默认 86400，即 24 小时） |
| errMsg | String | 返回信息（成功返回 ok，失败返回失败原因） |

```
wx.cloud.getTempFileURL({
  fileList: ['cloud://kyp-b6580a.6b79-kyp-b6580a-1258886906/644270.jpg',
  'cloud://kyp-b6580a.6b79-kyp-b6580a-1258886906/644271.jpg'],
  config: { env: 'kyp-b6580a' },
  success: res => {
    console.log(res.fileList)
  },
})
```

运行上述代码后，控制台的输出结果如图 8.28 所示。

（4）wx.cloud.deleteFile（Object object）：从云存储空间删除文件，一次最多 50 个。object 参数及功能说明如表 8-17 所示。

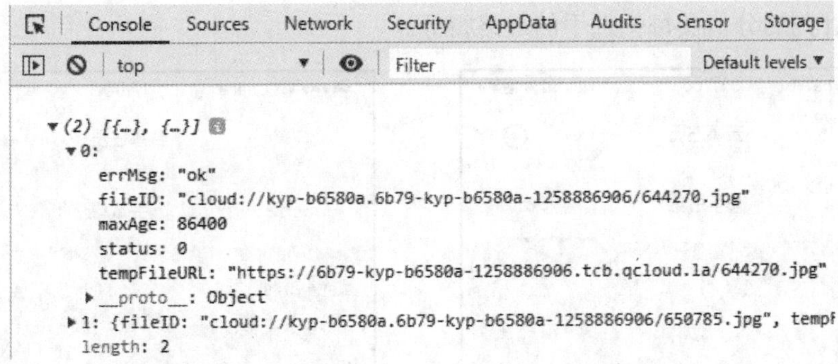


图 8.28　云文件 ID 换取链接的控制台输出结果

表 8-17　object 参数及功能说明

| 属　性 | 类　型 | 功　能 |
|---|---|---|
| fileList | String[] | 要删除的云文件 ID 列表，必填 |
| config | Object | 配置云存储环境，env 使用的环境 ID，填写后忽略 init 指定的环境 |
| success | Object | 成功回调函数，success |
| fail | Object | 失败回调函数 |
| complete | Object | 结束回调函数 |

success(res)回调函数的 res.fileList 返回文件列表数组，每个数组元素为 Object 类型，功能说明如表 8-18 所示。

表 8-18　object 参数及功能说明

| 属　性 | 类　型 | 功　能 |
|---|---|---|
| fileID | String | 云文件 ID 列表 |
| status | Number | 状态码，0 表示成功 |
| errMsg | String | 返回信息（成功：ok，失败：失败原因） |

因此云文件 ID 换取临时链接的代码如下：

```
wx.cloud.deleteFile({
  fileList: ['cloud://kyp-b6580a.6b79-kyp-b6580a-1258886906/644270.jpg',
'cloud://kyp-b6580a.6b79-kyp-b6580a-1258886906/644271.jpg'],
  config: { env: 'kyp-b6580a' },
  success: res => {
    console.log(res.fileList)
  },
})
```

## 8.3.2　竞赛打分系统的实现

8.3.2.1

竞赛打分系统一共包含管理员页面（图 8.29、图 8.30），评委打分页面（图 8.31）和选手成绩页面（图 8.32），它们均需要以 tabBar 的形式展示。

管理员页面用于对赛事情况进行注册，输入“评委人数”后，单击“添加评委信息”，图 8.29 所示页面的下方会显示图 8.30 所示的评委信息登记表单；评委打分页面用于评委给选手打分，评委可以在页面上分别选择赛事名称、选手姓名和评委姓名后，输入得分并提交；选手成绩页面用于展示各位选手的成绩情况，选择赛事名称后，页面上会依次显示每位评委为每位选手评判的分值及每位选手的最终得分。

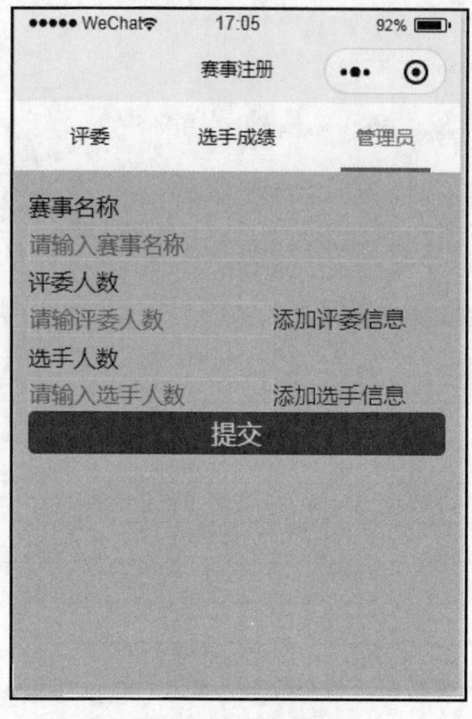


图 8.29 管理员页面（1）

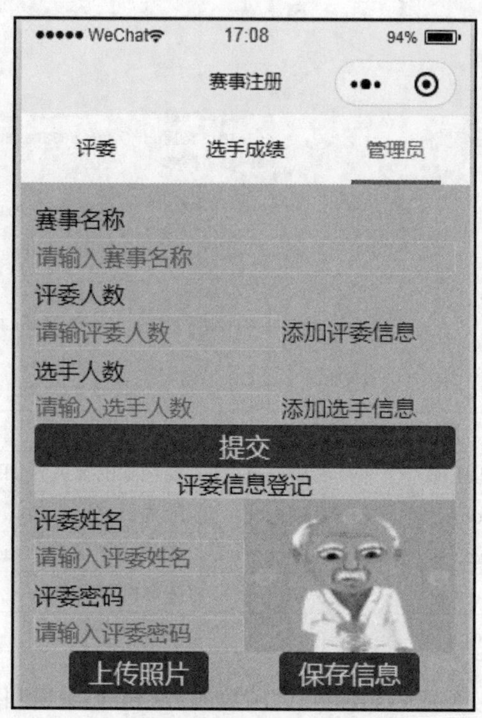


图 8.30 管理员页面（2）

图 8.31 评委打分页面

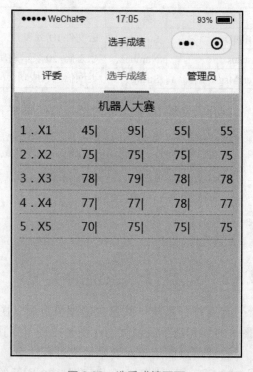

●●●●● WeChat 17:05 93%

选手成绩

评委 选手成绩 管理员

机器人大赛

| | | | | |
|---|---|---|---|---|
| 1 . X1 | 45\| | 95\| | 55\| | 55 |
| 2 . X2 | 75\| | 75\| | 75\| | 75 |
| 3 . X3 | 78\| | 79\| | 78\| | 78 |
| 4 . X4 | 77\| | 77\| | 78\| | 77 |
| 5 . X5 | 70\| | 75\| | 75\| | 75 |

图 8.32 选手成绩页面

 项目创建

直接使用云开发模板创建小程序项目后，依据打分系统功能的需求，在 pages 文件夹下

创建 3 个文件夹，分别存放管理员页面（register）、评委打分页面（home）和选手成绩页面（result）。

### 2 tabBar 底部标签的设计

修改 app.json 全局配置文件，详细代码如下：

```
"tabBar": {
  "position":"top",
  "list": [{
    "pagePath": "pages/home/home",
    "text": "评委"
  },{
    "pagePath": "pages/result/result",
    "text": "选手成绩"
  },{
     "pagePath": "pages/register/register",
     "text": "管理员"
   }]
 },
```

### 3 开通云开发服务并创建环境

创建云开发小程序后，在开发者工具的工具栏单击“云开发”按钮，即可打开云开发控制台，并根据提示开通云开发服务。然后单击云开发控制台工具的“设置”按钮，创建环境，本项目案例创建的环境名为 kyp，环境 ID 为 kyp-b6580a。

### 4 数据库集合

在 kyp 环境下创建 ssxx 数据库集合，该数据库集合结构如表 8-19 所示，每一个记录代表一个赛事信息。

表 8-19　ssxx 数据库集合结构

<table>
<tr><th>列名称</th><th>数据类型</th><th>描　述</th><th colspan="3">其　他</th></tr>
<tr><td>_id</td><td>String</td><td>编号，自动生成</td><td colspan="3" rowspan="3"></td></tr>
<tr><td>_openid</td><td>String</td><td>操作者编号，自动获得</td></tr>
<tr><td>ssname</td><td>String</td><td>赛事名称</td></tr>
<tr><td rowspan="4">sspwinfo</td><td rowspan="4">Object[]</td><td rowspan="4">评委信息</td><td>属性</td><td>数据类型</td><td>说明</td></tr>
<tr><td>pwname</td><td>String</td><td>评委姓名</td></tr>
<tr><td>pwpwd</td><td>String</td><td>评委登录密码</td></tr>
<tr><td>pwsrc</td><td>String</td><td>照片云文件 ID</td></tr>
<tr><td rowspan="4">ssxsinfo</td><td rowspan="4">Object[]</td><td rowspan="4">选手信息</td><td>xsname</td><td>String</td><td>选手姓名</td></tr>
<tr><td>xsentry</td><td>String</td><td>选手作品</td></tr>
<tr><td>xssrc</td><td>String</td><td>照片云文件 ID</td></tr>
<tr><td>score</td><td>String[ ]</td><td>各评委打分值</td></tr>
</table>

每个赛事均包含赛事名称、评委信息和选手信息等内容。由于参加该项赛事的评委、选手的人数不固定，包含的信息并不单一，所以将评委信息和选手信息的数据类型设定为 Object[]数组类型，评委和选手的照片在管理员进行赛事注册时上传到云存储空间，然后将云存储空间地址保存到数据库集合中。某项赛事（某条记录）的 JSON 格式数据如图 8.33 所示。

```
"_id": "face13585d3ebee405a9d510483e80f2"
"_openid": "oS7865MY7DefJAqIB4vUzYab096g"
"ssname": "机器人大赛"
▼ "sspwinfo": ...
  ▼ 0: ...
      "pwname": "P1"
      "pwpwd": "P1"
      "pwsrc": "cloud://kyp-b6580a.6b79-kyp-b6580a-1258886906/644270.jpg"
  ▶ 1: {"pwname":"P2","pwpwd":"P2","pwsrc":"cloud://kyp-b6580a....}
  ▶ 2: {"pwname":"P3","pwpwd":"P3","pwsrc":"cloud://kyp-b6580a....}
▼ "ssxsinfo": ...
  ▼ 0: ...
    ▶ "score": ["45","95","55"]
      "xsentry": "X1"
      "xsname": "X1"
      "xssrc": "cloud://kyp-b6580a.6b79-kyp-b6580a-1258886906/660651.png"
  ▶ 1: {"score":["75","75","75"],"xsentry":"X2","xsname":"X2","...}
  ▶ 2: {"score":["78","79","78"],"xsentry":"X3","xsname":"X3","...}
```

图 8.33　某赛事记录 JSON 格式数据

## 5 管理员页面的设计与实现

（1）管理员界面设计。

8.3.2.2

从图 8.30 可以看出，整个页面分成上下两个部分，上半部分用于输入赛事的基本情况（赛事名称、评委人数和选手人数），下半部分由管理员单击“添加评委信息”或“添加选手信息”后展示“评委信息登记”或“选手信息登记”表单。

① 页面结构文件代码。

```
<view class="taskpage">
  <!--赛事情况-->
  <view class='rowline'>赛事名称</view>
  <input bindblur="snameInput" placeholder="请输入赛事名称" />
  <view class='rowline'> 评委人数</view>
  <view style='display:flex'>
    <input bindblur="spwInput" placeholder="请输评委人数" />
    <view style="color:red" bindtap="addPw">添加评委信息</view>
  </view>
  <view class='rowline'>选手人数</view>
  <view style='display:flex'>
    <input bindblur="sxsInput" placeholder="请输入选手人数" />
    <view style="color:red" bindtap="addXs">添加选手信息</view>
  </view>
  <button style="width:100%" bindtap="btnSubmit">提交</button>
  <!--评委信息-->
  <form bindsubmit="formPwSubmit" bindreset="formReset">
    <view style="display:{{isPw}}">
      <view class="title">评委信息登记</view>
      <view style='display:flex'>
        <view class="pwinfo">
          <view class='rowline'>评委姓名</view>
          <input name="pwname" placeholder="请输入评委姓名" />
          <view class='rowline'>评委密码</view>
          <input name="pwpwd" placeholder="请输入评委密码" />
```

```
26          </view>
27          <image src="{{pwsrc}}"></image>
28        </view>
29        <view style="display:flex">
30          <button bindtap="uppwPic">上传照片</button>
31          <button form-type="submit">保存信息</button>
32        </view>
33      </view>
34    </form>
35    <!--选手信息表单与评委信息表单类型，此处略-->
36  </view>
```

上述第 3~15 行代码实现赛事情况登录界面，其中第 8 行代码绑定的 addPw( )方法用于确定评委信息登记界面的显示或不显示，评委信息登记界面由第 17~34 行代码实现。选手信息登记界面与评委信息登记界面类似，不再赘述。读者可以参阅代码包 lesson8_pfxt 文件夹中的内容。

② 页面样式文件代码。

```
page {
  background: #d5d3b3;
}
.taskpage {
  display: flex;
  flex-direction: column;
}
.rowline {
  padding-top: 10rpx;
  padding-bottom: 10rpx;
  color: blue;
}
input {
  border: 2rpx solid gainsboro;
}
.title {
  background: #dbe5b3;
  width: 100%;
  text-align: center;
}
button {
  background: green;
  color: yellow;
  line-height: 30px;
}
.pwinfo {
  display: flex;
  flex-direction: column;
  height: 250rpx;
  width: 50%;
}
image {
  width: 50%;
  height: 250rpx;
}
```

（2）管理员页面功能实现。

8.3.2.3.1

管理员在页面上输入赛事名称、评委人数和选手人数后，单击“添加评委信息”，在页面下方可以输入评委姓名、评委密码和上传照片，上传成功后的照片可以显示在页面的 image 组件上，单击“保存信息”按钮后，将当前输入的评委信息保存在 pwall 数组中。单击“添加选手信息”，在页面的下方可以输入选手姓名、参赛作品和上传照片，单击“保存信息”按钮后，将当前输入的选手信息保存在 xsall 数组中。由于需要在该页面全局使用云开发环境 kyp-b6580a 及当前保存的评委数 i 和选手数 j，所以需要定义 db、i 和 j 为页面全局变量，代码如下：

```
const db = wx.cloud.database({
  env: 'kyp-b6580a'
})
var i = 0   //当前添加的评委人数
var j = 0   //当前添加的选手人数初始化数据
```

① 初始化数据。

```
data: {
  isPw: 'none',                                //控制评委信息登记表单
  isXs: 'none',                                //控制选手信息登记表单
  sname: '',                                   //赛事名称
  spw: 0,                                      //评委人数
  sxs: 0,                                      //选手人数
  pwall: [],                                   //评委信息数组
  xsall: [],                                   //选手信息数组
  pwscore: [],                                 //默认评委打分均为 0
   pwsrc: '../../images/code-func-sum.png', //默认评委照片
   xssrc: '../../images/code-func-sum.png'  //默认选手照片
 },
```

② 赛事名称输入框失去焦点事件。

```
snameInput: function (e) {
  this.setData({
    sname: e.detail.value      //赛事名称
  })
},
```

评委人数输入框失去焦点事件 spwInput( )和选手人数输入框失去焦点事件 sxsInput( )的实现代码与上述代码类似，不再赘述。读者可以参阅代码包 lesson8_pfxt 文件夹中的内容。

③ 单击添加评委信息事件。

单击“添加评委信息”后，如果当前页面的评委信息登记表单没有显示，则显示，并且选手信息登记表单不显示；如果当前页面的评委信息登记表单已显示，则不显示。

```
addPw: function () {
    if (this.data.isPw == 'none') {
      this.setData({
        isPw: 'block',
        isXs: 'none'
      })
    } else {
      this.setData({
        isPw: 'none'
      })
    }
  },
```

单击添加选手信息事件 addXs( )的实现代码与上述代码类似，不再赘述。读者可以参阅

代码包 lesson8_pfxt 文件夹中的内容。

④ 上传照片按钮事件（评委信息登记表单）。

单击评委信息登记表单上的“上传照片”按钮后，可以从相册或相机选择照片上传到云存储空间。

```
1   uppwPic: function (e) {
2     var that = this
3     wx.chooseImage({
4       success(res) {
5         wx.showLoading({                              //显示上传中提示信息
6           title: '上传中',
7         })
8         var filePath = res.tempFilePaths[0]    //取出选择待传文件路径
9         var name = parseInt(Math.random() * 1000000)
10         var cloudPath = name + filePath.match(/\.[^.]+?$/)[0]
11         wx.cloud.uploadFile({
12           cloudPath: cloudPath,                      //存储到云存储空间的文件名
13           filePath: filePath,                        //本地资源文件路径
14           config: { env: 'kyp-b6580a' },
15           success: function (res) {
16             wx.hideLoading()                         //隐藏上传中提示信息
17             that.setData({
18               pwsrc: res.fileID                      //返回文件在云存储空间的路径
19             })
20           }
21         })
22       }
23     })
24   },
```

上述第 11~21 行代码调用 wx.cloud.uploadFile( )方法，将从相册或相机选择的文件上传到云存储空间，并将存放在云存储空间的访问路径 res.fileID 返回给页面上 image 组件的 src 属性变量 pwsrc，以便在页面上显示当前选择的照片。选手信息登记表单上的“上传照片”按钮事件 upxsPic( )的实现与上述代码类似，不再赘述。读者可以参阅代码包 lesson8_pfxt 文件夹中的内容。

⑤ 保存信息按钮事件（评委信息登记表单）。

单击评委信息登记表单上的“保存信息”按钮后，首先判断当前保存的评委人数是否已经达到在赛事信息登记中输入的人数，如果达到，则提示“评委人数已满!”，否则将输入的表单信息保存到评委信息数组 pwall 中。

```
1   formPwSubmit: function (e) {
2     if (i < this.data.spw) {
3       var pwinfo = e.detail.value         //获取表示信息
4       pwinfo.pwsrc = this.data.pwsrc     //照片 fileID
5       this.data.pwall.push(pwinfo)
6       i++
7     } else {
8       console.log('评委人数已满! ')
9     }
10  },
```

8.3.2.3.2

上述第 4 行代码表示将当前评委的照片在云存储空间 fileID 加入评委信息中。

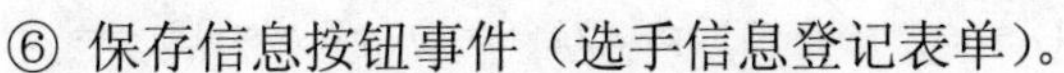

⑥ 保存信息按钮事件（选手信息登记表单）。

单击选手信息登记表单上的“保存信息”按钮后，首先判断当前保存的选手人数是否已经达到在赛事信息登记中输入的人数，如果达到，则提示“选手人数已满!”，否则将输入的表单信息保存到选手信息数组 xsall 中。

```
1   formXsSubmit: function (e) {
2     this.setData({
3       pwscore: []                              //添加选手时，将评委打分数组清空
4     })
5     if (j < this.data.sxs) {
6       var xsinfo = e.detail.value            //选手表单内容【姓名，参赛作品】
7       xsinfo.xssrc = this.data.xssrc         //照片 fileID
8       for (var m = 0; m < this.data.spw; m++) {
9         this.data.pwscore.push(0)
10      }
11       xsinfo.score = this.data.pwscore      //默认评委打分为 0
12       this.data.xsall.push(xsinfo)
13       j++
14     } else {
15       console.log('选手人数已满！')
16     }
17   },
```

由于每位选手信息中需要增加每位评委的打分值，所以上述第 8~10 行代码根据评委人数将评委打分的数组 pwscore 置为 0，然后将置为 0 的 pwsocre 数组加入选手信息中。

⑦ 自定义向数据库集合 ssxx 中添加赛事记录方法。

```
insertssxx: function () {
    var that = this
    var ssxx = db.collection('ssxx')
    ssxx.add({
      data: {
        ssname: that.data.sname,  //赛事名称
        sspwinfo: that.data.pwall,//评委信息
        ssxsinfo: that.data.xsall,//选手信息
      },
      success: function (res) {
        console.log('赛事注册完成！', res._id)
      },
      fail: function (err) {
        console.log('赛事注册失败！', err)
      }
    })
  },
```

⑧ 提交按钮事件。

在赛事信息、评委信息、选手信息都输入完成后，单击管理员页面的“提交”按钮，就可以调用自定义向数据库集合 ssxx 中添加赛事记录的 insertssxx( )方法，将所有信息保存到云数据库集合中。

```
btnSubmit: function (e) {
  var sname = this.data.sname
  var spw = this.data.spw
  var sxs = this.data.sxs
  var pwall = this.data.pwall.length
  var xsall = this.data.xsall.length
  if (sname == '' || spw == 0 || sxs == 0 || pwall == 0 || xsall == 0) {
```

```
    wx.showToast({
      title: '赛事信息不完整！',
       icon: "none"
     })
     return
   }
   this.insertssxx()//插入完整信息
 },
```

## 6 评委打分页面的设计与实现

（1）评委打分界面设计。

8.3.2.4

从图 8.31 可以看出，选择赛事名称、选手姓名和评委姓名，需要使用 picker 和 input 组件组合实现，输入选手得分使用 textarea 组件，提交按钮使用 button 组件。

页面结构文件代码如下。

```
<view class="taskpage">
  <form bindsubmit="formSubmit">
    <picker bindchange='pickSsname' mode='selector' range-key='ssname' range='{{ssxxs}}' value='{{ssindex}}'>
      <input class="rowline" placeholder="单击选择赛事名称" value= '{{ssxxs[ssindex].ssname}}' name="ssname" />
    </picker>
    <picker bindchange='pickXsname' mode='selector' range-key='xsname' range='{{xsnames}}' value='{{xsindex}}'>
      <input class="rowline" placeholder="单击选择选手姓名" value= '{{xsnames[xsindex].xsname}}' name="xsname" />
    </picker>
    <picker bindchange='pickPwname' mode='selector' range-key='pwname' range='{{pwnames}}' value='{{pwindex}}'>
      <input class="rowline" placeholder="单击选择评委姓名" value= '{{pwnames[pwindex].pwname}}' name="pwname" />
    </picker>
    <textarea class="rowline" name ='pwmark' placeholder="输入选手得分"></textarea>
    <button form-type="submit">提交</button>
  </form>
</view>
```

页面样式文件代码与管理员页面样式文件代码一样，不再赘述。读者可以参阅代码包 lesson8_pfxt 文件夹中的内容。

（2）评委评分页面功能实现。

8.3.2.5

单击赛事名称、选手姓名输入框和评委姓名输入框后，会分别在页面的底部弹出滚动选择器，在滚动选择器选择合适的选项，并在“输入选手得分”处输入得分后，单击“提交”按钮更新当前赛事信息记录。由于需要在该页面全局使用云开发环境 kyp-b6580a，所以需要定义 db 为页面全局变量，实现代码与管理员页面实现代码类似。

① 初始化数据。

```
data: {
  ssxxs: [],  //赛事信息
  ssindex: 0, //赛事数组下标
  xsnames: [],//选手数组
```

```
  xsindex: 0, //选手数组下标
  pwnames: [],//评委数组
  pwindex: 0, //评委数组下标
},
```

② 监听页面显示事件。

在评委评分页面显示时，首先需要从云数据库集合 ssxx 中读取全部已注册的赛事信息，并将其保存到本地的 ssxxs 数组中。

```
1  onShow: function () {
2      var that = this
3      db.collection('ssxx').where({  })
4        .get({
5          success: function (res) {
6            that.setData({
7              ssxxs: res.data
8            })
9          },
10         fail: function (res) {
11           var code = res.errCode
12           if (code == -1) {
13             wx.showToast({
14               title: '网络没有连接？！',
15               duration: 2000,
16               icon: 'none'
17             })
18           }
19         }
20       })
21   },
```

上述第 3~20 行代码表示从 ssxx 数据库集合中取出赛事信息记录，如果取出成功，则将赛事信息记录保存在 ssxxs 中，否则提示出错信息。其中第 3 行的 where({ }) 子句没有写任何筛选条件，表示取出 ssxx 数据库集合中的全部记录。

③ 赛事名称选择事件。

评委选择赛事名称后，从该赛事记录中获取选手信息属性 ssxsinfo 和评委信息属性 sspwinfo，并更新到评委评分页面绑定的数组变量 xsnames 和 pwnames 数组变量。

```
pickSsname: function (e) {
    this.setData({
     ssindex: e.detail.value,                              //更新当前赛事信息下标
     xsnames: this.data.ssxxs[e.detail.value].ssxsinfo, //更新选手姓名选择器信息
     pwnames: this.data.ssxxs[e.detail.value].sspwinfo //更新评委姓名选择器信息
    })
},
```

选手姓名选择事件 pickXsname( )只要更新当前选手信息下标 xsindex、评委姓名事件 pickPwname( )只要更新当前评委信息下标 pwindex，其实现代码与赛事名称选择事件类似，不再赘述。读者可以参阅代码包 lesson8_pfxt 文件夹中的内容。

④ 自定义更新指定赛事记录方法。

```
updatemsg: function (_id, info) {
  db.collection('ssxx').doc(_id).update({
    data: {
```

```
      ssxsinfo: info
    },
    success(res) {
      console.log('评分成功', res)
    },
    fail(err) {
       console.log('评分失败', err)
     }
   })
 },
```

updatemsg( )方法根据需要更新的赛事记录_id 和选手信息 info 更新该记录的 ssxsinfo 字段。

⑤ 提交按钮事件。

在赛事名称、评委姓名、选手姓名和得分选择输入完成后，单击评委评分页面的“提交”按钮，就可以调用自定义更新赛事记录的 updatemsg( )方法，将所有指定的选手信息更新到云数据库集合对应的记录中。

```
formSubmit: function (e) {
    var pfinfo = e.detail.value      //取出表单提交值
    var that = this
    var i1 = this.data.ssindex       //赛事下标
    var i2 = this.data.xsindex       //选手下标
    var i3 = this.data.pwindex       //评委下标
    //将某赛事的 ssxsinfo(选手信息)取出
    var ssxsinfo = this.data.ssxxs[i1].ssxsinfo
    //将某评委为某选手的打分值保存到该选手对应的得分数组 score 中
    ssxsinfo[i2].score[i3] = pfinfo.pwmark
    var _id = this.data.ssxxs[i1]._id //从赛事信息 i1 下标的数组中取出_id
    this.updatemsg(_id, ssxsinfo)      //根据_id 更新记录内容
  },
```

## 7 选手成绩页面的设计与实现

（1）选手成绩界面设计。

从图 8.32 可以看出，选择赛事名称使用 picker 和 input 组件组合实现，每位选手姓名、最终得分及每位评委的打分需要使用 wx:for 列表渲染的嵌套实现

8.3.2.6

① 页面结构文件代码。

```
<view class='clocklist'>
  <picker bindchange='pickSsname' mode='selector' range-key='ssname' range='{{ssxxs}}' value='{{ssindex}}'>
      <input class="rowline" placeholder="单击选择赛事名称" value='{{ssxxs[ssindex].ssname}}' name="ssname" />
  </picker>
  <scroll-view scroll-y style='height:90%'>
    <view wx:for='{{xsnames}}' wx:for-index="i" wx:for-item="iitem">
      <view id='{{i}}'   class='item'>{{i+1}}. {{iitem.xsname}}
       <view wx:for='{{pwnames}}' wx:for-index="j" wx:for-item= "jitem" >
          <view>{{iitem.score[j]}}|</view>
       </view>
       <view>{{iitem.score[index]}}</view>
      </view>
    </view>
  </scroll-view>
</view>
```

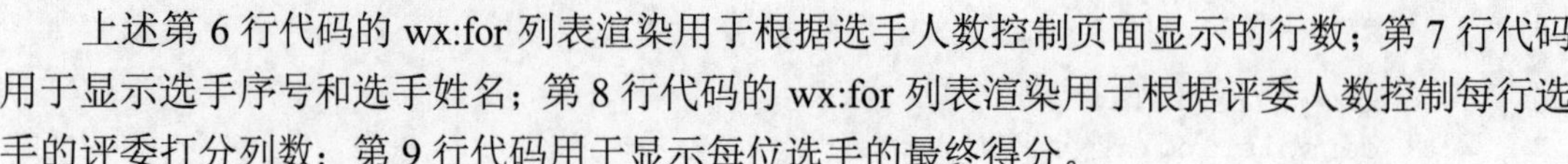

上述第 6 行代码的 wx:for 列表渲染用于根据选手人数控制页面显示的行数；第 7 行代码用于显示选手序号和选手姓名；第 8 行代码的 wx:for 列表渲染用于根据评委人数控制每行选手的评委打分列数；第 9 行代码用于显示每位选手的最终得分。

② 页面样式文件代码。

```
page {
  background: #D5D3B3;
}
.clocklist {
  padding-left: 20rpx;
  padding-right: 20rpx;
}
.rowline {
  padding-top: 15rpx;
  padding-bottom: 15rpx;
}
input {
  text-align: center;
  border: 2rpx solid gainsboro;
}
.item {
  display: flex;
  justify-content: space-between;
  align-items: center;
  padding-top: 15rpx;
  padding-bottom: 15rpx;
  border-bottom: 2rpx dotted grey;
}
```

（2）选手成绩页面功能实现。

8.3.2.7

选手成绩页面显示时，与评委打分页面一样，首先需要从云数据库集合 ssxx 中读取全部已注册的赛事信息，并将其保存到本地的 ssxxs 数组中，该处理过程与评委打分页面完全一样；然后将赛事名称绑定到页面的 picker 组件上，最后根据用户选择的赛事名称计算出每位选手的最终得分，并显示在选手成绩页面上。由于需要在该页面全局使用云开发环境 kyp-b6580a，所以需要定义 db 为页面全局变量，实现代码与管理员页面实现代码类似。

① 初始化数据。

```
data: {
  ssxxs: [],    //赛事信息
  ssindex: 0,   //赛事数组下标
  xsnames: [],  //选手数组
  pwnames: [],  //评委数组
  index:0,      //选手得分下标
},
```

② 赛事名称选择事件。

单击赛事名称输入框时，在页面底部显示选择滚动器，在滚动器选择需要查看的赛事名称，就可以在页面上显示该赛事选手的相关成绩。

```
pickSsname: function (e) {
    var i = e.detail.value
    var xsnames = this.data.ssxxs[i].ssxsinfo   //取出当前赛事的选手信息
    var pwnames = this.data.ssxxs[i].sspwinfo   //取出当前赛事的评委信息
```

```
5      for (var i = 0; i < xsnames.length; i++) {         //按照选手人数外循环
6        var  sum =0
7        for (var j = 0; j < pwnames.length; j++) {       //按照评委人数内循环
8          sum = sum +parseFloat(xsnames[i].score[j])     //计算每位选手总分
9        }
10       var max = Math.min.apply(null, xsnames[i].score)//最高分
11       var min = Math.max.apply(null, xsnames[i].score)//最低分
12       sum = sum - max -min                              //去掉最高分和最低分
13       var temp = sum / (pwnames.length - 2)             //求出平均值
14       xsnames[i].score.push(temp)                       //将得分加入 score 数组
15     }
16     this.setData({
17       index:pwnames.length,                             //选手最后得分下标
18       ssindex:e.detail.value,
19       xsnames:xsnames,
20       pwnames:pwnames
21     })
22   },
```

上述第 7~9 行代码求出每位评委给每位选手的打分值总和；第 10~11 行代码分别调用 JavaScript 语言中从数组中取得最大值、最小值的函数，求出每位评委给每位选手打分值的最高分和最低分；第 12~13 行代码表示去掉一个最高分和一个最低分，求出该选手的最终得分（本项目案例的最终得分用平均分表示），然后将最终得分追加入选手信息数组的 score 属性中，以便在页面的最后一列显示该选手的最终得分。

到此，竞赛打分系统小程序已经基本实现，但功能上还可以进一步扩展，比如本案例项目实现的评分是去掉一个最高分和一个最低分求得平均值，读者可以在选手成绩页面增加可供用户选择的评分选项，进一步提高打分系统小程序的灵活性。

## 8.4　天气预报系统的设计与实现

随着手机、平板电脑等移动设备的普及，用户对应用 App 的需求也在不断增加。传统的天气预报在时效性、功能性上已无法满足公众的需求，各种天气预报应用 App 应运而生。“互联网+”时代的来临，天气与农业、天气与交通等的结合，也给天气预报 App 带来一场革新。本节基于微信平台开发设计一款可以满足用户需求、方便快捷、功能完善的城市天气预报小程序。

8.4.1.1

### 8.4.1　预备知识

#### 1　服务器域名配置

微信小程序是前端框架，在实际应用开发中，绝大多数小程序都需要与后台服务器进行交互，也就是要向后台服务器发起网络请求。但是小程序必须使用 HTTPS 协议（wx.request、wx.uploadFile、wx.downloadFile）和 WSS 协议（wx.connectSocket）发起网络请求，请求时系统会对服务器域名使用的 HTTPS 证书进行校验，如果检验失败，则请求不能成功。由于系统限制，不同平台对证书要求的严格程度不同，为了保证小程序的兼容性，开发者应按照最高标准进行证书配置。

每个微信小程序只可以跟指定域名的服务器进行网络通信，所以在开发具有网络访问功能的小程序时，都需要登录小程序后台进行服务器域名配置，配置流程如图 8.8 所示。开发

者配置时需要注意以下几点：

① 域名只支持 HTTPS（wx.request、wx.uploadFile、wx.downloadFile）和 WSS（wx.connectSocket）协议。

② 域名不能使用 IP 地址或 localhost。

③ 可以配置端口，如 https://myserver.com:8080，但是配置后只能向 https://myserver.com:8080 发起请求。

④ 如果不配置端口，如 https://myserver.com，那么请求的 URL 中也不能包含端口。

⑤ 域名必须经过 ICP 备案。

⑥ 出于安全考虑，api.weixin.qq.com 不能被配置为服务器域名，相关 API 也不能在小程序内调用。开发者应将 AppSecret 保存到后台服务器中，通过服务器使用 getAccessToken( ) 接口获取 access_token，并调用相关 API。

⑦ 每个接口分别可以配置最多 20 个域名。

另外，为了方便开发者调试正在开发的小程序，可以在微信开发者工具中临时开启“开发环境不校验请求域名、TLS 版本及 HTTPS 证书”选项，跳过服务器域名的校验，如图 8.34 所示。此时，在微信开发者工具中及手机开启调试模式时，不会进行服务器域名的校验。



图 8.34 调试小程序参数配置

### 2 网络访问 API

8.4.1.2

① wx.request（Object object）：发起 HTTPS 网络请求，Object 参数及功能说明如表 8-20 所示。它返回一个网络请求任务对象 RequestTask，RequestTask 的方法及功能说明如表 8-21 所示。

表 8-20 object 参数及功能说明

| 属　性 | 类　型 | 功　能 |
| --- | --- | --- |
| url | String | 要请求访问的服务器接口地址，必填 |
| data | String/Object/ArrayBuffer | 请求参数 |
| header | Object | 设置请求的 header，header 中不能设置 Referer |

续表

| 属　性 | 类　型 | 功　能 |
| --- | --- | --- |
| method | String | HTTP 请求方法，常用 GET/POST。默认为 GET |
| dataType | String | 返回的数据格式。默认为 JSON |
| responseType | String | 响应的数据类型。默认为 text |
| success | Object | 成功回调函数 |
| fail | Object | 失败回调函数 |
| complete | Object | 结束回调函数 |

表 8-21　RequestTask 的方法及功能说明

| 方　法 | 参数类型 | 功　能 |
| --- | --- | --- |
| abort | 无 | 中断请求任务 |
| offHeadersReceived(callback) | Function | 取消监听 HTTP Response Header 事件 |
| onHeadersReceived(callback) | Function | 监听 HTTP Response Header 事件 |

success(res) 回调函数的 res.data 返回所请求服务器的数据、res.statusCode 返回服务器返回的 HTTP 状态码、res.header 返回服务器返回的 HTTP Response Header。因此向某服务器发出请求的代码如下：

```
1  wx.request({
2    url: 'http://www.stzfz.com/bumenshow.php',
3    data: {
4      data_id: 8085
5    },
6    success: function (e) {
7      console.log(e.data)
8    }
9  })
```

上述第 2 行代码设定要访问的服务器地址，第 3~5 行设定访问该服务器的参数。上述第 2~5 行代码可以直接用下列代码替代：

```
url: 'http://www.stzfz.com/bumenshow.php?data_id=8085',
```

如果小程序的某个功能模块需要触发中断网络请求任务，可以用如下步骤实现：

- 发起网络请求。

```
var task = wx.request({
  url: 'http://www.stzfz.com/bumenshow.php?data_id=8085',
  success:function(e){
    console.log(e.data)
  }
})
```

- 中断网络请求。

```
task.abort()
```

② wx.downloadFile(Object object)：下载文件资源到本地，Object 参数及功能说明如表 8-22 所示。客户端直接发起一个 HTTPS GET 请求，返回文件的本地临时路径，单次下载允许的最大文件为 50MB。它返回一个可以监听下载进度变化事件，以及取消下载任务的

对象 DownloadTask，DownloadTask 的方法及功能说明如表 8-23 所示。

表 8-22　Object 参数及功能说明

| 属　　性 | 类　型 | 功　　能 |
|---|---|---|
| url | String | 要下载资源的 URL，必填 |
| header | Object | 设置请求的 header，header 中不能设置 Referer |
| filePath | String | 指定文件下载后存储的路径 |
| success | Object | 成功回调函数 |
| fail | Object | 失败回调函数 |
| complete | Object | 结束回调函数 |

表 8-23　DownloadTask 的方法及功能说明

| 方　　法 | 参数类型 | 功　　能 |
|---|---|---|
| abort | 无 | 中断下载任务 |
| offHeadersReceived (callback) | Function | 取消监听 HTTP Response Header 事件 |
| offProgressUpdate (callback) | Function | 取消监听下载进度变化事件 |
| onHeadersReceived(callback) | Function | 监听 HTTP Response Header 事件 |
| onProgressUpdate(callback) | Function | 监听下载进度变化事件 |

success(res) 回调函数的 res.tempFilePath 返回下载到本地的资源文件临时路径（没有传入 filePath 时才会返回），res.filePath 返回下载到本地由请求传入资源文件路径，res.statusCode 返回服务器返回的 HTTP 状态码。因此向某服务器发出下载请求的代码如下：

```
1   wx.downloadFile({
2     url: 'https://example.com/audio/123', //仅为示例，并非真实的资源
3     success (res) {
4       if (res.statusCode === 200) {
5         wx.playVoice({
6           filePath: res.tempFilePath
7         })
8       }
9     }
10  })
```

上述第 3~9 行代码表示只要服务器有响应数据，就会把响应内容写入文件并进入 success( )回调。

③ wx.uploadFile(Object object)：将本地资源上传到服务器，Object 参数及功能说明如表 8-24 所示。客户端直接发起一个 HTTPS POST 请求。它返回一个可以监听上传进度变化事件，以及取消上传任务的对象 UploadTask。UploadTask 的方法及功能说明如表 8-25 所示。

表 8-24　Object 参数及功能说明

| 属　　性 | 类　型 | 功　　能 |
|---|---|---|
| url | String | 要上传资源的 URL，必填 |
| name | String | 文件对应的 key，开发者在服务器端可以通过 key 获取文件的二进制内容 |
| filePath | String | 要上传文件资源的路径，必填 |
| header | Object | 设置请求的 header，header 中不能设置 Referer |
| formData | Object | HTTP 请求中其他额外的表单数据 |

续表

| 属　性 | 类　型 | 功　能 |
| --- | --- | --- |
| success | Object | 成功回调函数 |
| fail | Object | 失败回调函数 |
| complete | Object | 结束回调函数 |

表 8-25　UploadTask 的方法及功能说明

| 方　法 | 参数类型 | 功　能 |
| --- | --- | --- |
| abort | 无 | 中断上传任务 |
| offHeadersReceived (callback) | Function | 取消监听 HTTP Response Header 事件 |
| offProgressUpdate (callback) | Function | 取消监听上传进度变化事件 |
| onHeadersReceived(callback) | Function | 监听 HTTP Response Header 事件 |
| onProgressUpdate(callback) | Function | 监听上传进度变化事件 |

success(res) 回调函数的 res.data 返回服务器返回的数据，res.statusCode 返回服务器返回的 HTTP 状态码。因此向某服务器上传文件资源的代码如下：

```
1   wx.chooseImage({
2     success (res) {
3       var tempFilePaths = res.tempFilePaths
4       wx.uploadFile({
5         url: 'https://example.weixin.qq.com/upload',
6         filePath: tempFilePaths 0],
7         name: 'myfile',
8         formData: {
9           'user': 'test'
10        },
11        success (res){
12          console.log(res.data)
13        }
14      })
15    }
16  })
```

上述代码表示从本地选择一个资源文件，上传到第 5 行代码指定的服务器地址。

## 8.4.2　天气预报系统的实现

天气预报系统小程序仅有一个图 8.35 所示的页面，小程序一旦启动加载，就会自动定位到移动终端设备目前所在位置，并将当前位置所在地、当天的天气状况等信息显示在页面的对应位置；用户向下拉动屏幕区域，会显示当前位置未来三天的天气预报信息，并显示在图 8.36 所示的页面底部位置。单击页面最上面的输入框，屏幕底部会弹出省市区选择器，用户从省市区选择器选择某个市区地址后，会自动加载该市区的当天天气状况和未来三天的天气预报信息。单击页面上的定位图标，会自动加载当前位置的天气状况和未来三天的天气预报信息。

### 1　项目创建

根据天气预报系统功能需求的介绍，需要在小程序项目下创建 images 文件夹，用于存放小程序开发中用到的图片资源文件，图片资源文件包含页面背

8.4.2.1

景图片、定位图标及天气状况图等 3 类图片；在 pages 文件夹下创建 1 个文件夹，用于存放主页页面（home）。

图 8.35　当前天气状况

图 8.36　未来三天天气预报

### 2 修改 app.json 全局配置文件

由于小程序能够实现定位和下拉屏幕等功能，所以需要修改 app.json 全局配置文件，其详细代码如下：

```
1  {
2    "pages": [
3      "pages/home/home",
4    ],
5    "window": {
6      "backgroundTextStyle": "light",
7      "navigationBarBackgroundColor": "#344E5B",
8      "navigationBarTitleText": "天气预报",
9      "navigationBarTextStyle": "white",
10     "enablePullDownRefresh": true
11   },
12   "sitemapLocation": "sitemap.json",
13   "permission": {
14     "scope.userLocation": {
15       "desc": "你的位置信息将用于小程序位置接口的效果展示"
16     }
17   }
18 }
```

上述第 10 行代码表示小程序的所有页面都可以实现下拉屏幕操作；第 13~16 行代码表

示小程序允许获取地理位置。

### 3 主界面的设计

8.4.2.2

从图 8.35 可以看出，整个界面设计分为四个部分：选择地点输入区，由 picker 和 input 组件组合实现；定位地点和时间更新信息显示区，由 view 和 image 组件实现；当天天气状况（气温、天气情况及对应天气情况图标）显示区，由 view 和 image 组件实现；未来三天天气预报信息显示区，默认该显示区不显示，用户下拉屏幕时会使用 wx:for 列表渲染显示三天的天气预报信息。

（1）页面结构文件代码。

```
1  <view class="wpage" style="background:url({{bgimg}});">
2  <!-->选择地点输入区<-->
3    <picker mode='region' bindchange="selectCity" value="{{citys}}">
4      <input placeholder="请选择城市名称"  value="{{cityName}}"></input>
5    </picker>
6    <!-->定位地点和时间更新信息显示区<-->
7    <view class="location">
8      <view class="location">
9        <image style="width:70rpx;height:80rpx;" src="/images/location.png"
bindtap="getAddress"></image>
10       <view style="font-size:60rpx;padding-left:40rpx;">{{cityName}}
11       </view>
12     </view>
13     <view style="font-size:25rpx;padding-right:20rpx; ">{{info}}更新</view>
14   </view>
15     <!-->当天天气状况(气温、天气情况及对应天气情况图标)显示区<-->
16   <view class="info">
17     <view style="font-size:160rpx">{{tempture}}
18       <text style="font-size:40rpx">℃</text>
19     </view>
20     <view style="display:flex;flex-direction:column;align-items: center;">
21       <view>{{tianqi}}</view>
22       <image style="width:120rpx;height:120rpx;" src="{{wimg}}"></image>
23     </view>
24   </view>
25   <!-->未来三天天气预报信息显示区<-->
26   <view class="bottom">向下滑屏显示未来天气状况</view>
27   <view class="nav" style="display:{{nav}}">
28     <view>未来三天预报</view>
29     <view style="background: white; height: 2rpx;"></view>
30     <view class="weather">
31       <view wx:for='{{weathers}}'>
32         <view>{{item.date}}</view>
33         <view>{{item.low}}~{{item.high}}℃</view>
34         <view>白天: {{item.text_day}}</view>
35         <view>夜晚: {{item.text_night}}</view>
36         <view>{{item.wind_direction}}风{{item.wind_scale}}级</view>
37       </view>
38     </view>
39   </view>
40 </view>
```

8.4.2.3

上述第 1 行代码使用 style 属性绑定 bgimg 变量，用于根据天气状况加载天气预报系统页面的背景图片。

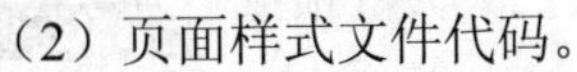

（2）页面样式文件代码。

```
1  page {
2    width: 100%;
3    height: 100%;
4    background: #344e5b;
5  }
6  .wpage {
7    width: 100%;
8    height: 100%;
9  }
10 input {
11   padding: 20rpx;
12   text-align: center;
13   border-bottom: 2rpx solid white;
14   color: yellow;
15 }
16 .location {
17   display: flex;
18   flex-direction: row;
19   height: 100rpx;
20   align-items: center;
21   justify-content: space-between;
22   color: yellow;
23 }
24 .info {
25   padding-top: 50rpx;
26   display: flex;
27   flex-direction: column;
28   height: 400rpx;
29   color: yellow;
30   align-items: center;
31 }
32 .bottom {
33   position: fixed;
34   bottom: 0px;
35   width: 100%;
36   opacity: 1;
37   z-index: 10004;
38   text-align: center;
39   color: yellow;
40 }
41 .nav {
42   position: fixed;
43   bottom: 0px;
44   height: 380rpx;
45   background: #1d62a2;
46   width: 100%;
47   opacity: 0.6;
48   z-index: 10004;
49   text-align: center;
50   color: white;
51 }
52 .weather {
53   padding: 25rpx;
54   display: flex;
55   justify-content: space-between;
56   font-size: 30rpx;
57 }
```

上述第 32~40 行代码样式表示在页面底部显示“向下滑屏显示未来天气状况”，第 41~51 行代码表示在页面显示透明度为 0.6 的“未来三天天气预报信息”。

8.4.2.4

## 4 心知天气 API 接口介绍

本案例项目使用心知天气 API 接口向心知服务器请求天气状况数据，关于心知天气 API 的使用文档，读者可以登录 https://docs.seniverse.com/api/start/start.html 网页查看。心知天气 API 接口需要开发者在心知服务器注册成功，并获得 API 私有密钥，才能免费或付费使用其提供的天气状况数据服务。

（1）当天天气状况数据服务 API。

https://api.seniverse.com/v3/weather/now.json?key=your_private_key&location=beijing&language=zh-Hans&unit=c，其中 key 为开发者申请获得的私有密钥，location 为所查询的位置（位置格式参数示例如表 8-26 所示），language 为支持语言（表示简体中文），unit 为单位，默认值为 c（温度的单位℃、风速的单位 km/h、能见度的单位 km、气压的单位 mb）。

表 8-26　位置格式参数示例及功能说明

| 位置格式示例 | 功　能 | 位置格式示例 | 功　能 |
|---|---|---|---|
| WX4FBXXFKE4F | 城市 ID | 北京 | 城市中文名 |
| 北京朝阳 | 省市名称组合 | beijing | 城市拼音/英文名 |
| 39.93:116.40 | 经纬度 | 220.181.111.86 | IP 地址 |
| ip | 自动识别请求 IP 地址 | | |

（2）未来三天天气预报数据服务 API。

https://api.seniverse.com/v3/weather/daily.json?key=your_api_key&location=beijing&language=zh-Hans&unit=c&start=0&days=5，其中 key、location、language、unit 的参数与当前天气状况数据服务 API 完全一样。

心知天气 API 接口获取指定城市的未来天气预报状况最多为 15 天，包括每天的白天和夜间预报，以及昨日的历史天气。付费用户可获取全部数据，免费用户只返回 3 天天气预报。

8.4.2.5

## 5 功能实现

天气预报系统页面加载时，首先调用 wx.getLocation( )方法获取当前位置经纬度的值，然后将经纬度的值转换为表 8-26 中的对应格式，分别调用当天天气状况数据服务 API、未来三天天气预报数据服务 API 到心知天气服务器获取相应的数据，并将其更新到页面对应的位置。由于获取的位置信息在整个页面代码中都需要使用，所以定义 newLocation 为页面全局变量。

（1）初始化数据。

```
data: {
   bgimg: "/images/sun.jpg",          //默认页面背景图片
   citys: [],                         //省、市、区/县
   cityName: '',                      //具体地点
   info: '02-18 8: 00 更新',
   tempture: 30,                      //当前气温
   tianqi: '阴',                      //天气状况
   wimg: '/images/10@1x.png',         //天气状况图标
   nav: 'none',                       //未来天气状况是否显示
   now: [],                           //今天天气
   weathers: []                       //未来三天天气，
  },
```

8.4.2.6

（2）自定义设置页面背景图片 setBackImage(code) 方法。

小程序项目的 images 文件夹中存放了 4 个背景图片，该方法根据当天天

气状况返回的 code 值，设置小程序页面最终加载的背景图片。

```
setBackImage(code) {
  var bgimg = "/images/wind.jpg"      //默认风沙图片
  if (code >= 0 && code <= 3) {       //晴天图片
    bgimg = "/images/sun.jpg"
  }
  if (code >= 4 && code <= 9) {       //多云或阴图片
    bgimg = "/images/cloud.jpg"
  }
  if (code >= 10 && code <= 25) {     //下雨或下雪图片
     bgimg = "/images/rain.jpg"
   }
   return bgimg
 },
```

（3）自定义获取当天天气状况 getWeather(latLon) 方法。

getWeather(latLon) 方法通过传入 latLon 位置参数值，调用当天天气状况数据服务 API 获得天气状况数据，并将该数据对应的属性值更新到页面变量。

```
1   getWeather: function (latLon) {
2     var that = this
3     var nowinfo = ''
4     wx.request({
5       url: 'https://api.seniverse.com/v3/weather/now.json?key=
fdw9qkun1btvenxt&location=' + latLon + '&language=zh-Hans&unit=c',
6       success: function (res) {
7         if (res.statusCode == '404') {
8           wx.showModal({
9             title: '警告',
10             content: '没有该城市天气预报！',
11           })
12           return
13         }
14         nowinfo = res.data.results[0]
15         that.setData({
16           cityName: nowinfo.location.name,                    //定位地点
17           info: nowinfo.last_update.substr(0, 19),           //更新时间
18           tianqi: nowinfo.now.text,                          //天气状况
19           tempture: nowinfo.now.temperature,                 //气温
20           wimg: '/images/' + nowinfo.now.code + '@1x.png',//天气状况图
21           bgimg: that.setBackImage(nowinfo.now.code)        //背景图
22         })
23       },
24       fail: function ({ errMsg }) {
25         console.log('request fail', errMsg)
26       }
27     })
28   },
```

上述第 7~13 行代码表示，如果传入的位置参数调用的 API 接口返回状态值为 404，则表示该位置在服务器端不能正常返回天气状况信息；第 20 行用于设置页面上显示的天气状况图，为了达到这一效果，需要在小程序项目的 images 文件夹中存入以 code@1x.png 格式为文件名的天气状况图片。

（4）自定义获取未来三天天气预报 getPreWeather(latLon)方法。

getPreWeather (latLon)方法通过传入 latLon 位置参数值调用未来三天天气预报数据服务

API 获得未来三天的天气预报数据，并将该数据对应的属性值更新到页面变量。

```
getPreWeather: function (latLon) {
    var that = this
    wx.request({
      url: 'https://api.seniverse.com/v3/weather/daily.json?key=fdw9qkun1btvenxt&location=' + latLon + '&language= zh-Hans&unit= c&start= 0 &days=5',
      success: function (res) {
        that.setData({
          weathers: res.data.results[0].daily
        })
      },
    })
  },
```

（5）页面显示监听事件。

```
1  onShow: function () {
2    var that = this
3    wx.getLocation({
4      type: 'wgs84',
5      success: function (res) {
6        newLocation = res.latitude + ":" + res.longitude
7        that.getWeather(newLocation)         //调用当前位置天气状况
8        that.getPreWeather(newLocation)      //调用未来三天天气预报信息
9      },
10    })
11  },
```

上述第 3 行代码表示定位当前位置，第 6 行代码表示将获得的纬度、经度值拼接为表 8-26 中的经纬度位置格式，第 7~8 行分别调用自定义方法获得当前位置天气状况和未来三天天气预报信息。

单击页面上的位置图标时，获取当前位置的天气状况和未来三天天气预报信息，其功能实现与 onShow( )方法完全一样，具体实现时只需要调用 onShow( )方法。其代码如下：

```
getAddress: function () {
  this.onShow()
},
```

（6）单击地点选择输入框事件。

单击地点选择输入框时，调用微信小程序开发框架提供的区域选择器，并将选择器中选择的地址拼接为表 8-26 中的省市名称组合位置格式，然后分别调用自定义方法获得选中位置当前的天气状况和未来三天的天气预报信息。

```
selectCity: function (e) {
  this.setData({
    citys: e.detail.value,
    cityName: e.detail.value[2]
  })
  this.getWeather(e.detail.value[0] + e.detail.value[2])
  this.getPreWeather(e.detail.value[0] + e.detail.value[2])
},
```

（7）监听用户下拉动作（下滑屏幕）事件。

下滑屏幕时，如果当前没有显示未来三天天气预报信息，则显示，否则不显示。具体实现时，只需要控制页面结构文件中绑定的 nav 变量值。

```
onPullDownRefresh: function () {
  if (this.data.nav == 'none') {
    this.setData({
      nav: 'block'
    })
  } else {
    this.setData({
      nav: 'none'
    })
   }
   wx.stopPullDownRefresh()
 },
```

## 本章小结

本章结合实际案例项目的开发过程介绍了微信小程序开发框架访问第三方云数据库平台、小程序云开发、网络请求 API、向服务器上传文件 API 以及从服务器下载文件 API 的使用方法，详细阐述了它们实现网络访问的工作机制和基本原理。通过本章的学习，读者既明白了微信小程序网络应用开发的流程，也掌握了相关技术。

# 图书资源支持

感谢您一直以来对清华版图书的支持和爱护。为了配合本书的使用，本书提供配套的资源，有需求的读者请扫描下方的“书圈”微信公众号二维码，在图书专区下载，也可以拨打电话或发送电子邮件咨询。

如果您在使用本书的过程中遇到了什么问题，或者有相关图书出版计划，也请您发邮件告诉我们，以便我们更好地为您服务。


**我们的联系方式：**

地　　址：北京市海淀区双清路学研大厦 A 座 701

邮　　编：100084

电　　话：010-83470236　010-83470237

资源下载：http://www.tup.com.cn

客服邮箱：2301891038@qq.com

QQ：2301891038（请写明您的单位和姓名）


资源下载、样书申请

书圈

扫一扫，获取最新目录

课 程 直 播

**用微信扫一扫右边的二维码，即可关注清华大学出版社公众号“书圈”。**